ÉLÉMENS
D'HISTOIRE NATURELLE
ET
DE CHIMIE.

TOME PREMIER.

ÉLÉMENS
D'HISTOIRE NATURELLE
ET
DE CHIMIE.

CINQUIÈME ÉDITION;

PAR A. F. FOURCROY, Médecin et Professeur de Chimie.

TOME PREMIER.

A PARIS,
Chez CUCHET, Libraire, rue & maison Serpente.

L'AN II DE LA RÉPUBLIQUE, UNE ET INDIVISIBLE.

AVERTISSEMENT.

JAMAIS ſcience n'a été plus généralement ſuivie & plus étudiée que l'eſt la Chimie, depuis une douzaine d'années; jamais auſſi ſcience n'a fait de progrès auſſi rapides dans un eſpace de tems aſſez court. Ces deux conſidérations ont rendu néceſſaire cette cinquième Edition; la ſeconde, preſque totalement épuiſée en moins de dix-huit mois, ſembloit ne me pas laiſſer autant de tems pour travailler à la troiſième, que j'en avois eu pour ajouter à la première; auſſi, la ſeconde édition fut-elle augmentée de deux volumes, tandis que la troiſième n'a pas même eu un volume de plus que la ſeconde. Il doit exiſter une époque dans les éditions ſucceſſives d'un ouvrage élémentaire, auquel le choix des ſavans & du public éclairé a donné ſa ſanction, où le volume doit ceſſer de croître,

& où il n'a besoin que d'être revu avec soin. Je crois être parvenu à ce point dans la troisième Edition ; les additions des découvertes nouvelles faites depuis 1786, n'auroient pas exigé de détails très-considérables & fait grossir conséquemment les volumes, si, d'après l'avis des personnes éclairées & d'après l'effet de la lecture de cet Ouvrage sur les esprits neufs dans la science, je n'avois pas cru, pour la troisième édition, devoir refaire entièrement & détailler plus qu'ils ne l'étoient, quelques chapitres, dans l'histoire des matières salines, de quelques métaux, de plusieurs principes immédiats des végétaux & des animaux. Mais dans cette ninquième édition, les faits ajoutés à la troisième ne sont pas, à beaucoup près, si nombreux que ceux que j'avois été obligé d'ajouter à la seconde ; ces additions ne forment que quelques pages de plus sur l'ensemble des volumes ; aussi, cette cicquième édition n'a que cinq volumes, comme la troisième.

Lorſqu'en 1780 & 1781 je rédigeai, pour ſervir de réſumé à mes Leçons, un précis des faits qui conſtituoient alors la ſcience chimique, je ſuivis l'ordre què j'avois adopté pour mes cours, & dont quelques années m'avoient déjà fait connoître le ſuccès pour l'enſeignement. La faveur inattendue que cet Ouvrage obtint me détermina à ſuivre la même marche dans la ſeconde édition rédigée il y a bientôt ſept ans ; la même faveur, le même accueil dans lequel le public, ſavant ou amateur des ſciences, a bien voulu perſiſter à l'égard de ces Elémens, le choix que le débit rapide & les traductions dans différentes langues me permettent de dire qu'on en fait en Europe pour l'étude de la Chimie, me font aujourd'hui la loi de ne point changer l'ordre général qui a été expoſé dans la première Edition ; on eſt accoutumé à la marche méthodique des idées que j'y ai tracées, & ce ſeroit faire un ouvrage nouveau, que de renverſer cet ordre. Je ne puis cependant me diſſimuler qu'il seroit peut-être nécessaire aujourd'hui de changer cette marche. Les connoissances plus positives acquises depuis la publication de la première Edition, le raisonnement plus assuré & plus certain, des expériences aussi exactes que nombreuses, dont la Chimie s'est enrichie, exigent peut-être qu'on en dispose les Elémens dans un ordre un peu différent de celui que j'ai adopté. Cet ordre nouveau placeroit, par exemple, l'histoire de tous les corps combustibles, tels que le soufre, le charbon, les métaux, &c., avant celle des acides, des sels, dont plusieurs sont des corps brûlés, ou des composés de corps combustibles. On iroit ainsi du simple au composé; on ne sépareroit pas les acides d'un règne de ceux des deux autres; on ne traiteroit dans des chapitres particuliers que des différences qui existent entre les principes des corps organiques & ceux des minéraux. J'ai tracé une esquisse de cette nouvelle méthode élémentaire dans la Chimie destinée aux Dames & aux Elèves de l'Ecole vétérinaire.

Mais, quoique ce dernier ordre semble devoir fixer aujourd'hui la marche des idées dans l'étude de la Chimie, celui dont les premières éditions m'ont fait une loi n'est peut-être pas non plus dépourvu d'avantages; il exige à la vérité un travail de l'esprit un peu plus considèrable; mais ce travail même est peut-être plus favorable à l'étude. Il représente sous deux formes différentes les mêmes faits; il force l'esprit à revenir sur les mêmes phénomènes considérés sous deux aspects, & à concevoir leurs rapports réciproques.

Quant à la théorie exposée dans ces Elémens, la troisième Edition différoit déjà spécialement des deux premières, en ce que dans celle-ci je n'avois absolument été que l'historien des diverses opinions qui avoient partagé jusqu'actuellement les Chimistes; dans la troisième, quoique je me sois imposé la loi de ne pas abandonner entièrement ce rôle, & quoique j'aie fait connoître les principales théories proposées aujourd'hui, j'ai cependant pris un parti, & adopté entièrement la doctrine que quelques Physiciens ont nommée *pneumatique* ou *anti-phlogistique*. Dans cette cinquième édition, mon opinion est encore plus fortement exprimée, parce que ma conviction sur la doctrine pneumatique est plus grande. Je crois pouvoir espérer que toutes les personnes qui étudieront avec soin ces Elémens & qui n'y apporteront point de prévention, trouveront que cette doctrine diffère essentiellement de toutes les théories qui se sont succédées en Chimie, en ce qu'elle ne suppose rien, n'admet absolument aucun principe hypothétique, & ne consiste que dans le simple exposé des faits. Qu'il me soit même permis de dire ici que les Physiciens qui n'ont point encore tout-à-fait adopté cette doctrine, & sur-tout que ceux qui ont mis une chaleur quelquefois trop forte à la combattre, n'ont pas complètement saisi nos idées; ils n'ont pas bien compris que la base de nos opinions, le fondement de nos principes n'est en aucune manière comparable à ce qu'on a appelé des théories en physique; que nous ne faisons réellement que tirer de simples résultats d'un grand nombre de faits; que nous n'admettons strictement que ce que nous donne l'expérience; & qu'enfin, puisque nous rejetons toute hypothèse, il est impossible que nous commettions des erreurs semblables à celles dans lesquelles les divers systêmes de physique ont entraîné jusqu'actuellement les savans qui les ont proposés. Ou je suis moi-même, avec plusieurs physiciens modernes à qui l'on doit tant de découvertes ingénieuses, dans une erreur bien grossière; ou je crois fermement que la génération qui se forme actuellement dans les sciences, & dont la manière de raisonner est essentiellement différente de celle qui l'a précédée, renoncera, comme nous avons osé le faire, aux hypothèses qui ont tant agité les Ecoles, & s'en tiendra au pur résultat de l'expérience.

La doctrine chimique moderne (qu'on a nommée pneumatique, & dans laquelle on a rejeté entièrement le phlogistique) fait tous les jours des conquêtes, & s'étend aujourd'hui à une si grande latitude, qu'on peut dire que parmi ceux qui s'occupent de la Chimie, & sur-tout de l'enseignement de cette science, il y en a plus des trois quarts qui l'ont adoptée. Deux hommes qui ont obtenu en Europe les premières places parmi les Chimistes, MM. Black & Kirwan, après avoir examiné avec le plus grand soin la nouvelle doctrine des Chimistes François, après l'avoir même combattue depuis dix ans, viennent de l'adopter avec cette franchise qui convient si bien au vrai savoir. « Enfin, je mets bas » les armes, écrit M. Kirwan à M. Ber- » thollet, le 26 janvier dernier, & j'aban- » donne le phlogistique. Je vois claire- » ment qu'il n'y a aucune expérience avé- » rée qui atteste la production de l'air fixe

» par l'air inflammable pur; & cela étant, » il est impossible de soutenir le systême » du phlogistique dans les métaux, le » soufre, &c.; sans des expériences déci- » sives nous ne pouvons soutenir un sys- » tême contre des faits avérés..... Je don- » nerai moi-même une réfutation de mon » Essai sur le phlogistique ».

M. Black s'exprime ainsi dans une lettre à M. Lavoisier:

« Vous avez été instruit que je cher- » chois à faire comprendre dans mes » Cours à mes élèves les principes & les » explications du nouveau systême que » vous avez si heureusement inventé, & » que je commence à leur recommander » comme plus simple, plus uni, mieux » soutenu par les faits que l'ancien sys- » tême. Et comment aurois-je pu faire » autrement? Les expériences nombreuses » que vous avez faites en grand, & que » vous avez si bien imaginées, ont été » suivies avec un tel soin & une attention » si scrupuleuse pour toutes les circons-

» tances, que rien ne peut être plus ſa-
» tisfaiſant que les preuves auxquelles
» vous êtes parvenu. Le ſyſtême que
» vous avez fondé ſur les faits eſt ſi inti-
» mement lié avec eux, ſi ſimple & ſi in-
» telligible, qu'il doit être approuvé de
» jour en jour davantage; & il ſera adopté
» par un grand nombre de chimiſtes, qui
» ont été long-tems habitués à l'ancien
» ſyſtême. Il ne faut pas s'attendre à les
» convaincre tous : vous ſavez très-bien
» que l'habitude rend eſclave l'eſprit de la
» plûpart des hommes, & leur fait croire
» & révérer les plus grandes abſurdités.
» Je dois vous avouer que j'en ai moi-
» même éprouvé les effets, ayant été ha-
» bitué 30 ans à croire & à enſeigner la
» doctrine du phlogiſtique, comme on
» l'entendoit avant la découverte de votre
» ſyſtême. J'ai long-tems éprouvé un
» grand éloignement pour le nouveau
» ſyſtême qui préſentoit comme une ab-
» ſurdité ce que j'avois regardé comme
» une ſaine doctrine ; cependant, cet éloi-

» gnement qui ne provenoit que du pouvoir de l'habitude ſeul a diminué graduellement, vaincu par la clarté de vos démonſtrations & la ſolidité de votre plan. Quoiqu'il y ait toujours quelques faits particuliers dont l'explication paroît difficile, je ſuis convaincu que votre doctrine eſt infiniment mieux fondée que l'ancienne ; & ſous ce rapport, elles ne peuvent ſouffrir de comparaiſon. Mais ſi le pouvoir de l'habitude empêche quelques-uns des anciens chimiſtes d'approuver vos idées, les jeunes ne ſeront pas *influencés* par le même pouvoir ; ils ſe rangeront univerſellement de votre côté. Nous en avons l'expérience dans cette Univerſité où les étudians jouiſſent de la plus parfaite liberté dans le choix de leurs opinions ſcientifiques. Ils embraſſent en général votre ſyſtême, & commencent à faire uſage de la nouvelle Nomenclature ».

On ne peut donc pas dire que la doctrine anti-phlogiſtique n'eſt pas ſuivie, qu'elle n'a pas beaucoup de partiſans, puiſque le plus grand nombre des Phyſiciens, & les Profeſſeurs de chimie les plus célèbres de l'Europe l'ont adopté ; puiſque preſque tous ceux de la France l'enſeignent dans leurs leçons ; enfin, puiſque pour douze ou quinze chimiſtes qui n'admettent point cette doctrine en Europe, il y a plus de cinquante Phyſiciens & Profeſſeurs qui en font la baſe de leurs ouvrages ou de leurs leçons. Et comment en effet une doctrine qui n'admet aucune hypothèſe, qui ne préſente abſolument que des réſultats de faits, qui explique la plûpart des phénomènes de la nature & des arts avec une ſimplicité & une facilité qu'on n'a jamais connues dans l'ancienne Phyſique, ne frapperoit-elle pas tous les bons eſprits par ſa clarté & ſa vive lumière ? Comment des expériences auſſi exactes & faites avec tant de ſoin, comment une logique auſſi ſaine ne porteroient-elles point la perſuaſion dans les eſprits ſans préjugés ? Qu'on étudie ſans prévention l'hiſtoire de la la chimie moderne; qu'on lise avec une attention sévère les ouvrages, les dissertations faites depuis dix ans contre la doctrine anti-phlogistique, & on reconnoîtra bientôt que les chimistes qui combattent cette doctrine peuvent être partagés en deux classes; les uns n'entendent pas les bases même de cette doctrine, & paroissent ignorer même la marche des expériences sur lesquelles elle est fondée [1]; on sent bien

[1] M. Baumé a publié, à la fin de la nouvelle édition de ses Elémens de pharmacie, une appendice tout exprès pour se déclarer ouvertement contre la doctrine nouvelle, pour nier la décomposition de l'eau, pour décrier la nouvelle Nomenclature; il est bien fâcheux pour lui qu'on reconnoisse presque à chaque ligne qu'il n'a pas compris cette doctrine, qu'il la calomnie sans l'entendre, qu'il n'a fait aucune des expériences exactes sur lesquelles elle est fondée, & qu'il n'est en aucune manière au courant de la Physique actuelle. On sent bien que des Ouvrages dont les Auteurs se décèlent ainsi eux-mêmes ne méritent pas d'être réfutés, sur-tout quand on se rappelera, par rapport à celui-ci, la mauvaise fortune des expériences & des opinions de M. Baumé, sur la silice convertie en argile par la fusion avec les alkalis, sur la production de l'acide boracique par la graisse & l'argile, sur l'irréducti-

qu'on ne doit ni en vouloir à ces hommes, ni chercher à les combattre ou à les convaincre ; une longue habitude d'un travail

---

bilité spontanée du *précipité perse*, sur la préparation des éthers, du savon de starkey, sur les sels métalliques avec excès de base, sur les sels sulfuriques avec excès d'acide, &c. &c.

On doit être plus étonné des singuliers reproches faits à la Chimie pneumatique par M. Monnet, qui a rendu tant de services à cette science avant l'époque de la découverte des gaz. Sans avoir, à ce qu'il paroît, convenablement étudié la doctrine moderne, sans avoir pris une connoissance suffisante des expériences nouvelles & des procédés qu'on y a suivis, il s'élève avec chaleur, avec âcreté même contre Schéele, à qui l'on doit tant de découvertes constatées par tous les autres Chimistes; il parle de l'acide oxalique, de l'acide muriatique oxigéné, de l'acide arsenique, comme s'il n'avoit pas vu ces acides, comme s'il n'étoit jamais parvenu à les obtenir ; il prononce avec assurance que tous ces acides n'existent pas, que tous les Chimistes pneumatiques se sont trompés, que leur systême n'est pas soutenable. Cependant, en lisant la dissertation contre la Chimie pneumatique, insérée dans le 4e. volume des Mémoires de l'Académie de Turin, il est bien aisé de voir qu'il n'a pas saisi les opinions des Chimistes modernes, qu'il n'a pas conçu l'ensemble de leur doctrine; & ce qui est plus inconcevable, qu'il n'a fait aucune expérience avec l'exactitude & les procédés convenables pour obtenir les résultats qu'il veut com-

inexact & incomplet dans les opérations de chimie, & sur-tout la force des opinions anciennes les empêchent absolument de concevoir les choses nouvelles. Les autres, qu'on diroit conduits par un esprit de parti, semblent être bien plus à craindre ; ils connoissent les expériences des modernes ; ils disent les avoir répétées ; ils ont fait eux-mêmes des découvertes dans cette chimie nouvelle ; ils attaquent cependant la théorie anti-phlogistique avec des armes plus fortes en apparence que celles des

---

battre ; en un mot, avec sa manière d'opérer, avec son mépris apparent pour le calcul des proportions dans les analyses, il étoit impossible qu'il appréciât les découvertes modernes, & il n'en a nié l'existence, que parce qu'en effet elles semblent ne point exister pour lui. Nous engageons les personnes qui ont étudié la Chimie nouvelle, à lire avec attention les dissertations citées ici, & à juger par elles-mêmes de la force des objections de leurs auteurs ; elles seront bientôt convaincues de la vérité de nos assertions, & elles verront pourquoi, malgré tant d'oppositions, la doctrine moderne acquiert tous les jours plus de partisans, & pourquoi elle compte au moins parmi ses défenseurs, les trois quarts des Physiciens distingués de l'Europe.

premiers ; il n'y a de différence entre eux & les anti-phlogiſticiens, que la manière de raiſonner, que la logique ; au lieu de prendre la voie la plus courte & la plus droite pour arriver au but, on les voit faire un long détour ; & ce qui prouve qu'ils ne ſont pas dans le chemin de la vérité, c'eſt que chacun de ces phlogiſticiens ſe fait une théorie à ſa manière, qui n'a que peu de rapport avec celle d'un autre, de ſorte qu'on compte autant de théories particulières, autant de phlogiſtiques différens, qu'il y a de Phyſiciens oppoſés à la doctrine anti-phlogiſtique.

Tous les Phyſiciens qui admettent aujourd'hui la doctrine pneumatique, outre qu'ils ſont beaucoup plus nombreux que les autres, ont encore ſur eux l'avantage d'être d'accord entre eux ; cela ſeul devroit décider ceux qui étudient, s'ils ne devoient pas encore plus compter ſur eux-mêmes & ſe déterminer par leur propre examen.

TABLE GÉNÉRALE DES CINQ VOLUMES.

TOME PREMIER.

PREMIERE PARTIE.

SECONDE PARTIE.

PREMIERE SECTION.

SECONDE SECTION.

TOME SECOND.

TROISIÈME SECTION.

DE LA MINÉRALOGIE.

TOME TROISIÈME.

TOME QUATRIEME.

TROISIÈME PARTIE.

RÈGNE VÉGÉTAL.

QUATRIEME PARTIE.

RÈGNE ANIMAL.

§. XIV.

TOME CINQUIEME.

SECTION I.

SECTION II.

SUPPLÉMENT AU RÈGNE MINÉRAL.

Fin de la Table.

ÉLÉMENS

ÉLÉMENS D'HISTOIRE NATURELLE ET DE CHIMIE.

PREMIÈRE PARTIE.

Généralité et Introduction.

CHAPITRE PREMIER.

Définitions de la Chimie, ses moyens, ses utilités, &c.

Les chimistes n'ont pas toujours été parfaitement d'accord entre eux sur la manière dont on doit définir la chimie ; Boerhaave, dans ses

Élémens, semble l'avoir rangée parmi les arts; ou plutôt il n'en a défini que la pratique. La chimie, suivant Macquer, est une science dont l'objet est de reconnoître la nature & les propriétés de tous les corps par leurs analyses & leurs combinaisons; cette définition est sans contredit la meilleure que l'on ait encore donnée. Cependant comme ces deux moyens de la chimie, l'analyse & la combinaison, ne peuvent pas toujours être employés avec le même succès dans l'examen de beaucoup de corps naturels, ne seroit-il pas mieux de n'en pas faire mention, en définissant cette science? Le chimiste ne peut s'élever à la connoissance des propriétés des corps, qu'en les représentant en contact les uns aux autres; & comme tout ce qu'il peut savoir ne consiste que dans le rapport de la manière d'agir des substances naturelles entre elles, nous croyons devoir adopter la définition suivante. La chimie est une science qui nous apprend à connoître l'action intime & réciproque de tous les corps de la nature, les uns sur les autres. Les faits que nousallons présenter éclairciront cette définition. Pour exposer clairement & avec ordre l'étendue de cette science, nous devons considérer l'objet dont elle s'occupe, les moyens qu'elle emploie, la fin qu'elle se propose, & les avantages qu'on en retire.

§. I. *De l'objet, des moyens & de la fin de la Chimie.*

L'objet de la Chimie comprend tous les corps qui composent notre globe, soit ceux qu'il renferme dans son sein, ou ceux qu'il offre à sa surface; elle est donc aussi vaste que l'histoire naturelle, & elle ne reconnoît que les mêmes bornes.

L'*analyse* ou la décomposition, la *synthèse* ou la combinaison, sont les deux moyens que la chimie met en usage pour parvenir à son but. La première n'est autre chose que la séparation des corps dont la combinaison formoit un composé; le *cinabre*, par exemple, est composé de soufre & de mercure; l'art du chimiste parvient à séparer ces deux corps l'un de l'autre, & à faire ainsi l'analyse du cinabre. On a cru jusqu'à ces derniers temps, & plusieurs personnes croient encore que ce moyen est celui dont la chimie peut tirer le plus d'avantages. Cette opinion a acquis tant de force dans l'esprit des savans, qu'elle a engagé plusieurs d'entre eux à définir la chimie, la science de l'analyse; rien n'est cependant plus contraire à l'idée exacte que l'on doit avoir de la décomposition. Nous croyons, afin de mettre cette vérité importante dans tout ſon ſéjour, devoir diſtinguer deux eſpèces d'analyſe, la vraie ou ſimple, la fauſſe ou compliquée. Nous appelons *analyse vraie*, celle par laquelle on obtient les principes d'un corps qu'on décompoſe, ſans qu'ils aient ſubi d'altération. Le ſeul caractère auquel on puiſſe la reconnoître, c'eſt qu'en uniſſant les principes qu'elle a fournis, on donne naiſſance à un compoſé tout-à-fait ſemblable à celui qu'on a analyſé; le cinabre, que nous avons déjà cité, va nous ſervir d'exemple. Lorſque, par des moyens chimiques, on ſépare les deux ſubſtances qui forment ce mixte, c'eſt-à-dire, le ſoufre & le mercure, on obtient ces deux principes dans leur état de pureté, & tels qu'ils exiſtoient dans le cinabre, puiſqu'en les uniſſant de nouveau, on forme un être en tout ſemblable à celui qu'on a d'abord décompoſé; cette eſpèce d'analyſe eſt malheureuſement très-rare. Les chimiſtes ne ſont pas aſſez heureux pour pouvoir l'appliquer à tous les corps qu'ils traitent; puiſque, excepté les ſels neutres, & quelques autres corps du règne minéral, toutes les ſubſtances végétales & animales ne ſont pas ſuſceptibles d'éprouver cette décompoſition.

L'*analyſe fauſſe* ou compliquée, eſt celle par le moyen de laquelle on ne ſépare d'un corps que des principes compoſés qui n'exiſtoient pas tels dans cette composition, & qui, par conséquent, ne peuvent plus, par leur union, réformer le premier composé. Cette espèce de décomposition a lieu pour la plus grande partie des corps que les chimistes analysent; il suffit pour cela qu'il entre plus de deux principes dans leur composition, & que ces principes aient entre eux quelque tendance à se combiner. Plusieurs minéraux, & toutes les substances végétales & animales, sans en excepter une, ne peuvent être analysées que de cette manière; c'est ainsi que le sucre mis dans une cornue, donne à la distillation de l'acide, de l'huile, des gaz & un charbon, que l'on tâcheroit en vain de recombiner pour reproduire cette substance telle qu'elle étoit avant son analyse. Cette sorte de décomposition n'indique point l'état dans lequel se trouvoient les substances unies avant qu'on les ait séparées; elle ne peut donc fournir que peu de lumières, & l'on doit même se méfier des résultats qu'elle donne. C'est de-là qu'ont pris naissance tous les reproches que l'on a faits à la chimie; on l'a accusée de désorganiser le tissu des corps dont elle cherche à connoître les principes; nous avouons qu'elle a pendant long-temps mérité ce reproche: mais plus circonspecte & plus avancée aujourd'hui, elle refuse sa confiance à la décomposition trompeuse dont elle avoit autrefois emprunté les secours ; & sait, sans altérer la nature des êtres qu'elle examine, recherchsr leurs propriétés, & reconnoître les principes qui les composent. Elle va encore plus loin ; elle apprécie, comme nous le dirons dans l'examen des substances végétales, la réaction des principes les uns sur les autres, & elle détermine les causes qui modifient, changent & altèrent ainsi ces principes.

La synthèse ou la combinaison qui constitue le second moyen de la chimie, n'est autre chose que la réunion de plusieurs principes, dont l'art sait former un composé ; c'est le plus puissant des deux, celui sur lequel elle peut le plus compter, & qui lui est sans contredit le plus utile ; on pourroit même assurer qu'il n'y a pas une seule opération de chimie dans laquelle il ne se rencontre quelque combinaison ; les chimistes ne nous paroissent pas avoir assez insisté sur cet objet de la dernière importance. En effet, la synthèse étant non-seulement plus fréquente, mais encore plus utile que l'analyse, ce seroit donner une bonne idée de la chimie que de la présenter comme la science de la combinaison, plutôt que comme la science de l'analyse.

Quoique ces deux moyens s'emploient quelquefois séparément, il est cependant plus ordinaire de les trouver réunis ; souvent le chimiste ne peut faire une analyse vraie, qu'à l'aide d'une combinaison, les analyses fausses font toujours dues à de vraies synthèses ; enfin, il n'est pas rare que la combinaison elle-même donne lieu à une sorte d'analyse ; cette dernière assertion n'est connue que depuis peu de temps. La découverte d'un grand nombre de fluides aériformes, dont on ne soupçonnoit pas même autrefois l'existence, nous a appris que, dans beaucoup d'opérations que l'on regardoit auparavant comme de simples combinaisons, il se dégage un être invisible, élastique, qui sort en pétillant, se mêle à l'atmosphère, ou va remplir des vaisseaux dans lesquels nous avons su lui donner des entraves. La plûpart des combinaisons de deux substances que l'on croyoit simples, offrent cette espèce d'analyse ; & nous aurons de fréquentes occasions d'en fournir des exemples, en parlant des sels neutres.

D'après ce que nous venons de dire sur la synthèse, il est facile de conclure que tout l'art de la chimie consiste à favoriser la réaction intime des corps les uns sur les autres, & à observer soigneusement les phénomènes qui se passent pendant cette réaction. N'oublions pas de remarquer que les deux moyens dont nous avons parlé, appartiennent à la nature elle-même, & que c'est d'elle que le chimiste a appris à les mettre en pratique. Comme ils dépendent d'une force établie entre tous les corps, il suffit à l'artiste de la mettre en état d'agir sur les êtres qu'il veut analyser ou combiner. Ces vérités importantes doivent être bien saisies & bien méditées par tous ceux qui veulent pénétrer jusques dans les profondeurs de la chimie. Elles forment, avec celles que nous exposerons dans les chapitres de cette première partie, la base sur laquelle est fondé l'ensembe de cette science.

Il est fort aisé de concevoir actuellement quelle est la fin de la chimie; ce n'est pas seulement de découvrir les principes des corps; puisqu'il est démontré qu'un grand nombre de substances ne peuvent être séparées en plusieurs principes, & sont des corps simples, au moins quant à l'état actuel de nos connoissances; mais comme ces mêmes substances, qui ne sont point susceptibles d'analyse, peuvent avoir de l'action sur d'autres corps, & former des combinaisons, il est clair que le principal but de la chimie est de rechercher l'action des corps naturels les uns sur les autres, de connoître l'ordre de leurs compositions, d'apprécier la force avec laquelle ils tendent à s'unir & restent unis les uns aux autres.

§. II. *Des utilités de la Chimie.*

Il faudroit un traité particulier pour présenter tous les avantages que la société retire de cette science. La nature de cet ouvrage ne nous permettant pas de suivre cet objet dans tous ses détails ; nous nous contenterons d'en offrir les traits principaux, & d'insister spécialement sur ceux qui ne nous semblent pas avoir été saisis comme ils doivent l'être.

Il y a un si grand nombre d'arts auxquels la chimie est utile, qu'on a cru devoir distinguer tous les arts en général en deux grandes classes. La première renferme tous les arts mécaniques fondés sur des principes géométriques. La seconde comprend tous les arts dont les manipulations dépendent de la chimie, & qui méritent eux-mêmes le nom d'arts chimiques ; ces derniers sont beaucoup plus nombreux que les autres. Comme ils sont tous fondés sur des phénomènes chimiques, il est facile de concevoir que la chimie doit guider la marche des pratiques qu'on y emploie, & qu'elle peut par des découvertes en simplifier les procédés, en assurer la réussite, & même en étendre les limites. Tels sont, 1°. les arts du briquetier, du tuilier, du potier de terre, du fayancier & de la porcelaine, qui consistent tous à préparer différentes espèces d'argile, & à les amener par la cuisson au degré de dureté que l'on désire dans chacune d'elles. 2°. Celui du verrier, dont le but est d'unir une terre vitrifiable avec une substance saline, & de donner naissance à un être nouveau, dur, transparent & presque inattaquable à l'air; art merveilleux, dont la découverte a rendu les services les plus grands aux hommes. 3°. Les arts d'extraire les métaux, de les fondre, de les purifier, de les allier les uns aux autres, doivent aussi à la chimie leur naissance & leurs progrès; elle leur fournit tous les jours de nouvelles lumières. 4°. Le règne végétal comprend un grand nombre d'arts qui sont, ainsi que les précédens, sous le domaine de la chimie; tous ceux qui s'occupent à convertir les sucs sucrés ou les corps farineux en liqueurs vineuses, à extraire de ces liqueurs l'esprit ardent qu'elles contiennent, à le séparer de l'eau avec laquelle il passe d'abord combiné; l'art d'unir cet esprit ardent avec la partie aromatique des plantes; celui d'extraire des végétaux des parties colorantes, & de les appliquer ensuite aux différentes étoffes; enfin, ceux de changer le vin en vinaigre, d'allier ce dernier avec différentes substances; de retirer des grains & de plusieurs parties végétales la matière précieuſe deſtinée à former le pain, celui de faire paſſer la farine de l'état d'un corps ſec & inſipide à l'état d'un eſubſtance légère, diſſoluble & douée d'une ſaveur agréable; tous ces arts & un grand nombre d'autres, que les bornes que nous nous ſommes preſcrites ne nous permettent point d'expoſer ici, ſont entièrement du reſſort de la chimie, & lui doivent, ſinon leur naiſſance, au moins leur perfection.

Elle n'a pas moins de droits pour revendiquer tous ceux qui ont pour objet les matières animales. Comme l'art utile & trop peu examiné du cuiſinier, dont le vrai but eſt moins de flatter le palais, & de varier les formes & les ſaveurs des mets pour ſatisfaire le caprice, que de rendre les alimens de facile digeſtion, en développant leur ſaveur par la cuiſſon, où par les aſſaiſonnemens les plus doux & les moins recherchés. Ceux du mégiſſier, du tanneur, du corroyeur, du chapelier, rentrent dans la même claſſe. Mais un des arts les plus importans, qui tient le milieu entre les arts proprement dits & les ſciences, & auquel la chimie eſt ſingulièrement utile, c'eſt la pharmacie. Le pharmacien a beſoin de connoiſſances chimiques très-étendues pour ſavoir à quelles altérations les matières qu'il emploie ſont expoſées, pour les prévenir & les corriger, pour découvrir les changemens qu'éprouvent les médicamens composés, enfin, pour être instruit des combinaisons & des décompositions qui arrivent dans le mélange des drogues simples, nécessaires aux différentes préparations qu'il fait à chaque instant. Tout homme impartial, en réfléchissant sur cet objet, ne pourra disconvenir que, pour remplir avec distinction son état, le pharmacien, après l'étude de l'histoire naturelle, nécessaire à la matière médicale, doit se livrer à la chimie. Ce n'est qu'ainsi que cet art peut être réduit en principes, & rendre aux hommes les services qui lui ont depuis long-temps fait accorder un rang honorable dans la société.

Il suffit de jeter un coup-d'œil sur les sciences, pour sentir combien la chimie peut leur être utile. L'histoire naturelle est une de celles qui en retirent le plus d'avantages ; les caractères que les premiers naturalistes ont employés pour reconnoître les minéraux, n'étoient pris que de leurs propriétés physiques, comme la couleur, la forme, la consistance, &c. ; mais ces propriétés étant très-sujettes à varier, les corps dont les anciens philosophes ont parlé ne sont plus connus aujourd'hui, & les travaux immenses des premiers naturalistes sont presqu'entièrement perdus ; les modernes se sont apperçus que, pour obvier à cet inconvénient très-nuisible aux progrès de l'hiſtoire naturelle, il falloit ſuivre une autre méthode. La voie de l'analyſe chimique a paru préférable, & déjà l'on eſt aſſez avancé ſur cet objet pour établir, dans les minéraux, des claſſes fondées ſur la nature & la quantité des principes qui entrent dans leur compoſition. C'eſt aux travaux de MM. Bargman, Bayen, Monnet, &c. &c., qu'on eſt redevable de l'avancement de l'hiſtoire naturelle dans cette partie; Wallerius, Cronſtedt & quelques autres ſavans, avoient commencé à claſſer la minéralogie d'après les propriétés chimiques; Bucquet avoit ajouté dans ſes derniers cours aux connoiſſances tranſmiſes par ces deux célèbres naturaliſtes, & ſa méthode de claſſer les minéraux étoit entièrement chimique. M. Sage, qui a fait l'analyſe d'un grand nombre de minéraux, a ſuivi une méthode abſolument chimique pour diſpoſer ces corps. Quoique l'enſemble de ſa théorie n'ait été adopté par aucun chimiſte, la minéralogie lui a de très-grandes obligations, & il eſt un de ceux qui s'en eſt occupé en France avec le plus d'étendue & le plus de ſuccès. M. Daubenton s'eſt ſervi des travaux de tous ces ſavans, & il les a adoptés avec cette ſage retenue qui caractériſe le philoſophe, dont le but eſt de chercher la vérité à travers les erreurs & les incertitudes dont elle n'eſt malheureuſement que trop enveloppée. Rien n'eſt donc mieux démontré que l'utilité de la chimie en hiſtoire naturelle ; elle ſeule pourra diſſiper aux yeux de la poſtérité l'obſcurité que les ſimples deſcriptions phyſiques avoient miſe juſqu'à nos jours dans cette ſcience. Les chimiſtes ne doivent ſur-tout point perdre de vue la juſte obſervation de M. Daubenton, qui les avertit de décrire avec ſoin les échantillons ſur leſquels ils font leurs recherches, afin d'être entendus de tous les naturaliſtes, & d'éviter la confuſion qui, ſuivant le rapport de ce célèbre profeſſeur, eſt répandue dans le travail de pluſieurs chimiſtes modernes. Nous n'avons trouvé d'autres moyens de nous ſouſtraire à cette erreur, que celui de lier intimement ces deux ſciences dans nos leçons, & d'aſſocier les connoiſſances fournies par les naturaliſtes à celles que l'expérience chimique ne ceſſe de produire chaque jour.

Il n'eſt pas auſſi bien démontré pour tout le monde que la chimie ſoit utile à la médecine ; les erreurs dans leſquelles ſe ſont laiſſé emporter les médecins chimiſtes du dernier ſiècle, l'eſpèce d'indifférence que les praticiens ſemblent avoir pour cette ſcience, ont fait naître dans beaucoup d'eſprits une idée déſavantageuſe que le temps ſeul pourra détruire. Cependant, ſans ſe laiſſer prévenir à la légère, ne feroit-il pas beaucoup plus ſage de ne pas prendre de parti, & d'examiner avec impartialité, d'une part, la cauſe des erreurs commiſes par les chimiſtes, & de l'autre, les moyens de s'en garantir & de rendre à la chimie ce qu'on lui a trop tôt enlevé? Si l'enthouſiaſme des premiers médecins, cultivateurs de la chimie, les a égarés, on ne peut rien en conclure pour le temps actuel; l'exactitude que les modernes ont miſe dans les ſciences de fait, doit ôter toutes les craintes qu'on pourroit avoir, ſi la chimie étoit encore dans les ténèbres qui l'environnoient il y a un ſiècle. En la contenant dans de juſtes bornes, & en l'employant avec retenue, on ne peut s'empêcher de croire qu'elle ſera d'une très-grande utilité pour la médecine. Après cet aveu de l'égarement des chimiſtes, voyons, pour achever la juſtification de la chimie, quels avantages chacune des parties de la médecine doit en attendre. Diſtinguons d'abord les deux grandes branches de cette vaſte ſcience, qui ſemble mettre toutes les autres à contribution, la théorie & la pratique; mais ſans les écarter l'une de l'autre, comme quelques ſavans l'ont voulu faire. L'étude de la médecine doit néceſſairement commencer par l'hiſtoire anatomique de l'homme & des animaux. L'anatomie ne peut ſaiſir que les ſolides; cependant les phyſiologiſtes ſavent que la plus grande partie du corps des animaux est formée de fluides, & que c'est leur mouvement qui entretient la vie ; si donc on se bornoit à rechercher la structure des viscères, sans étudier la nature & les propriétés des liquides, on ne connoîtroit qu'une partie de l'économie vivante. C'est à la chimie à nous apprendre quelles sont les qualités des fluides ; elle seule peut nous éclairer sur leur composition & sur les changemens qu'ils subissent par le travail de la vie ; on ne peut se passer de cette science pour saisir le vrai mécanisme des fonctions animales, pour découvrir le caractère des sucs séparés par tels ou tels viscères, pour rechercher les altérations qu'ils éprouvent par leur repos dans les réservoirs où ils sont amassés ; pour concevoir les changemens qui leur arrivent par le mouvement, la chaleur, leur mélange avec d'autres fluides, &c. Ces connoissances une fois acquises sur la composition des liqueurs animales, il faut multiplier les recherches dans les différens âges, les sexes, les tempéramens, les climats & les saisons, les poursuivre jusques dans les différentes classes d'animaux, & établir ces points de comparaison si utiles dans les sciences, & qui servent à en reculer les limites.

Ce n'est pas assez d'étudier les propriétés chimiques des liqueurs animales dans l'état de santé ; il il faut encore étendre cette étude dans celui de maladie, déterminer le genre d'altération qu'elles éprouvent dans tel ou tel cas; trouver quelle est la partie des humeurs qui domine dans telle ou telle disposition, dans l'inflammatoire, la putride, dans les différentes cachexies, la scorbutique, la scrophuleuse; connoître les substances salines que la maladie a développées; analyser les sucs épanchés dans les cavités; de pareils travaux serviront sans doute à augmenter les connoissances des médecins sur l'histoire de la pathologie. Nous croyons même devoir étendre plus loin encore ces idées sur l'étude des propriétés chimiques des parties animales. Nous pensons qu'on doit examiner chimiquement les solides, soit dans l'état sain, soit dans l'état malade, rechercher par la comparaison de leurs propriétés à quel fluide ils doivent leur naissance; & ce point une fois trouvé, deviner, pour ainsi dire, dans les dispositions morbifiques, quel doit être le solide lésé, ou le fluide altéré; cette assertion, que nous ne faisons qu'énoncer ici, sera discutée dans les chapitres qui traiteront des matières animales.

Si la théorie de la médecine doit attendre des secours de la chimie, comme on ne peut en douter; d'après ce que nous venons de dire, la pratique de cette science doit aussi être éclairée par ſon flambeau, puiſque ces deux branches marchent toujours du même pas, & que l'avancement de l'une eſt néceſſairement ſuivi de celui de l'autre. Auſſi nous ſera-t-il facile de démontrer les avantages que la pratique peut retirer de la chimie. En effet, pour commencer par l'hygiène, ou l'art de conſerver la ſanté, n'eſt-il pas aiſé de faire voir que le choix des alimens & celui de l'air ne peut être dirigé sûrement que d'après des connoiſſances chimiques exactes ſur les ſubſtances nutritives & le fluide atmoſphérique ? C'eſt à la chimie à nous apprendre la quantité de matière nourricière contenue dans les alimens dont nous faiſons uſage ; l'état dans lequel ſe trouve cette matière ; la nature des ſubſtances diverſes auxquelles elle peut être combinée ; les moyens de l'extraire, de la purifier, de la préparer convenablement pour les différens eſtomacs, de lui donner les degrés d'atténuation appropriés à chaque conſtitution de ce viſcère. C'eſt à elle à nous éclairer ſur la qualité des fluides qui nous ſervent de boiſſon ; ſur les propriétés que doit avoir l'eau pour être potable, ſur les moyens de reconnoître ſa pureté ou les principes qui l'altèrent, & ſur-tout ſur l'art de l'amener au degré de ſalubrité néceſſaire, pour qu'elle puiſſe être bue ſans nuire à l'économie animale ; ſur les principes des liqueurs fermentées, sur la quantité diverse de ces principes contenus dans les différens vins; sur les procédés propres à en connoître les mauvaises qualités. Enfin, c'est elle qui peut seule instruire le médecin sur les propriétés de l'air que nous respirons; sur les changemens qu'il est susceptible d'éprouver de la part de différens agens; sur les corps étrangers qui peuvent être contenus dans l'atmosphère, & en altérer la pureté. Elle lui fournit les moyens précieux de corriger l'air & de le rendre respirable; moyens que les découvertes modernes ont multipliés, & auxquelles elles ont assuré une efficacité constante, comme on le verra dans l'histoire de l'air.

Le médecin ne doit employer les médicamens que lorsqu'il en connoît, autant qu'il est en lui, la nature; il faut donc qu'il ait encore recours à la chimie. Cette vérité a été si bien sentie de tout temps, que les auteurs de matière médicale se sont servis des propriétés chimiques pour classer les substances médicamenteuses. L'observation de tous les siècles a appris aux médecins qu'il y a un rapport intime entre la saveur des corps & leur manière d'agir sur l'économie animale, de sorte que l'on peut juger, sans erreur, les propriétés médicinales d'une substance d'après sa saveur. C'est ainsi que les amers sont stomachiques, les ſubſtances fades adouciſſantes & relâchantes, les douces & ſucrées nutritives, les matières âcres, actives, pénétrantes & inciſives. Or, comme la ſaveur eſt une véritable propriété chimique, & comme elle dépend entièrement de la tendance à la combinaiſon, ainſi que nous le démontrerons ailleurs, la chimie éclaire beaucoup l'adminiſtration des médicamens. Il ne faut cependant pas croire, avec les médecins chimiſtes du dernier ſiècle, que l'eſtomac reſſemble à un vaiſſeau dans lequel les opérations ſe paſſent comme dans un laboratoire; les viſcères ſont doués d'une ſenſibilité & d'un mouvement particulier qui modifient la nature & l'action des remèdes, & la ſageſſe de l'obſervation doit régler la marche de l'eſprit d'un médecin prudent, & l'empêcher de ſe livrer à des hypothèſes ridicules. On ne peut diſconvenir qu'il eſt des cas où les médicamens agiſſent dans les premières voies par leurs propriétés chimiques; c'eſt alors que le médecin doit être chimiſte, & ſe conduire d'après les lumières de cette ſcience. Une longue expérience a prouvé que, dans les maladies des enfans, l'eſtomac & les inteſtins ſont enduits d'une matière viſqueuſe, tenace & manifeſtement acide. Les abſorbans, & quelquefois même les alkalis, que l'on adminiſtre dans cette circonſtance, détruiſent cet acide en ſe combinant avec lui, & forment un sel neutre qui devient purgatif, & qui évacue les mauvais levains, en stimulant les intestins. Toutes les maladies qui sont accompagnées d'un amas de matières quelconques dans les premières voies, exigent nécessairement des connoissances chimiques dans les médecins, puisqu'il est hors de doute que certaines substances ont plus d'action les unes que les autres sur chacune de ces matières, comme les acides sur la saburre putride, & les sels neutres sur les matières épaisses & glaireuses. Mais le plus grand avantage que le praticien puisse retirer de la chimie, c'est sans doute dans ces cas malheureux où, par une méprise affreuse, l'estomac a reçu des substances corrosives qui peuvent causer la mort en attaquant le tissu des viscères, & en désorganisant les fibres qui les composent. C'est alors que la chimie prête des secours prompts & utiles à la médecine, en lui fournissant des substances capables de changer la nature du poison, de le décomposer, & d'en arrêter sur le champ les effets funestes. L'ouvrage de Navier, célèbre médecin chimiste de Châlons, offre des moyens efficaces de remédier sûrement aux empoisonnemens causés par l'arsénic, le sublimé corrosif, le verd-de-gris & les préparations de plomb. Malgré les déclamations de quelques médecins qui semblent vouloir rejeter toute application des autres sciences à la pratique, son travail mérite la reconnoissance de la postérité. Non-seulement la chimie peut fournir des armes contre les poisons tirés du règne minéral, il y a tout lieu d'espérer que des recherches suivies avec soin sur la nature des poisons végétaux & animaux, feront découvrir des matières capables de les dénaturer & d'en prévenir l'action délétère. L'opium & toutes les substances narcotiques végétales, les sucs âcres & caustiques, comme ceux de tithymale, de l'euphorbe, les plantes vireuses, les champignons sur-tout méritent des travaux particuliers de la part du chimiste, pour rechercher des substances propres à en combattre l'action dangereuse. Il ne sera pas moins utile de les étendre sur les poisons animaux. Déjà l'on connoît l'acide des fourmis, d'après les expériences de Margraf & de M. l'abbé Fontana. M. Thouvenel a découvert plusieurs matières âcres dans les cantharides; Méad a travaillé sur le venin de la vipère; M. l'abbé Fontana a entrepris des recherches suivies sur la même matière, & il a découvert que la pierre à cautère, introduite promptement dans la morsure faite par ce reptile, dénature le poison que cet animal y verse, & en détruit les funestes effets.

Quand la chimie ne pourroit pas prétendre à procurer tous ces avantages à la médecine, au moins cette dernière lui devra-t-elle toujours sa reconnoiſſance pour les médicamens utiles qu'elle lui a fournis : elle n'oubliera ſans doute jamais qu'elle lui doit le *tartre ſtibié*, ce remède héroïque dont l'uſage eſt aujourd'hui ſi répandu en France, ainſi que toutes les préparations mercurielles, antimoniales & ferrugineuſes, qu'elle emploie ſi fréquemment & avec tant de ſuccès; de pareils bienfaits ne doivent jamais ſortir de la mémoire des médecins, & ils doivent les engager à donner leurs encouragemens aux ſavans qui ſe livrent à la chimie, dans le deſſein d'être utiles à la médecine. Quant à nous, adonnés par goût autant que par état, à l'étude de l'une & de l'autre de ces ſciences, notre but eſt de contribuer avec zèle, & autant que nos forces nous le permettront, à leur avancement. Les déclamations de tous ceux qui s'efforcent de prouver que la chimie, qu'ils ne connoiſſent que très-mal, ne peut être utile à la médecine, ne nous arrêteront pas. Nous nous dévouons à la chimie animale, & nous ſuivrons avec ardeur les travaux déjà ſi bien commencés par les ſavans chimiſtes qui nous ont précédés dans cette carrière utile.

Pour terminer ce que nous nous propoſions

de dire sur l'usage de la chimie en médecine, il ne nous reste plus qu'à indiquer la nécessité des connoissances chimiques pour rédiger les formules des médicamens composés, que les médecins font préparer par les apothicaires. Il arrive tous les jours que des personnes qui n'ont aucune connoissance de chimie, commettent des erreurs grossières dans la prescription des formules extemporanées, mêlent, par exemple, les unes avec les autres des substances qui ne peuvent s'unir ou qui se décomposent mutuellement. Dans ce dernier cas, le médicament ne peut point avoir l'effet que le médecin s'en promettoit. Pour éviter ces erreurs, qui peuvent quelquefois devenir très-préjudiciables aux malades, il n'y a d'autre ressource que d'avoir recours aux lumières de la chimie. Elle apprend à unir ensemble des médicamens susceptibles de se combiner sans décomposition ; elle règle & détermine les procédés nécessaires pour préparer les remèdes composés, dans lesquels le médecin fait entrer diverses substances de nature différente ; elle est enfin le seul guide de toutes les préparations magistrales. Sans elle, le médecin risque de faire beaucoup de fautes qui, quand elles ne seroient pas très-graves dans le traitement des maladies, l'exposeroient au moins à être jugé défavorablement par le pharmacien, auquel la pratique de son art apprend nécessairement les règles qu'on doit suivre pour la préparation des remèdes magistraux.

L'utilité dont la chimie est dans les arts, la ressemblance entre ses procédés & les manipulations des artistes, l'ont souvent fait confondre, soit avec l'alchimie, soit avec la pharmacie; il n'y a que des personnes peu instruites qui puissent ainsi rapprocher des objets fort éloignés, & aux yeux de qui le chimiste n'est qu'un souffleur sans cesse occupé follement à la recherche de la pierre philosophale. Ceux qui veulent prendre la plus légère idée de la chimie & de ses travaux, sentiront bien vîte la grande distance qu'il y a entre les prétentions folles de l'alchimiste & le but sage du chimiste, & surtout entre la marche régulière & suivie que ce dernier observe dans ses recherches, & les procédés irréguliers & inutiles que l'alchimiste met en usage. L'erreur dans laquelle sont la plûpart des gens du monde, qui regardent la chimie comme l'art de préparer des drogues, est plus pardonnable; en effet, elle ne confond pas les chimistes avec des hommes ignorans & inutiles, comme ceux qui travaillent au grand œuvre, & qui, comme le dit fort ingénieusement Macquer, ne sont que les ouvriers d'un métier qui n'existe point; mais elle les associe à des artiſtes utiles & reſpectables, dont les travaux ſont néceſſaires à la ſociété. Cependant la pharmacie n'étant qu'une partie de la chimie ou un art chimique, c'eſt avoir une idée très-reſſerrée de cette ſcience, que de ne la voir que préparant ou inventant des remèdes; ce dernier art n'est qu'une partie de la chimie, elle l'éclaire comme tous les autres arts chimiques; mais plus grande & plus vaſte, elle ne ſe contente pas d'être utile aux arts, elle étend encore ſes recherches & ſes réflexions ſur l'action réciproque de tous les corps naturels les uns ſur les autres, & contribue ainſi aux progrès de la philoſophie, en même-temps qu'elle rend de grands ſervices à la ſociété.

CHAPITRE II.

De l'hiſtoire de la Chimie.

IL n'eſt pas permis d'ignorer les principaux traits de l'hiſtoire d'une ſcience à l'étude de laquelle on déſire de ſe livrer. Cette hiſtoire, en traçant le tableau des faits, fixe les époques des découvertes, fait éviter les erreurs dans leſquelles ſont tombés ceux qui nous ont précédés, & conduit à la route qu'il faut tenir pour y faire des progrès. Mais comme il seroit peut-être dangereux de s'appesantir sur les détails qui écarteroient de l'objet qu'on se propose, nous ne présenterons ici qu'un court exposé de ce qu'on doit savoir sur cette histoire, sans entrer dans aucune particularité, qu'on trouve d'ailleurs fort au long dans plusieurs ouvrages très-bien faits, & en particulier dans le Traité d'Olaüs Borrichius, *De ortu & progressu Chimiæ*, l'article *Chimie* du Dictionnaire Encyclopédique, le Discours qui est à la tête du Traité de Chimie de Senac, l'Histoire de la Philosophie hermétique de l'abbé Lenglet du Fresnoy, le premier chapitre de la Chimie de Boerhaave, le discours qui précède le Dictionnaire de Chimie de Macquer, &c.

Pour faire connoître en abrégé, & d'une manière méthodique, la marche de l'esprit humain dans l'étude de la chimie, & quels ont été les progrès de cette science, nous partagerons son histoire en six époques principales.

PREMIÈRE ÉPOQUE.

Origine de la Chimie chez les Egyptiens; ses progrès chez les Grecs.

L'origine de la chimie est aussi obscure que celle des sciences & des arts en général. On regarde le patriarche Tubalcaïn, qui vivoit avant le déluge, comme le premier chimiste; mais il ne savoit travailler que les métaux: il paroît que c'est cet homme que la fable a produit sous le nom de Vulcain.

C'est chez les anciens Egyptiens que l'on doit placer la véritable origine de cette science. Le premier homme de cette nation, cité comme chimiste, est, suivant l'abbé Lenglet du Fresnoy, Thot ou Athotis, surnommé Hermès ou Mercure. Il étoit fils de Mezraim ou Oziris & petit-fils de Cham. Il devint roi de Thèbes.

Le second roi d'Egypte, qui étoit en même-temps philosophe, se nommoit Siphoas; il vivoit 800 ans après Athotis, & 1900 ans avant Jesus-Christ. Les Grecs l'ont surnommé Hermès, ou Mercure Trismégiste: c'est donc le second Mercure. On l'a regardé comme l'inventeur de la physique; il a écrit quarante-deux livres sur la philosophie, dont plusieurs historiens nous ont transmis les titres. Aucun d'eux ne paroît traiter spécialement de la chimie, quoique cette science ait été appelée d'après lui philosophie hermétique.

Nous n'avons pas de connoissances plus exactes sur les hommes qui ont cultivé la chimie en Egypte; il paroît cependant que cette science y avoit fait quelque progrès, puisque les Egyptiens possédoient un grand nombre d'arts chimiques, & en particulier ceux d'imiter les pierres précieuses, de fondre & de travailler les métaux, de peindre sur verre, &c. La chimie de ces anciens peuples a été perdue, comme leurs arts & leurs sciences. Les prêtres en faisoient autant de mystères, & les cachoient sous le voile des hiéroglyphes. Les alchimistes ont cru y trouver des tracesde leur art prétendu, & le temple que les Egyptiens avoient consacré à Vulcain avoit été élevé, suivant eux, en l'honneur de l'alchimie.

Les Israélites apprirent la chimie des Egyptiens. Moïse est placé au rang des chimistes, parce qu'il sut dissoudre l'idole d'or que ces peuples adoroient. On a cru, & Sthal a fait une dissertation pour le prouver, que c'est à l'aide du foie de soufre qu'il a rendu l'or dissoluble dans l'eau; ce procédé suppose des connoissances chimiques assez étendues.

Démocrite d'Abdère, qui vivoit environ 500 ans avant Jesus-Christ, voyagea en Egypte, en Chaldée, en Perse, &c. On assure qu'il puisa des connoissances de chimie dans le premier de ces pays. Quoique né d'un père assez riche pour recevoir chez lui Xerxès & toute sa suite, il revint fort pauvre dans sa patrie, il y fut reconnu de son frère Damassus. Après s'être retiré dans un jardin près des murs d'Abdère, il s'occupa de recherches sur les plantes & sur les pierres précieuses. Cicéron assure que pour n'être pas distrait par les objets extérieurs, Démocrite se brula les yeux en les fixant sur les rayons du soleil réfléchis par un vase de cuivre bien poli. Ce fait est cependant nié par Plutarque. Pline faisoit un si grand cas de la science de Démocrite, qu'il la regardoit comme miraculeuse.

Quelques auteurs rangent encore Cléopatre au nombre des chimistes, parce qu'elle savoit dissoudre des perles. Ils assurent que l'art chimique, connu de tous les prêtres Egyptiens, a été constamment exercé par ces peuples, jusqu'à ce que Dioclétien eût imaginé, au rapport de de Suidas, de brûler leurs livres de chimie pour les réduire plus facilement.

SECONDE ÉPOQUE.

Chimie chez les Arabes.

Après une suite d'un grand nombre de siècles, pendant lesquels ils n'est pas possible de suivre les progrès de la chimie, au milieu des révolutions arrivées dans les empires, on retrouve des traces de cette science chez les Arabes, qui l'ont cultivée avec succès.

Pendant la dynaſtie des Achémides ou Abaſſides, les ſciences, abandonnées depuis long-temps, furent remiſes en vigueur. Almanzor, ſecond calife, ſe livra à l'aſtronomie; Harum Raſchid, cinquième calife & contemporain de Charlemagne, fit traduire pluſieurs livres grecs, relatifs à la chimie.

Dans le neuvième ſiècle, Gebber de Thus en Choraſan, province de la Perſe, écrivit ſur la chimie trois ouvrages dans leſquels on trouve encore des choſes aſſez bonnes. Son meilleur Traité eſt intitulé, *Summa perfectionis magiſterii.* Il a écrit aſſez clairement ſur la diſtillation, la calcination, la réduction & la diſſolution des métaux.

Dans le dixième ſiècle, Rhaſès, médecin de l'hôpital de Bagdad, appliqua le premier la chimie à la médecine : il a donné des recettes pharmaceutiques encore eſtimées.

Dans le onzième ſiecle, Avicennes, médecin, appliqua comme Rhaſès, la chimie à la médecine. Son mérite & ſes connoiſſances l'ont élevé à la charge de grand-viſir ; mais les débauches auxquelles il s'eſt livré l'ont fait chaſſer de cette place.

TROISIÈME ÉPOQUE.

La Chimie passe d'Orient en Occident, par les Croisades; règne de l'Alchimie.

L'art de faire de l'or régnoit depuis long-temps, suivant les auteurs qui ont écrit son histoire; mais la folie qui lui donna naissance fut portée à son comble depuis le onzième jusqu'au seizième siècle. Les faits de chimie trouvés par les Egyptiens, recueillis par les Grecs, & appliqués à la médecine par les Arabes, parvinrent chez les quatre peuples qui se transportèrent dans l'Orient pendant les croisades, les Allemands, les Anglois, les François & les Italiens; & bientôt chacune de ces nations fut remplie de chercheurs de pierres philosophales. Comme les travaux immenses auxquels ils se sont livrés, ont contribué à l'avancement de la chimie, il est nécessaire de connoître ceux d'entre ces hommes singuliers qui se sont le plus distingués.

13e. siècle. Albert-le-Grand, dominicain de Cologne, ensuite de Ratisbonne, s'est acquis la réputation de Magicien, & a fait un ouvrage rempli de procédés alchimiques.

Roger Baron, né en 1214 près d'Ilcester, dans le comté de Sommerset, fit ses études à Oxford. Il vint à Paris étudier les mathématiques & la médecine.

médecine. On lui attribue plusieurs inventions, dont une seule suffiroit pour l'immortaliser : telles sont la chambre obscure, le télescope, la poudre à canon; il avoit fait un chariot mouvant, une machine pour voler, une tête parlante, &c. Il étoit cordelier; on le surnommoit le docteur admirable. L'accusation de magie qui fut portée contre lui, força ses confrères à l'emprisonner. Il se retira dans une maison d'Oxford où il travailloit, dit-on, à l'alchimie; Borrichius a vu cette maison, qui portoit encore son nom.

Arnauld de Villeneuve, né en Languedoc en 1245, & mort en 1310, étudia en médecine à Paris pendant 30 ans; il a commenté l'Ecole de Salerne. Les alchimistes le regardent comme un de leurs grands maîtres. Borrichius a vu en 1664 un de ses descendans, alchimiste dans le Languedoc.

XIVme. SIÈCLE. Raymond Lulle, né à Majorque en 1235, vint à Paris en 1281, s'y lia avec Arnauld de Villeneuve, dont il devint l'élève. Robert Constantin dit avoir vu un des nobles à la rose, qui ont été frappés avec l'or qu'il a fait dans la tour de Londres, sous le règne d'Edouard V, en 1312 & en 1313. Il a écrit des livres sur l'alchimie, dans lesquels on trouve quelques faits sur l'art de préparer les acides ou eaux fortes, & ſur les propriétés des métaux.

XVme. SIÈCLE. Baſile Valentin, Bénédictin d'Erfort en Allemagne, étoit inſtruit en médecine & en hiſtoire naturelle. Il a fait un ouvrage ſur l'antimoine, auquel il a donné le nom pompeux de *Currus triomphalis antimonii* : & qui a été commenté par Kerkringius. On trouve dans ce livre un grand nombre de préparations antimoniales, qui ont été préſentées depuis ſous des noms nouveaux, & qui ont eu beaucoup de ſuccès pour la guériſon des maladies.

Iſaac les Hollandois, père & fils, perſonnages peu connus, ont laiſſé des ouvrages loués par Boerhaave, & d'après leſquels il paroît qu'ils connoiſſoient les eaux fortes & l'eau régale.

En général, tous ces hommes ont écrit de la manière la plus obſcure & la plus embrouillée ſur l'art chimique, quoiqu'ils connuſſent quelques procédés de diſſolutions, d'extractions, de purifications, &c. Leurs prétentions étoient beaucoup au-deſſus de leur ſavoir, & on ne peut tirer preſqu'aucun parti de leurs travaux.

QUATRIÈME ÉPOQUE.

Médecine universelle ; Chimie pharmaceutique ; Alchimie combattue, depuis le seizième siècle jusqu'au milieu du dix-septième.

Quoique les alchimistes n'eussent point réussi dans leur folle entreprise, quoique la ruine de leur fortune & de leur réputation eût dû dégoûter ceux qui vouloient s'appliquer à ces recherches, on n'en vit pas moins dans le seizième siècle un nombre prodigieux étayés & soutenus par l'enthousiasme d'un médecin Suisse, nommé Paracelse, né près de Zurich en 1493. Cet homme fougueux prétendit qu'il existoit un remède universel ; il substitua des médicamens chimiques à ceux de la pharmacie Galénique. Il guérit plusieurs maladies auxquelles les remèdes ordinaires n'opposoient que des efforts impuissans, & sur-tout les maux vénériens, avec des préparations mercurielles ; il opéra des espèces de prodiges : mais emporté par ses succès beaucoup au-delà des bornes qu'il auroit dû se prescrire, il brûla publiquement les livres des médecins grecs, & mourut au milieu de ses triomphes dans un cabaret de Salzbourg, âgé d'environ 48 ans, après avoir promis presque l'immortalité par l'usage de ses secrets.

Cette folie, toute extravagante qu'elle étoit, ranima l'ardeur des alchimistes : quelques-uns d'entre ceux qui se flattèrent d'avoir réussi dans la découverte de la médecine universelle, se qualifièrent du nouveau titre d'*Adeptes*. Tels furent au commencement du dix-septième siècle.

1°. Les frères de la Rose-Croix, espèce de société formée en Allemagne, dont on ne connut jamais en France que le titre, & dont les membres restèrent ignorés. Ces prétendus frères disoient posséder les secrets de la transmutation, de la science & de la médecine universelle, de la science des choses cachées, &c.

2°. Un Cosmopolite, nommé Alexandre Sethon ou Sidon, qui fit, dit-on, en Hollande la transmutation devant un certain Haussen. Ce dernier l'a raconté à Vander-Linden, l'aïeul du médecin de ce nom, à qui est due une bibliothèque de médecine.

3°. Un Philalète, dont le nom étoit Thomas de Vagan, né en Angleterre en 1612. Il alla en Amérique, où Starkey l'a vu & en a reçu de l'or. Boyle étoit en correspondance avec lui. C'est ce même adepte qui, en passant en France, donna de sa poudre de projection à Helvétius. Ce dernier écrivit, d'après cette prétendue merveille, qui n'étoit qu'un escamotage, une

Dissertation intitulée, *De Vitulo aureo*, &c.

Cependant les succès que Paracelse avoit obtenus avec les médicamens chimiques, engagèrent quelques médecins à suivre ce nouvel art, & l'on vit bientôt éclore plusieurs ouvrages utiles sur la préparation des médicamens chimiques. Tels sont ceux de Crollius, de Schroder, de Zwelfer, de Glaser, de Tackenius, de Lemery, &c. ainsi que les Pharmacopées, publiées par les principales facultés ou collèges de médecine.

Glauber, chimiste Allemand, rendit aussi à cette époque un service signalé à la chimie, en examinant les résidus des opérations, qu'on avoit toujours rejetés avant lui comme inutiles, & qu'on avoit désignés sous le nom de tête morte ou de terre damnée. Il découvrit ainsi le sel neutre, qui porte encore son nom, & le sel ammoniacal vitriolique; il assura la marche des chimistes pour la préparation des acides minéraux, &c.

Quelques chimistes qui ont avancé la science depuis Paracelse, n'étoient pas entièrement guéris des idées qu'il avoit fait naître; tels ont été Cassius, connu par un précipité d'or; le chevalier Digby, qui croyoit à l'action sympathique des médicamens; Libavius, qui a donné son nom à une préparation d'étain; Vanhelmont, fameux par ses opinions en médecine, & par la manière dont il a envisagé la chimie; enfin Borrichius, médecin & chimiste Danois, qui a découvert & annoncé le premier l'inflammation des huiles par l'acide nitreux, & qui est recommandable par le legs qu'il fit de sa bibliothèque & de son laboratoire en faveur des étudians en médecine sans fortune.

L'alchimie eut alors à redouter deux hommes célèbres qui la combattirent victorieusement; l'un fut le fameux père Kirker, jésuite, auquel est dû un grand & sublime ouvrage, qui a pour titre, *Mundus subterraneus*; l'autre, le savant médecin Conringius.

CINQUIÈME ÉPOQUE.

Naissance & progrès de la chimie philosophique, depuis le milieu du dix-septième siècle jusqu'au milieu du dix-huitième.

Jusques-là la chimie n'avoit pas encore été traitée d'une manière philosophique. On n'avoit décrit que des arts chimiques, donné des formules de médicamens, & recherché la nature des métaux, dans l'idée de faire de l'or ou de découvrir un remède universel, espèce de chimère à laquelle quelques enthousiastes ignorans croient encore. Il existoit cependant un grand nombre de faits, mais personne ne les avoit encore réunis; & comme l'a dit très-ingénieusement le célèbre Macquer, plusieurs branches de la chimie existoient déjà, mais la chimie n'existoit pas encore.

Vers le milieu du dix-septième siècle, Jacques Barner, médecin du roi de Pologne, rangea méthodiquement les principaux faits connus, & y joignit des raisonnemens dans sa chimie philosophique. L'ouvrage de ce savant est d'autant plus estimable, qu'il est le premier qui ait entrepris de former un corps complet de doctrine, & qu'il a fait placer la chimie dans la classe des sciences.

Bonhius, professeur de Léipsic, écrivit aussi un Traité de chimie raisonnée, qui a eu beaucoup de succès, & qui a été pendant long-temps le seul livre élémentaire.

Joachim Beccher de Spire, homme du plus grand génie, médecin des électeurs de Mayence & de Bavière, alla beaucoup plus loin que ces deux savans, & fit bientôt oublier leur nom. Il a réuni dans son ouvrage sublime, qui a pour titre *Phisyca subterranea*, toutes les connoissances acquises en chimie, & décrit avec une sagacité étonnante tous les phénomènes de cette science. Il a même deviné une grande partie des découvertes faites jusqu'à ce jour, telles que celles des substances gazeuses, la possibilité de réduire les os des animaux en un verre transparent, &c. Il eut pour commentateur un médecin célèbre, dont le nom fait une époque brillante dans la chimie. J. Ernest Stahl, né avec une passion vive pour la chimie, entreprit de commenter & d'éclaircir la doctrine de Becher; il s'attacha sur-tout à démontrer l'existence de la terre inflammable, qu'il appela *Phlogistique*; & avec autant de génie que lui, il mit plus d'exactitude dans les assertions, & plus d'ordre dans les recherches. Son traité du soufre, son ouvrage sur les sels, celui qui est intitulé *Trecenta experimenta*, lui ont acquis une gloire immortelle, & il a été un des premiers hommes de son siècle.

Boerhaave, au milieu d'occupations sans nombre, a cultivé la chimie; il a fait sur cette science un ouvrage célèbre & très-recherché. Les traités des quatre élémens, & sur-tout celui du feu, qu'il y a consignés, sont des chef-d'œuvres auxquels il eût été impossible de rien ajouter de son temps. Il est aussi le premier qui se soit occupé de l'analyse des végétaux, & on lui doit la connoissance de l'arome ou esprit-recteur, &c.

La théorie de Stahl a été suivie par tous les chimistes, & elle a pris de nouvelles forces par les travaux de deux frères célèbres, les Rouelle, que la chimie a perdus trop tôt, & auxquels on doit rapporter l'origine des progrès que cette science a faits en France.

L'illustre Macquer, le premier qui a écrit d'une manière très-claire sur la chimie, est aussi un des chimistes qui a le plus contribué à l'avancement de la science, & dont les excellens ouvrages ont été regardés, avec raison, dans toute l'Europe, comme les guides les plus sûrs pour apprendre la chimie. Outre les grandes obligations qu'on lui a pour les Elémens & le Dictionnaire qu'il a publiés, ses travaux particuliers & ses découvertes sur l'arsenic, le bleu de Prusse, la teinture en soie, les argiles, la porcelaine, &c. suffiroient pour immortaliser son nom, ainsi que la reconnoissance de la postérité.

SIXIÈME ÉPOQUE.

Chimie pneumatique; temps actuel.

Stalh, occupé tout entier à démontrer & à suivre le *phlogistique* dans toutes ses combinaisons, semble avoir oublié l'influence de l'air dans la plupart des phénomènes où il fait jouer un rôle au seul principe inflammable. Boyle & Hales avoient cependant déjà prouvé la néceſſité de compter ce fluide pour beaucoup dans les opérations de la chimie. Le premier avoit apperçu la différence que préſentent les phénomènes chimiques, obſervés dans le vide ou dans l'atmoſphère. Le ſecond avoit retiré d'un grand nombre de corps un fluide qu'il regardoit comme de l'air, & dans lequel il avoit cependant remarqué des propriétés particulières, telles que l'odeur, l'inflammabilité, &c. ſuivant les ſubſtances d'où il provenoit. Il regardoit l'air comme le ciment des corps & comme le principe de leur ſolidité.

M. Prieſtley, en répétant une grande partie des expériences de Hales, a découvert beaucoup de fluides qui, avec les apparences de l'air, en diffèrent par toutes leurs propriétés eſſentielles. Il en a retiré ſur-tout des *chaux* ou oxides métalliques, une eſpèce beaucoup plus pure que ne l'eſt celui de l'atmoſphère.

M. Bayen, chimiſte ſi juſtement célèbre par l'exactitude de ſes travaux, a examiné les oxides de mercure, & découvert que pluſieurs ſe réduiſent ſans phlogiſtique, & qu'ils donnent pendant leur réduction un fluide aériforme très-abondant.

M. Lavoiſier prouva bientôt, par une grande ſuite de belles expériences, qu'une partie de l'air ſe combine avec les corps que l'on calcine ou que l'on brûle. Dès-lors il s'éleva une classe de chimistes, qui commencèrent à douter de la présence du *phlogistique*, & qui attribuèrent à la fixation de l'air ou à son dégagement, tous les phénomènes que Stahl croyoit dus à la séparation, ou à la combinaison du *phlogistique*. Il faut convenir que cette doctrine avoit sur celle de Stahl l'avantage d'une démonstration plus rigoureuse, & qu'elle devoit paroître d'autant plus séduisante, qu'elle étoit plus d'accord avec la marche méthodique & rigoureuse que l'on suit aujourd'hui dans l'étude & la culture de la physique. Elle avoit paru aussi telle à Bucquet, qui, dans ses deux ou trois derniers cours, paroissoit lui donner la préférence. Le parti sans doute le plus sage & le seul que l'on dût prendre dans cette circonstance, étoit d'attendre qu'un plus grand nombre de faits eût entièrement démontré que tous les phénomènes de la chimie peuvent s'expliquer par la doctrine des gaz, sans y admettre le *phlogistique*. Macquer, très-convaincu de la grande révolution que les nouvelles découvertes devoient occasionner dans la chimie, n'a pas cru cependant qu'on pût tout expliquer sans la présence du principe inflammable, & il a substitué à la place du *phlogistique*, dont l'existence n'a jamais été rigoureusement démontrée, la lumière dont l'action & l'influence sur les phénomènes de la chimie ne sauroient être révoquées en doute.

Depuis la mort de ce chimiste célèbre, la science a tant gagné en découvertes nouvelles, que la théorie moderne acquiert de jour en jour de nouvelles forces; la grande masse de faits que j'ai recueillis depuis douze ans sur cette science, le nombre d'expériences que j'ai répétées, m'ont convaincu qu'il est absolument impossible de ne pas admettre cette théorie, & que ceux des physiciens qui continuent à soutenir avec plus ou moins de chaleur la doctrine du *phlogistique*, donnent tous dans leurs ouvrages des preuves qu'ils ne sont pas parfaitement au courant de la science, ou qu'il leur manque quelque chose dans l'art des expériences.

CHAPITRE III.

Des Attractions chimiques.

NOUS avons fait remarquer dans le premier chapitre, que les moyens dont on se servoit en chimie, & qui ont été réduits en général à l'analyse & à la synthèse, étoient épuisés dans la nature même, dont les chimistes ne sont que les imitateurs; c'est pour prouver cette vérité, que nous allons considérer ici ce qu'ils entendent par affinités.

On ne peut faire un pas dans l'étude de la physique, sans observer les effets de cette force admirable, établie entre tous les corps naturels, par laquelle ils s'attirent réciproquement, ils se recherchent, pour ainsi dire, & font des efforts pour s'approcher les uns des autres. C'est de cette grande loi que dépendent les phénomènes de l'univers que le philosophe contemple, & que l'homme le moins instruit ne peut voir sans admiration.

Cette force si nécessaire à l'harmonie du monde règne sur les corps les plus petits comme sur les plus grands; mais ses loix paroissent être différentes ou différemment modifiées, suivant la masse, le volume & la distance des êtres sur lesquels elle exerce sa puissance. Sans en rechercher les effets dans les corps planétaires dont elle règle la distance & les mouvemens, observons-les sur ceux de notre globe, & tachons d'en découvrir les loix.

La physique nous apprend que deux corps solides de même nature, mouillés & mis en contact, adhèrent l'un à l'autre avec d'autant plus de force, que la surface par laquelle ils se touchent, est plus étendue & plus polie. Ainsi deux plans de glace, deux sections d'une sphère métallique; mouillées & glissées l'une sur l'autre, se collent, pour ainsi dire, & demandent un effort souvent assez considérable pour être désunies. Cette force donne naissance à tous les phénomènes qu'on observe en chimie; il est donc très-important d'en étudier avec soin toutes les loix & les circonstances qui l'accompagnent.

La plupart des chimistes l'ont désignée sous le nom d'*affinité* ou de *rapport*, parce qu'ils ont cru qu'elle dépendoit d'une analogie ou conformité de principes dans les corps entre lesquels elle existe. Bergman l'a appelée *attraction chimique*, & quoique ces phénomènes paroissent différens de ceux de l'attraction planétaire, découverte par Newton, comme elle est due à la même force, nous adopterons cette dénomination. L'attraction chimique peut avoir lieu entre des corps de nature semblable, ou entre des corps de nature différente. Observons-la sous ce double point de vue.

§. I. *De l'attraction qui a lieu entre les molécules d'une nature semblable, ou de l'affinité d'aggrégation.*

Lorsque deux corps de nature semblable, comme deux globules de mercure, mis au point de contact, tendent en vertu de cette force, à s'unir & s'unissent réellement, il résulte de cette union une sphère d'une masse plus considérable, mais qui n'a point changé de nature. Cette force n'agit donc dans ce cas que sur les qualités physiques, ou apparentes. Elle réunit les molécules de même nature qui étoient séparées; elle augmente le volume en confondant les masses, & forme un tout de plusieurs parties isolées. On lui donne le nom d'*affinité, ou d'attraction d'aggrégation*, pour la distinguer de celle qui a lieu entre des corps d'une nature différente. Elle donne naissance à un aggrégé. Son caractère est donc de modifier les propriétés apparentes ou physique, sans influer d'une manière sensible sur les qualités chimiques. L'*aggrégé* n'est qu'un corps cohérent dont les molécules adhèrent les unes aux autres en vertu de leur force d'aggrégation. Il faut bien le distinguer du simple *amas* ou *tas*, qui n'est qu'une masse de parties de même nature, mais séparées les unes des autres, & qui n'ont point de cohérence, & du *mélange*, dont le caractère est d'être composé de parties dissemblables, mêlées les unes aux autres & sans adhérence. Un exemple familier rendra la chose très-claire. Des fleurs de soufre ou du soufre en poudre, dont les molécules n'adhèrent point ensemble, & peuvent être séparées par les moindres efforts, constituent un tas ou un amas sur lequel la force d'agrégation n'exerce point sa puissance. Si vous confondez avec elles un autre amas, comme du nitre en poudre, vous avez un *mélange par confusion*. Mais si, à l'aide de la fusion & du refroidissement, vous faites agir l'attraction d'agrégation, alors les molécules ou les partie intégrantes du soufre, entraînées les unes vers les autres par leur état de liquéfaction, s'approchent, s'unissent, se confondent, adhèrent tellement les unes aux autres, qu'elles forment, après leur refroidissement, un corps solide d'une seule masse, un véritable agrégé.

La force d'agrégation a différens degrés, que l'on mesure par l'adhérence respective que les parties intégrantes d'un agrégé ont entre elles. C'est l'effort nécessaire pour séparer les parties d'un agrégé, qui indique ou désigne le degré d'adhérence ou d'attraction qu'elles ont entr'elles. Nous distinguerons quatre genres d'aggrégés sous lesquels peuvent être compris tous les corps de la nature.

1°. L'*aggrégé dur ou solide*, dans lequel la force qui unit les parties intégrantes est très-considérable, & qui demande un effort violent pour perdre son agrégation. Il y a beaucoup d'espèces ou de degrés dans ce genre, depuis la dureté des pierres précieuses ou du crystal de de roche, jusqu'à la solidité du bois le plus tendre. Son caractère est de former une masse dont les différentes parties ne peuvent point être sensiblement mues les unes sur les autres, sans qu'on les brise ou qu'on les sépare.

2°. *L'agrégé mou*, dont les parties cohérentes peuvent cependant, à l'aide d'un léger effort, glisser les unes sur les autres, & changer de situation respective. La force qui unit les parties d'un corps mou est moindre que celle qui fait adhérer les molécules d'un agrégé solide; il faut aussi moins de violence pour en détruire l'agrégation.

3°. *L'agrégé fluide*, Ses parties intégrantes sont assez peu unies ensemble, pour que la moindre force non-seulement les fasse rouler & glisser les unes sur les autres, mais même soit capable de les séparer & de les isoler en globules.

4°. Enfin, *L'agrégé aériforme*, dont les molécules intégrantes sont trop tenues pour pouvoir être apperçues, & dans lequel l'affinité d'agrégation est la plus petite possible; l'air atmosphérique en fournit un exemple.

Ces quatre genres d'agrégation ne sont, à proprement parler, que différens degrés de la même force, qu'il est cependant nécessaire de distinguer avec soin, parce que leur état & leur diversité influent singulièrement sur les phénomènes chimiques. On peut prouver d'une manière très-satisfaisante qu'ils ne sont réellement que des degrés les uns des autres, puisque beaucoup de corps peuvent se trouver successivement dans ces quatre états. L'eau en glace est un agrégé solide; sa dureté est d'autant plus considérable, que le froid qui la lui donne est plus vif; lorsqu'on l'expose à la température de o, elle prend une sorte de mollesse avant de passer à la liquidité; tout le monde connoît son état fluide, & les physiciens ont calculé la force d'expansibilité qu'elle a lorsqu'on la met en état de vapeur, ou dans l'agrégation aériforme; il en est de même des métaux, des graisses, des huiles concrètes, de la cire, &c.

A mesure que l'on avancera dans la connoissance des loix de l'attraction chimique, on sentira de quelle importance il est de bien distinguer & de bien appprécier ces quatre sortes d'agrégation. C'est sur-tout d'après la manière d'etre de la force d'agrégation à l'égard de la seconde espèce d'attraction chimique, que nous examinerons plus bas qu'il est utile de fixer ses idées à cet égard.

Comme ces deux forces, qui paroissent dépendre de la même cause, ou avoir le même principe, sont cependant toujours opposées l'une à l'autre dans les phénomènes chimiques, comme on peut même inférer des faits que nous ferons connoître, qu'elles sont en raison inverse l'une de l'autre; lorsque le chimiste veut faire agir l'une, il faut indispensablement qu'il affoiblisse plus ou moins l'autre. Or c'est presque toujours celle dont nous nous sommes occupés jusqu'à présent, qu'il a intention de diminuer, & c'est aussi celle que l'art peut modifier à son gré.

Pour détruire ou affaiblir l'attraction d'agrégation, il ne s'agit que d'opposer à un agrégé une force extérieure plus vive que celle qui tient ses molécules les unes près des autres, & on sent de reste que cette force doit toujours être proportionnée à l'adhérence des parties du corps dont on veut détruire l'agrégation. Telle est la grande loi qu'on doit toujours observer dans la pratique des *opérations ancillaires*, ou préparatoires, dont l'unique but est de rendre nulle l'attraction d'agrégation. La pulvérisation, la porphyrisation, l'action de la lime, de la rape, des ciseaux, servent à s'opposer à la cohérence des solides & à séparer leurs parties. La chaleur & l'évaporation font le même effet sur les fluides, ainsi que sur la plûpart des solides qui sont susceptibles de se ramollir & de se fondre. Mais ces derniers moyens, dans lesquels la chaleur est l'agent qui divise, dépendent eux-mêmes d'un attraction chimique de la seconde espèce. On peut en dire autant de la dissolution par l'eau.

Si l'art offre des moyens sans nombre de s'opposer à la force d'agrégation & de la détruire entièrement, il en fournit aussi pour la rétablir, & pour la faire agir avec toute l'énergie dont elle est susceptible. Toutes les manipulations qu'il enseigne sur cet objet consistent à mettre les corps dont on se propose de faire reparoître l'agrégation, dans un état de division & de fluidité, tel que les molécules de ces corps, douées du mouvement qui leur est propre, puissent s'attirer, se rechercher, s'appliquer les unes aux autres par les surfaces les plus convenables, de sorte qu'elles constituent par leur union un agrégé dont la figure régulière & la cohérence égalent souvent celles que la nature leur donne, & les surpassent même quelquefois. Remarquons à cette occasion qu'on peut encore distinguer tous les corps agrégés sous deux états, savoir, celui d'*agrégés irréguliers*, ou celui d'*agrégés réguliers*. La nature a donné à chaque corps la propriété de se présenter dans l'un ou l'autre de ces deux états, & l'art toujours émule & souvent rival de la nature, peut à son gré produire un agrégé irrégulier ou un agrégé régulier. Tous les êtres susceptibles de passer par les différens états d'agrégation que nous avons distingués plus haut, sur-tout les sels & les métaux, peuvent, suivant la manière dont l'artiste modifie leur passage de la fluidité à la solidité, paroître dans l'état d'une masse informe ou dans celui d'un corps à facettes régulières, que l'on appelle cristal. Il ne faut, pour obtenir le premier état, que tenir les molécules du corps, rendu fluide soit par le feu, soit par l'eau, très-voisines les unes des autres, & faire cesser subitement leur liquéfaction, de sorte qu'elles se touchent toutes à la fois, que l'attraction d'agrégation agissant en même temps sur toutes, opère leur réunion en une masse solide. La cristallisation au contraire demande que l'on tiennne les parties du corps que l'on veut avoir cristallisé, assez éloignées les unes des autres pour qu'elles puissent se balancer quelque temps avant de s'unir, & pour qu'elles se présentent mutuellement les surfaces qui ont le plus de rapport entre elles. On voit, d'après ces détails, que la cristallisation est entièrement due à l'attraction, & que ses phénomènes bien appréciés, sont très-capables de la faire concevoir. C'est sous ce dernier point de vue que nous l'avons envisagée ici; nous nous réservons de nous étendre sur cette propriété dans plusieurs autres articles de cet ouvrage.

§. II. *De l'attraction chimique entre les molécules de nature différente, ou de l'affinité de composition.*

Lorsque deux corps de nature diverse tendent à s'unir, ils se combinent alors en vertu d'une force un peu différente de celle que nous avons examinée jusqu'ici, & à laquelle on donne le nom *d'affinité de composition*, & mieux *d'attraction de composition*. Cette espèce d'attraction, plus importante encore à connoître que la première, a lieu dans toutes les opérations de la chimie, & c'est elle seule qui peut éclairer le chimiste sur les phénomènes que son art lui présente sans cesse. De tout temps on a connu cette force; mais on n'y a fait l'attention qu'elle mérite que depuis qu'on s'est apperçu qu'elle influe sur la pratique autant que sur la théorie de la science dont nous nous occupons. C'est elle en effet qui doit guider l'artiste dans les recherches propres à avancer la chimie, & que doit consulter le savant qui rassemble les faits & qui les compare. Elle est la boussole de tous les deux, & l'on peut avancer que celui qui connoît bien les attractions chimiques, sait tout ce qu'il y a de plus grand & de plus sublime à savoir dans cette science.

Bien persuadés de cette vérité, nous tâcherons d'abord de rassembler fidèlement tous les faits qui y ont rapport, & nous exposerons ensuite les hypothèses qui ont été imaginées sur la cause de l'attraction chimique.

L'observation, la mère de la chimie comme de toutes les sciences de faits, a appris que l'attraction de composition présente des phénomènes constans & invariables, que l'on peut regarder comme des loix établies par la nature, & dont elle ne paroît s'écarter qu'aux yeux de ceux qui ne savent pas la suivre & l'étudier. Ces loix, fondées sur un grand nombre d'expériences exactes & constantes, peuvent être réduites à huit, que nous allons faire connoître.

I. LOI DE L'ATTRACTION DE COMPOSITION.

L'attraction de composition n'a lieu qu'entre des corps de nature différente.

Cette première loi est invariable, & ne souffre jamais d'exception. Pour que deux corps puissent se combiner & former un composé : il est absolument nécessaire qu'ils soient d'une nature differente. En effet, si deux corps de nature semblable s'unissent l'un à l'autre, il ne peut résulter de cette union qu'un agrégé dont la masse, le volume & l'étendue seront seulement augmentés, mais qui n'aura perdu aucune de ses propriétés essentielles; ce ne sera que l'effet de la force d'agrégation qui les tiendra unis, comme nous l'avons fait voir en parlant de cette première espèce d'attraction. C'est ainsi qu'on réunit par la chaleur deux morceaux de cire, de résine, de soufre, &c. On sent aisement d'après cela la différence qui existe entre l'attraction d'agrégation & l'attraction de composition.

Cette loi est si vraie & si constante, que jamais l'attraction de composition n'est plus forte que lorsque les corps entre lesquels elle a lieu diffèrent plus les uns des autres par leur nature. C'est ainsi que les sels acides, opposés par leurs propriétés aux alkalis, se combinent si intimement, & forment des composés si parfaits avec ces derniers. On trouve la même opposition de propriétés entres les alkalis & le souffre, les mêmes sels & l'huile, les acides & les métaux, l'alcohol & l'eau, &c. toutes substances qui ont beaucoup de tendance à s'unir les unes aux autres, & à constituer des composés très-intimes, quoique leur nature soit totalement différente.

Il est d'autant plus nécessaire de bien reconnoître cette grande loi de l'affinité de composition, que plusieurs chimistes à la tête desquels doit être placé Sthal, ont essayé de prouver que les corps ne se combinoient jamais qu'en vertu d'un certain rapport, d'une certaine ressemblance entre leurs propriétés; opinion à laquelle on se refusera nécessairement, lorsqu'on coucevra bien l'étendue que nous donnons à cette première loi. En lisant ce que les plus grands chimistes ont dit sur cette matière, on s'apperçoit que les rapports qu'ils s'efforcent de trouver entre les substances qui ont beaucoup de tendance à s'unir entre elles, sont toujours très-éloignés, & qu'il étoit rigoureusement possible, en suivant cette méthode, d'en trouver de pareils entre les corps les plus dissemblables. D'ailleurs, il est facile de voir que ces hommes de génie ont eu l'intention de rendre la théorie des attractions chimiques plus lumineuse en proposant cette explication; & ceux qui savent combien il est difficile d'établir des systêmes dans les connoissances humaines, leur auront une éternelle reconnoissance. Leurs travaux sont toujours utiles par le rapprochement des faits, & la liaison qu'ils mettent entre eux; mais la vérité, à laquelle nous devons notre premier hommage, nous force à avouer notre ignorance sur la cause de ce grand phénomène que nous posons comme une loi, au lieu d'avoir recours à une analogie, qui est constamment démentie par l'examen des propriétés des corps.

II. Loi de l'Attraction de composition.

L'attraction de composition n'a lieu qu'entre les dernières molécules des corps.

Pour bien concevoir l'existence de cette loi, il faut nécessairement distinguer ce que nous entendons par sujets chimiques, & comment il diffèrent des sujets physiques. Les derniers sont des corps dont les propriétés extérieures, telles que la masse, le volume, la surface, l'étendue, la figure, peuvent être soumises au calcul & appréciées d'après le rapport des sens. Ce sont des agrégés dont le physicien peut observer les qualités & les comparer entre elles. Les sujets chimiques, au contraire, sont des êtres qui ont perdu leur agrégation, & qui conséquemment n'offrent plus aux sens les propriétés physiques des agrégés. Ce sont des molécules si déliées, si tenues, que l'on ne peut plus mesurer leur étendue, ni connoître leur figure & leur volume. Ce n'est que lorsque les corps ont été réduits à ce degré de finesse par les différentes opérations ancillaires dont il a été question plus haut, qu'ils obéissent à l'attraction de composition, & le chimiste ne parvient à les combiner que lorsqu'il les présente les uns aux autres dans cet état de division. Il paroît que cette force réside dans les dernières molécules des corps. On voit, d'après cela, que l'attraction de composition diffère de l'attraction qui a lieu entre de grandes masses. Cette différence est encore plus frappante, lorsqu'on considère l'opposition qui se trouve entre l'attraction d'agrégation & l'attraction de composition. Cette opposition est si réelle, que je crois pouvoir avancer comme un axiôme chimique, que plus l'agrégation est foible, plus l'attraction de combinaison est forte; & qu'au contraire plus l'agrégation est forte, moins l'attraction de composition a d'énergie. Ces deux forces semblent être opposées l'une à l'autre, & se contrebalancer mutuellement. En effet, l'attraction d'agrégation s'oppose à ce que les corps puissent se combiner; aussi ceux dont l'agrégation est très-forte n'ont-ils que peu de tendance à la combinaison, tandis que les substances qui n'ont point, ou que très-peu d'agrégation, ont en même temps une très-grande force de combinaison. Parmi les gaz, par exemple, qui de tous les êtres connu sont ceux dont l'agrégation est la plus foible, il en est plusieurs dont la tendance à la combinaison est si forte, qu'ils s'unissent avec la plus grande vivacité à presque tous les corps naturels. Cependant nous verrons par la suite que cela n'a lieu que lorsque le calorique, qui est combiné dans les fluides élastiques, ne tient que foiblement à une base; & que très-souvent l'état aériforme s'oppose à la combinaison, comme cela a lieu pour l'air vital.

III. LOI DE L'ATTRACTION DE COMPOSITION.

L'Attraction de composition peut avoir lieu entre plusieurs corps.

Cette loi est une de celles de l'attraction chimique sur laquelle nous sommes le moins avancés, & que l'on ne fait encore qu'entrevoir. On connoît beaucoup de combinaisons entre deux corps. On en connoît beaucoup moins entre trois, & à peine a-t-on quelques exemples de quatre corps qui puissent rester unis les uns aux autres avec une infinité égale. Il n'y a guères que les métaux qui offrent de semblables combinaisons, & que l'on peut allier au nombre de deux, de trois, de quatre. Il est vraisemblable qu'il existe des composés de plus de quatre corps, de six ou de huit, par exemple; mais l'art ne nous a encore que peu éclairés sur cet objet. La raison de la lenteur des progrès dans l'étude de cette loi de l'attraction chimique sera exposée clairement, lorsque nous traiterons de la huitième loi. On désigne cette attraction par le nombre des substances unies, en disant attraction de deux, de trois, de quatre corps, & ainsi de suite. L'avancement de la chimie dans ces derniers temps, la multiplicité des recherches auxquelles on se livre de toutes parts, & l'exactitude scrupuleuse qu'on y apporte aujourd'hui, font espérer que l'on parviendra à connoître ces attractions que nous appellerons *compliquées*.

IV. LOI DE L'ATTRACTION DE COMPOSITION.

Pour que l'Attraction de composition ait lieu entre deux corps, il faut que l'un des deux au moins soit fluide.

Il y a long-temps que cette loi est connue des chimistes, & qu'elle est imprimée par l'axiôme suivant : *corpora non agunt nisi sint soluta.* L'observation la plus suivie & la plus exacte a appris que deux substances solides ne peuvent presque jamais entrer en combinaison l'une avec l'autre. C'est ainsi que les corps qui ont le plus de tendance à s'unir ne peuvent le faire qu'autant que l'un des deux est dans l'agrégation fluide. Plus les êtres que le chimiste veut combiner sont fluides, & moins par conséquent ils ont de force agrégative, plus facilement & plus intimement il parvient à les unir. C'eſt pour cela qu'aucune combinaiſon ne ſe fait avec plus d'activité, & ne donne un compoſé plus parfait, que lorſqu'on met en contact deux fluides aériformes ſalins, comme le gaz acide muriatique & le gaz ammoniac.

Quoique deux corps ſolides ne puiſſent jamais ſe combiner, il y a quelques circonſtances dans leſquelles des ſubſtances sèches, réduites en pouſſière fine, réagiſſent aſſez fortement l'une ſur l'autre pour s'unir & former un nouveau compoſé. C'eſt ainſi que j'ai découvert que les alkalis fixes cauſtiques s'uniſſent à froid, & par la ſimple trituration avec le ſoufre, l'antimoine & le kermès, comme je le décrirai ailleurs; mais dans ce cas la diviſion extrême des matières produites par la pulvériſation, & l'eau de l'atmoſphère, attirée par la ſubſtance ſaline qui s'humecte & ſe ramollit promptement, favoriſent ſingulièrement la combinaiſon, & font reutrer ce phénomène dans la loi que nous examinons.

Il n'eſt pas toujours néceſſaire que les corps que l'on veut combiner ſoient tous les deux fluides; il ſuffit que l'un des deux le ſoit. Dans leur union il ſe paſſe un phénomène que les chimiſtes connoiſſent ſous le nom de *diſſolution*, c'eſt l'atténuation, la diviſion & la diſparition entière du corps ſolide mis en contact avec le fluide. Pour bien entendre la cause de ce phénomène, il faut concevoir que l'attraction de combinaison qui existe entre deux substances, l'une liquide & l'autre solide, comme l'acide sulfurique & un morceau de spath calcaire, est plus forte que l'agrégation qui unit les molécules du spath & qui en fait un corps solide. Or, comme par la troisième loi cette attraction ne peut avoir lieu qu'entre les dernières molécules, il faut de toute nécessité que le spath perde son agrégation, & soit réduit en très-petites molécules, pour pouvoir s'unir à l'acide sulfurique, & former du sulfate calcaire. Les chimistes anciens avoient distingué dans toute dissolution le dissolvant & le corps à dissoudre : le premier étoit le corps fluide, le second étoit le solide. Cette distinction, qui suppose dans le fluide une force supérieure à celle qui existe dans l'agrégé solide, ne peut être admise par les chimistes modernes, qui observent, avec M. Gellert, qu'il y a une action égale de la part des deux corps dans une dissolution, & que dans l'exemple cité l'acide sulfurique ne détruiroit pas l'agrégation de la craie, si cette dernière ne tendoit de son côté à se combiner avec l'acide sulfurique, & ne l'attiroit tout autant que ce dernier l'attire. Ce mot de dissolvant, donné jusqu'aujourd'hui aux fluides, est donc peu chimique, & ne présente que l'idée d'une opération mécanique ; aussi seroit-il très-bon de le proscrire. Comme l'usage a malheureusement prévalu, il faut se ressouvenir que, lorsqu'on dit en chimie qu'un corps en dissout un autre, on n'exprime que l'état physique de fluidité de ce premier corps, & on ne lui attribue pas une activité, une énergie plus grande qu'au solide qui jouit exactement de la même force, ou même d'une supérieure, puisque la tendance qu'il a pour se combiner au fluide est telle qu'elle l'emporte sur son agrégation, & la détruit tout-à-fait.

La fausse idée qu'on a eue jusqu'à ces derniers temps sur la dissolution, est sans doute venue de la théorie mécanique que quelques chimistes physiciens ont donné sur cette opération de la nature. Cette théorie qu'on trouve à chaque page dans la Chimie de Lemery, consiste à regarder le dissolvant, un acide par exemple, comme un assemblage de pointes ou d'aiguilles très-acérées, & le corps à dissoudre, comme composé d'une infinité de pores dans lesquels sont reçues les pointes de l'acide, qui écartent les parties du corps à dissoudre, les séparent, & le réduisent ainsi à un état de division, tel qu'il semble disparoître, & échappe à la vue. Il suffit d'énoncer cette opinion pour la combat-

tre,

tre, & pour faire appercevoir combien elle eſt éloignée de la marche que l'on ſuit aujourd'hui dans les ſciences phyſiques.

V. LOI DE L'ATTRACTION DE COMPOSITION.

Lorſque deux ou pluſieurs corps s'uniſſent par l'attraction de compoſition, leur température change dans l'inſtant de leur union.

Ce phénomène nous a paru ſi conſtant dans toutes les combinaiſons que l'art opère, que nous croyons devoir le conſidérer comme une des loix de l'attraction de compoſition. La température des corps qui ſe combinent peut être altérée de deux manières; ils produiſent du froid ou de la chaleur. La dernière a lieu beaucoup plus ſouvent que le premier; mais comme il ſe produit du froid dans pluſieurs opérations ſynthétiques, nous avons exprimé ce phénomène par le changement général de température.

On pourroit nous objecter qu'il y a certaines diſſolutions ou combinaiſons lentes dans leſquelles le changement de température n'eſt pas apparent. Nous prions les perſonnes qui ſeroient tentées de nous faire cette objection, de plonger un thermomètre très-ſenſible dans ces diſſolutions, & elles ſeront bientôt convaincues que la température y est toujours différente, & presque toujours plus froide que celle de l'atmosphère.

Ce phénomène paroît aussi dépendre du changement d'agrégation des substances que l'on combine, de leur passage de l'état de solidité à celui de liquidité, ou de ce dernier à l'autre, suivant la belle observation de M. Baumé, dont nous parlerons ailleurs. Mais comme ce changement d'agrégation dépend lui-même de l'action de l'attraction de combinaison, il est évident que c'est cette attraction qui change la température en même-tems que l'agrégation.

Macquer a pensé que les variations, dans la température des corps qui se combinent, dépendent du mouvement auquel sont soumises les molécules de ces corps; mais si cette explication suffit pour indiquer la cause de la chaleur produite dans les combinaisons, elle ne présente pas le même avantage pour faire connoître la cause du froid qui s'excite dans plusieurs d'entre elles. Quelques chimistes modernes, & en particulier Scheele & Bergman, croient que la chaleur, qu'ils regardent comme un corps particulier, joue un très-grand rôle dans les combinaisons chimiques, & qu'elle est ou absorbée, ce qui produit du froid; ou dégagée, ce qui excite du chaud.

Cette théorie explique très-bien les changemens de température qui ont lieu pendant que les corps s'unissent.

VI. LOI DE L'ATTRACTION DE COMPOSITION.

Deux ou plusieurs corps, qui se sont unis par attraction de composition, forment un être, dont les propriétés sont nouvelles, & très-différentes de celles qu'avoit chacun de ces corps avant de s'unir.

Cette loi est celle qu'il est le plus nécessaire de bien établir, parce que plusieurs chimistes célèbres de ce siècle ont eu, sur les propriétés des composés, des idées qui ne nous paroissent point être d'accord avec le plus grand nombre de faits, & qui contredisent formellement celui que nous offrons ici comme un des principaux & des plus remarquables phénomènes de l'attraction de composition

Stahl & ses sectateurs, dont le génie a d'ailleurs rendu tant d'importans services à la chimie, ont avancé que les composés participoient toujours des propriétés des corps qui entroient dans leur composition, & qu'ils en avoient de moyennes entre celles de leurs principes. Ils ont même poussé cette idée jusqu'à croire qu'il seroit possible de deviner, d'après les propriétés d'un être composé, la nature des corps qui le composent. C'est ainsi que Stahl a annoncé que les sels étoient formés d'eau & de terre, parce qu'il croyoit trouver dans tous des propriétés moyennes entre celles de ces deux substances. Comme nous nous réservons de discuter cette grande doctrine en parlant des sels en général, nous ne dirons rien sur cet exemple; nous ferons seulement observer que les chimistes qui ont suivi Stahl dans cette opinion, n'ont pas été plus heureux que lui dans leurs preuves, & que les propriétés moyennes qu'ils se sont efforcés de trouver dans les composés, n'ont presque toujours qu'un rapport bien éloigné avec celles de leurs composans; ce que nous démontrerons par les plus fameux exemples choisis & donnés en preuves par Stahl lui-même; nous ne pouvons même nous empêcher d'avouer que c'est la difficulté qu'il paroît avoir eue pour établir cette idée dans ses ouvrages, & l'espèce de gêne qui règne dans ses explications, qui nous a engagés, Bucquet & moi, à observer attentivement cette théorie, & qui nous a conduits à en adopter une entièrement opposée.

En effet, pour démontrer rigoureusement l'existence de la loi dont nous nous occupons, il suffira de fournir des exemples de composés dont les propriétés sont tout-à-fait nouvelles, & ne tiennent point du tout à celles de leurs composans; or, l'histoire de toutes les combinaisons chimiques vient à l'appui de ce que nous avançons, & il n'en est pas une qui ne puisse nous servir à établir la vérité que nous proposons.

Pour faire voir, 1°. que les corps qui s'unissent perdent les propriétés que chacun d'eux avoit; 2°. qu'ils en acquièrent de nouvelles tout-à-fait différentes; fixons-nous à quelques propriétés dont les variations puissent être bien sensibles. La saveur est souvent très-considérable dans deux corps isolés, & lorsqu'on les combine, ils n'en ont plus qu'une très-foible, si on la compare à celle des premiers; le *sulfate de potasse* ou *tartre vitriolé*, qui résulte de la combinaison de deux puissans caustiques, l'acide sulfurique ou *vitriolique* & la potasse pure, n'a qu'une saveur amère, qui n'est certainement pas moyenne entre la causticité de ces deux sels. D'un autre côté, deux corps qui n'ont que peu ou point de saveur, en acquièrent une très-forte dans leur union; quelques grains d'acide muriatique oxigéné, délayés dans un verre d'eau, & quelques grains de mercure donnés chacun séparément, ne sont pas capables de porter atteinte à l'économie animale, tandis que la même dose de *muriate mercuriel oxigéné*, ou *sublimé corrosif*, formé par la combinaison de ces deux substances, & administré dans le même véhicule, est un poison des plus violens, & d'une saveur très-corrosive.

L'attraction de composition influe aussi singulièrement sur la forme; souvent deux matières qui ne sont point susceptibles de cristalliser seules, prennent une forme régulière lorsqu'elles sont réunies, comme le gaz acide muriatique & le gaz ammoniac ou alkalin, qui constituent dans l'instant de leur union des crystaux de muriate ammoniacal. D'autres fois la forme est changée & simplement modifiée, comme dans l'union de certains sels neutres entre eux, du soufre avec les métaux, & dans les alliages métalliques qui offrent, suivant M. l'abbé Mongez, des cristallisations un peu différentes de celles des métaux purs; enfin, des corps très-susceptibles de se cristalliser par eux-mêmes, perdent cette propriété, lorsqu'ils sont unis à d'autres corps, ainsi que les métaux unis à l'oxigène, quelques-uns d'entre eux combinés avec les acides, &c. (1).

(1) On est obligé de se servir de termes & de dénominations inconnus dans ces préliminaires; mais on peut consulter la table des matières & le commence-

Il en eſt abſolument de même de la conſiſtance ; preſque jamais elle n'eſt dans un composé la même que dans les principes qui le forment. C'eſt ainſi que deux fluides unis l'un à l'autre, donnent ſubitement naiſſance à un ſolide, dans la combinaiſon de l'acide ſulfurique & d'une diſſolution de potaſſe concentrés ; & que, de l'union de deux ſolides il réſulte ſouvent un fluide, comme dans les ſels neutres, combinés avec la glace, & dans le mélange de l'amalgame de plomb & de celui de biſmuth.

La couleur eſt le plus ſouvent altérée dans les combinaiſons ; quelquefois elle ſe perd ; c'eſt ainſi que, lorſqu'on unit de l'acide muriatique coloré avec un métal, cet acide devient blanc. Le plus ſouvent deux corps qui n'ont point de couleur, en prennent une plus ou moins marquée en s'uniſſant, ainſi que le fer & le cuivre avec la plûpart des acides, & comme le plomb, le mercure & preſque tous les métaux unis à l'oxigène de l'air, & dans l'état d'oxides métalliques.

Souvent des corps très-odorans forment des composés ſans odeur, comme le gaz acide mu-

---

ment des articles de l'ouvrage auxquels elle renvoie, pour l'explication de ces mots. Cet inconvénient eſt inévitable dans les élémens d'une ſcience.

riatique, & le gaz ammoniac ou alkalin, dont l'odeur est vive & suffoquante, & qui donnent naissance à un sel neutre, presque sans odeur, & connu sous le nom de muriate ammoniacal. Quelquefois il résulte de l'union de deux corps inodores un composé dont l'odeur est forte; c'est ainsi que le soufre & les alkalis fixes, qui n'ont point ou presque point d'odeur l'un & l'autre, forment les *foies de soufre* ou *sulfures alkalins*, qui sont très-fétides, lorsqu'ils sont humectés.

Nous pouvons faire la même observation sur la fusibilité. Deux substances très-infusibles, ou très-difficiles à fondre séparément, deviennent très-fusibles, lorsqu'elles sont unies; la combinaison du soufre & des métaux fournit des exemples bien frappans de cette assertion. Ces faits cités en preuves ne sont pas, à beaucoup près, les seuls qui viennent à l'appui de notre assertion. Il en est beaucoup d'autres que les détails présenteront, & dont on pourra facilement faire l'application.

VII. Loi de l'Attraction de composition.

L'attraction de composition se mesure par la difficulté qu'on éprouve à détruire la combinaison formée entre deux ou plusieurs corps.

Les chimistes connoissent des moyens de

féparer les corps unis les uns aux autres, quelqu'adhérence ou quelqu'attraction qu'il y ait entre ces corps ; mais ces moyens font plus ou moins faciles, plus ou moins compliqués. En obfervant les phénomènes chimiques qui fe paffent à cet égard, on remarque conftamment que plus les compofés font parfaits, plus il eft difficile d'en féparer les principes, & d'en détruire la compofition. Les degrés de difficulté qu'on éprouvera pour cette féparation, pourront donc fervir à faire reconnoître ceux de l'adhérence ou de l'attraction qui exifte entre tel & tel corps.

Nous infiftons avec d'autant plus de force fur cette loi, que les perfonnes qui commencent à fe livrer à la pratique des opérations chimiques, pourroient fe méprendre fur la différence d'attraction qui règne entre les différens corps qu'elles combinent enfemble. L'activité avec laquelle certaines fubftances s'uniffent, doit naturellement faire croire que l'adhérence eft très-confidérable entre elles ; cependant une longue expérience apprend que cette vivacité de combinaifon, loin d'indiquer une compofition parfaite, démontre plutôt une adhérence très-foible, & ne donne naiffance qu'à un compofé très-imparfait. Pour fixer, d'une manière exacte, le degré d'affinité avec laquelle les corps s'uniſſent & reſtent unis, il faut donc avoir égard à la meſure de la difficulté qu'on éprouve à les ſéparer, ou à décompoſer leur union. L'examen de la huitième & dernière loi éclaircira cet objet.

VIII. Loi de l'Attraction de composition.

Tous les corps n'ont pas entre eux la même force d'attraction chimique, & l'on peut, à l'aide de l'obſervation, déterminer le degré de cette force exiſtante entre les différens corps de la nature.

Tous les êtres naturels n'ont pas une égale tendance pour ſe combiner les uns avec les autres. Il en eſt qui refuſent abſolument de s'unir, ou qu'au moins l'art ne peut parvenir à unir directement, comme le fer & le mercure, l'eau & l'huile, &c. quoiqu'il ſoit faux de dire qu'ils n'ont enſemble aucune attraction ; d'autres ne s'uniſſent que difficilement, & à l'aide d'un tems très-long.

Mais ce qui eſt le plus important dans cette variété de l'attraction chimique, c'eſt que comme cette force n'eſt pas égale entre tous les corps, on peut, d'après la connoiſſance de ce phénomène, opérer ſur le champ la ſéparation de deux corps dont l'union formoit un compoſé.

Bergman a imaginé le nom d'*attractions électives*, pour exprimer qu'il y a une ſorte de choix entre les corps qui, pour ſe combiner, décompoſent ou ſéparent des matières auparavant réunies. C'eſt même dans cette décompoſition que conſiſte le plus grand art du chimiſte, & c'eſt par elle qu'il produit des eſpèces de miracles aux yeux des perſonnes qui ne les ont point encore obſervés. Pour bien entendre ce que c'eſt que cette décompoſition, ſuppoſons que deux corps adhèrent l'un à l'autre avec une force égale à 4, comme, par exemple, un acide & un oxide ou *chaux* métallique; préſentons à ce compoſé un troiſième corps qui ait avec l'acide une affinité égale à 5 ou à 6, ainſi qu'un alkali. Que doit-il arriver? l'alkali qui tend à s'unir à l'acide avec une force ſupérieure à celle qui unit ce même acide avec l'oxide métallique, doit ſéparer ce dernier pour s'emparer de l'acide. C'eſt auſſi ce qui a lieu dans le mélange; l'oxide métallique ſe ſépare, & il ſe forme une nouvelle combinaiſon entre l'acide & l'alkali. Cette décompoſition ſe nomme communément *précipitation*, parce que le plus ſouvent la matière ſéparée ſe dépoſe au fond des liqueurs mêlées enſemble.

On appelle *précipité* la matière qui tombe au fond du vaiſſeau dans lequel ſe fait l'opération. La ſubſtance ajoutée, & qui produit ce phénomène, porte le nom de *précipitant*. On diſtingue quatre eſpèces de précipités. Il exiſte un *précipité vrai*, ſi c'eſt la matière ſéparée du composé par celle qu'on y ajoute, qui occupe la partie inférieure du mélange. Lorſqu'on décompoſe du *ſulfate de chaux*, formé par la combinaiſon de l'acide ſulfurique & de la chaux, à l'aide de la potaſſe qui a plus d'affinité avec l'acide que n'en a la chaux, cette dernière ſe ſépare, & tombant au fond de l'eau, conſtitue un précipité vrai. Il y a un *précipité faux*, lorſque c'eſt la nouvelle combinaiſon du précipitant avec un des deux corps du composé qu'on déſunit, qui ſe place au bas de la liqueur, en raiſon de ſon inſolubilité, & lorſque la matière ſéparée reſte en diſſolution. En décompoſant le nitrate de mercure par l'acide muriatique, pour lequel l'oxide de ce métal a plus d'attraction que pour l'acide nitrique, la nouvelle combinaiſon de mercure & d'acide muriatique tombe au fond du mélange, y forme un faux précipité, au-deſſus duquel ſe trouve l'acide nitrique diſſous dans l'eau. Cette différence ne dépend, comme nous le verrons ailleurs, que de la différente diſſolubilité des matières.

Il eſt facile de reconnoître une erreur de nomenclature préjudiciable aux commençans, dans ce second exemple de précipités; en effet, ceux qui ont donné ce nom à la substance séparée du composé par le précipitant, ne doivent point regarder comme précipité la nouvelle combinaison qui a lieu dans cet exemple. Mais quand même on se restreindroit à n'appeler précipité que la matière séparée par le précipitant, ce nom seroit encore sujet à tromper, puisqu'il y a beaucoup de cas dans lesquels la substance séparée, loin de se précipiter, s'élève & se volatilise. C'est ainsi que, lorsqu'on décompose la combinaison d'acide muriatique & d'ammoniaque, ou alkali volatil, connue sous le nom de muriate ammoniacal, par la chaux qui a plus d'affinité avec l'acide que n'en a l'alkali volatil, ce dernier se dissipe en vapeurs, & il n'y a point d'apparence de précipité dans le mélange.

Pour que les précipités dont nous venons de parler aient lieu, on sent bien qu'il faut qu'ils se fassent dans une liqueur. C'est alors ce qu'on appelle précipitation par la voie humide, afin de la distinguer de celle qui se fait au feu, ou par la voie sèche, & qu'on opère, soit par la fusion, soit par la distillation; opérations qui seront exposées fort en détail par la suite.

Les chimistes modernes ont aussi reconnu deux autres espèces de précipités, dont la diftinction eſt beaucoup plus juſte & plus utile que celle des précédens. Ce ſont les *précipités purs* & les *précipités impurs*; les premiers comprennent tous les corps qui, après avoir été ſéparés des compoſés dont ils faiſoient partie, jouiſſent de toutes leurs propriétés, & paroiſſent n'avoir éprouvé aucune altération, ſoit dans les compoſés même qu'ils conſtituoient, ſoit par l'acte de la décompoſition. Il y a un aſſez grand nombre de ces précipités, quoiqu'il y en ait encore plus d'impurs.

Pour que les précipités ſoient bien purs, il faut qu'ils n'aient ſouffert aucune altération par l'action des corps auxquels ils étoient unis avant leur précipitation, & qu'ils n'aient aucune affinité avec la ſubſtance qu'on emploie pour les ſéparer ou les précipiter. Par exemple, lorſqu'on verſe de l'alcohol ou eſprit-de-vin ſur une diſſolution de ſulfate de potaſſe, l'eſprit-de-vin, qui a plus de rapport avec l'eau que celle-ci n'en a avec le ſel, ſépare ce dernier; le ſulfate de potaſſe ſe précipite pur, parce qu'il n'a point été altéré par l'eau, & parce qu'il ne l'eſt pas davantage par l'alcohol auquel il ne peut s'unir. Mais ſi deux corps ſe ſont altérés réciproquement dans leur union, ainſi que les combinaiſons des acides avec les métaux, alors le troiſième qu'on emploiera pour les désunir comme un sel alkali, séparera le métal dans un état fort éloigné de celui qui lui est naturel, & donnera naissance à un précipité impur. La même chose a lieu, si le corps précipitant a quelque tendance à s'unir au précipité; ainsi, dans l'exemple déjà cité, d'une dissolution métallique décomposée par un alkali, une partie de ce dernier sel se combine avec l'oxide métallique séparé, & le rend impur. Ces deux causes de l'impureté des précipités se trouvent presque toujours réunies; quelquefois il y a un moyen sûr de reconnoître sur-le-champ un précipité impur d'un précipité pur; c'est d'ajouter beaucoup plus du corps qui sert à le précipiter, qu'il n'en faut pour détruire la combinaison de celui que l'on décompose; l'excédent du précipitant se combine avec le précipité, le dissout complètement, & le fait disparoître. En prenant une dissolution de cuivre dans l'acide nitrique, & y versant l'ammoniaque ou alkali volatil, le cuivre se précipite sous la forme de flocons, d'un bleu-clair très-abondant. La couleur de ce précipité, fort éloignée du brillant métallique du cuivre, le fait déjà reconnoître pour un précipité impur. On s'en assure davantage en ajoutant plus d'ammoniaque. Ce sel redissout les flocons bleus; peu-à-peu la liqueur acquiert de la transſparence & de l'homogénéité, & elle prend une couleur bleue foncée très-belle, qui indique la combinaiſon de l'oxide de cuivre avec ce ſel alkalin.

La connoiſſance exacte de ces précipités impurs, qui ſont beaucoup plus fréquens que les précipités purs, eſt due aux recherches de M. Bayen, ſur la décompoſition des diſſolutions mercurielles par les alkalis, & ſur l'état du mercure précipité dans ces opérations.

Il eſt facile de bien entendre actuellement la théorie des décompoſitions, opérées ſur des combinaiſons de deux corps, par un troiſième que l'on met en contact avec ces compoſés; décompoſitions qui s'opèrent en vertu des attractions électives ſimples.

Mais il ne l'eſt pas de même pour les commençans de concevoir ce qui ſe paſſe dans le phénomène plus compliqué, que les chimiſtes ont appelé *attraction élective double*. Il arrive ſouvent qu'un compoſé de deux corps ne peut être détruit par un troiſième & un quatrième corps ſéparément, tandis que, ſi on emploie un compoſé de ces deux derniers pour le mettre en contact avec le premier, on les décompoſe mutuellement tous les deux. Rendons ceci ſenſible par un exemple. Le ſulfate de potaſſe, ou la combinaiſon de l'acide ſulfurique avec

la

la potasse, ne peut être décomposé ni par la chaux, ni par l'acide nitrique froid séparément. Cependant si l'on verse dans une dissolution de ce sel neutre, l'autre sel neutre formé par l'union de l'acide nitrique avec la chaux ou le nitrate calcaire, ces deux combinaisons se décomposent mutuellement, l'acide nitrique se porte sur la potasse pour former du nitre ordinaire, tandis que l'acide sulfurique s'unit à la chaux pour former du sulfate de chaux qui se précipite, comme beaucoup moins soluble que le nitre. Quel est le jeu de cette singulière affinité? Voici comment on peut le concevoir. L'acide sulfurique, uni à la potasse, ne peut en être séparé, ni par l'acide nitrique, ni par la chaux, parce qu'il a plus d'affinité avec cet alkali que ces deux autres corps n'en ont, soit pour l'alkali, soit pour l'acide. Mais lorsque l'on présente au sulfate de potasse un composé d'acide nitrique & de chaux, en même temps que ce dernier acide tend à s'unir à la potasse, l'acide sulfurique tend à se combiner avec la chaux, de sorte qu'on peut dire que la décomposition du sulfate de potasse commencé par l'acide nitrique est achevée par la chaux. Pour mieux faire entendre encore cette affinité double, supposons que l'acide sulfurique adhère à la potasse avec une force égale à 8; l'acide nitrique, qui tend à s'unir à cet alkali avec une force moindre, que nous comparerons à 7, ne pourroit seul décomposer le sulfate de potasse, si, d'une autre part, la tendance de la chaux pour s'unir à l'acide sulfurique, tendance que nous faisons monter à 6, ne faisoit avec la précédente une force égale à 13, qui doit l'emporter sur celle avec laquelle l'acide sulfurique adhère à la potasse. Il faut aussi que cette somme soit plus considérable que celle qui tient réunis la chaux & l'acide nitrique.

Il y a donc dans les attractions électives doubles deux espèces d'attractions, qu'il est nécessaire de distinguer les unes des autres; 1°. celle en vertu de laquelle les principes de chaque composé adhèrent les uns aux autres; dans l'exemple cité, c'est le degré de force qui tient réunis l'acide sulfurique avec la potasse dans le sulfate de potasse, & celui qui fait adhérer l'acide nitrique à la chaux. J'appellerai, avec M. Kirwan, cette première force *attractions quiescentes*, parce qu'elle tend à retenir unis deux à deux les quatre principes des deux composans. 2°. La seconde affinité est celle par laquelle ces quatre principes s'échangent réciproquement, & se combinent dans un autre ordre; dans le cacité, la potasse s'unit avec l'acide nitrique, & la chaux avec l'acide sulfurique. Je nommerai cette seconde force *attractions divellentes*, parce qu'elle est capable de détruire la première.

On peut, d'après cette distinction utile, faire concevoir très-facilement la cause des doubles décompositions, en présentant dans un tableau, suivant la méthode de Bergman, le jeu des attractions qui les produisent. Pour cela on dispose les deux composés qui se détruisent réciproquement en deux accollades vis-à-vis l'une de l'autre, de manière que les acides soient opposés aux bases qu'ils échangent, & en ajoutant entre les quatre corps dont l'on considère la réaction, la force d'attraction qu'ils ont l'un pour l'autre; on additionne ensemble les deux nombres horizontaux qui expriment les attractions quiescentes, & les deux nombres verticaux qui désignent les attractions divellentes. Si la somme des dernières l'emporte sur celle des premières, il y a alors double décomposition & double combinaison. En appliquant cette méthode à l'exemple cité, on concevra sur le champ son utilité & son exactitude.

EXMPLE.

nitrate de potasse ou nitre commun.

sulfate de potasse	potasse.	7	acide nitrique.	nitrate calcaire.
	8 *attractions*	*attr. divellen.*	*quiescentes* 4 } 12.	
	acide sulfurique.	13	chaux.	

sulfate de chaux (1).

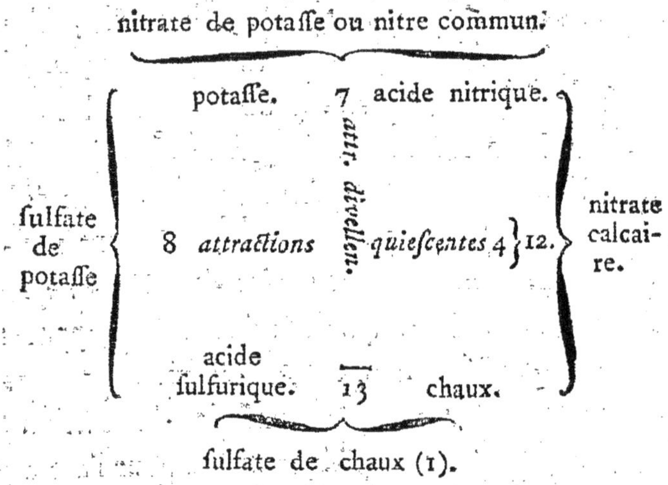

Il n'y a que peu de temps que les chimistes font attention aux attractions électives doubles, & il s'en faut de beaucoup qu'on les connoisse toutes. Ceux qui s'occupent de recherches chimiques s'apperçoivent à chaque instant de ces espèces de décompositions, qui ont lieu dans des mélanges dont on n'avoit point soupçonné la réaction. Il se présentera dans l'histoire des matières salines plusieurs occasions dans lesquelles

(1) J'ai exprimé de cette manière dix exemples de doubles décompositions, qui ont lieu dans le mélange des sels neutres, dans deux dissertations que l'on pourra consulter. *Voyez mes Mém. & Observat. de Chimie*, 1 vol. in-8°. *Paris, chez Cuchet*, 1784, *pages* 308 & 438.

nous ferons remarquer quelques-unes de ces attractions électives doubles observées, en dernier lieu par Bergman, Schéele, &c. & par nous-mêmes.

Nous ne quitterons pas l'exposition de la dixième & dernière loi de l'attraction de composition sans indiquer le moyen ingénieux dont un chimiste français s'est le premier servi, pour offrir, d'un coup-d'œil, les phénomènes les plus constans des décompositions chimiques. Geoffroy l'aîné, faisant plus d'attention qu'on n'en avoit fait avant lui aux rapports divers qui ont lieu entre les différens corps & aux précipitations qu'ils occasionnent, imagina, en 1718, de les représenter dans une table sur laquelle il rangea dans l'ordre de leurs affinités les corps entre lesquels il les avoit observées. Nous ne faisons qu'annoncer ici cette belle idée, que nous développerons dans un grand nombre d'endroits de cet ouvrage, & à mesure que l'occasion s'en présentera. Geoffroy n'a donné cette table que comme un essai auquel il a bien prévu lui-même qu'il y auroit beaucoup à ajouter. Plusieurs chimistes ont adopté & étendu son plan. Rouelle l'aîné a fait quelques corrections à sa table, & y a ajouté plusieurs colonnes. M. de Limbourg, médecin des eaux de Spa, dans une excellente Dissertation sur les affinités, qui a remporté, conjointement avec M. Sage de Genève, le prix proposé en 1758, par l'académie de Rouen, en a construit une plus étendue. M. Gellert, dans sa Chimie métallurgique, en a aussi donné une nouvelle; mais personne n'a plus avancé cette partie que Bergman, professeur de chimie à Upsal, auquel cette science doit tant de travaux. Ce célèbre chimiste a distingué, d'après M. Baumé, les attractions qui s'opèrent par la voie humide, de celles qui ont lieu par la voie sèche. Il a donné deux tables très-détaillées, dans lesquelles il a présenté les attractions électives qui existent entre un grand nombre de corps naturels. Nous devons encore au même savant une table très-ingénieuse, dans laquelle il a trouvé le moyen, par une disposition particulière des caractères chimiques, de désigner ce qui se passe dans les attractions électives doubles; nous en avons offert un exemple plus haut.

Après avoir présenté les principaux phénomènes de l'attraction chimique, après avoir établi les loix auxquelles cette force paroît obéir, nous ferons observer qu'il y a quelques cas dans lesquels ces loix semblent être susceptibles de certaines variations. Nous n'entrerons point ici dans le détail des faits sur lesquels est fondée cette assertion, parce que nous aurons soin de les faire remarquer toutes les fois que l'occasion s'en présentera. Nous dirons seulement que ces apparences d'inconstances dans les loix de l'attraction chimique, ne sont dues qu'à quelques circonstances capables de les modifier, comme la quantité des matières, la température de l'atmosphère, le mouvement ou le repos, la dissolution par l'eau ou par le feu, c'est-à-dire, la voie humide ou la voie sèche, l'état d'agrégation particulier à chaque corps, &c. Bergman a considéré toutes ces circonstances avec un soin particulier, & il a exposé les variations apparentes qu'elles peuvent faire naître dans les loix de l'attraction. Il a conclu de tous les faits qu'il a rassemblés sur cet objet, que ces variations ne doivent être regardées que comme des exceptions, & qu'elles ne sont pas capables de porter atteinte à la doctrine des attractions chimiques.

Telle est aussi l'opinion qu'on doit avoir de deux espèces d'affinités admises par quelques auteurs. L'une est l'*affinité d'intermède*, & l'autre l'*affinité réciproque*. Ils entendent par la première, celle par laquelle un corps qui ne pouvoit s'unir avec un autre, en devient capable après avoir été combinée avec un troisième, qui lui sert ainsi d'intermède. L'huile, par exemple, ne peut s'unir à l'eau; mais lorsqu'on combine de l'huile avec un ſel, il en réſulte un ſavon soluble dans l'eau, par l'intermède de la matière ſaline. Ce n'eſt point cette matière ſaline qui rend le ſavon ſoluble, puiſqu'elle n'eſt plus avec tous ſes caractères de ſel dans ce composé ; mais c'eſt aux propriétés nouvelles du ſavon qu'il faut rapporter ſa diſſolubilité dans l'eau. Ce phénomène appartient entièrement à la huitième loi de l'attraction chimique, qui établit que les composés ont des propriétés toutes nouvelles, & très-différentes de celles de leurs compoſans.

L'*affinité réciproque* a lieu lorſqu'un composé de deux corps eſt décomposé par un troiſième, & que le principe ſéparé a la propriété de décompoſer à ſon tour la nouvelle combinaiſon, de ſorte qu'il ſemble y avoir une eſpèce de réciprocité dans les effets. Ainſi, par exemple, on ſait que l'acide ſulfurique a plus d'affinité avec la potaſſe que l'acide nitrique, & qu'il décompoſe l'union de cet alkali avec le dernier acide. Cependant l'acide nitrique peut à ſon tour ſéparer l'acide ſulfurique d'avec l'alkali, puiſqu'en faiſant chauffer du ſulfate de potaſſe avec de l'acide nitrique, on réforme du nitre. Cette eſpèce d'affinité, admiſe par M. Baumé, n'eſt due qu'à deux circonſtances qui apportent quelque changement dans les loix ordinaires de cette force ; ce sont la chaleur & l'état de l'acide nitrique. En effet, il faut que l'acide nitrique ordinaire soit chaud pour décomposer le sulfate de potasse, & le nitre qui se forme dans cette opération est lui-même décomposé par l'acide sulfurique, dès que le mélange est froid. L'acide fumant ou *l'acide nitreux*, décompose le sulfate de potasse à froid ; l'*esprit de sel* ou l'acide muriatique fumant opère la même décomposition, suivant M. Cornette ; mais Bergman a fait observer avec raison que les acides odorans & fumans ont d'autres affinités que les mêmes acides simples. D'ailleurs, il n'y a qu'une petite partie des sels décomposée.

Dans tous ces cas, l'ordre des attractions électives change, & il est modifié par des circonstances particulières. Les autres faits sur lesquels M. Baumé fonde l'existence de l'affinité réciproque, comme la décomposition du muriate ammoniacal par la craie, & celle du muriate calcaire par l'*alkali volatil concret*, appartiennent aux affinités doubles, comme nous le démontrerons en parlant de ces sels.

Il ne nous reste plus, pour terminer ce que nous avons à dire sur l'attraction chimique, qu'à exposer les opinions de quelques savans sur la cause de cette force.

Les premiers qui s'en sont occupés l'ont attribuée ou à la forme semblable des molécules élémentaires, ou à la configuration physique des parties, ou enfin à un rapport occulte de leur composition intime. Ces premières idées se ressentoient nécessairement des explications mécaniques dont la physique étoit remplie, avant que cette belle science fût sortie des ténèbres qui l'enveloppoient.

La plupart des chimistes modernes qui ont cherché à expliquer la cause de l'attraction de composition ont trouvé une analogie remarquable entre cette force & l'attraction Newtonienne. Persuadés que la nature est simple & uniforme, ils ont pensé que la propriété de s'unir réciproquement dépendoit de celle de s'attirer qui existe entre tous les corps. Ils ont comparé les petits corps chimiques, entre lesquels l'affinité a lieu, avec les grandes masses qui composent l'univers ; & si les molécules très-divisées des diverses matières se rapprochent pour se combiner, c'est parce qu'elles pèsent ou qu'elles gravitent les unes sur les autres. C'est en suivant cette opinion, & en la modifiant d'une manière particulière, que quelques personnes ont cru que l'attraction chimique étoit en raison de la pesanteur, & que le corps le plus pesant de tous, étoit celui qui jouissoit de cette force dans le plus grand degré. Cette hypothèse, qui s'accorde quelquefois avec les faits, comme on l'observe pour plusieurs acides, ne peut cependant convenir à un grand nombre de décompositions, sur-tout relativement aux substances métalliques. Enfin, quelques chimistes se sont persuadés qu'il y avoit un si grand rapport entre l'attraction des grands corps & l'attraction chimique, qu'ils ont imaginé qu'il seroit possible de mesurer & de calculer cette dernière, d'après l'adhérence qui existe entre les corps. M. de Morveau, dont l'opinion est bien faite pour entraîner celle des autres, a fait quelques expériences, dans la vue de prouver l'assertion que je viens d'avancer. Ces expériences ont consisté à appliquer à la surface du mercure des lames de différens métaux d'un diamètre égal, suspendues à un fléau de balance, dont l'autre extrémité portoit un bassin. Il a mis des poids dans ce dernier, jusqu'à ce que leur pesanteur fût capable d'enlever la lame de métal de dessus le mercure, & il a trouvé par des essais comparés sur divers métaux, que leur adhérence au mercure étoit fort différente, & suivoit assez bien le rapport de l'attraction chimique qui existe entre ces corps, c'est-à-dire, que l'or étoit celui de tous qui adhéroit avec le plus de force au mercure, & qui demandoit le plus de poids pour en être séparé, tandis que le cobalt, qui ne peut point s'unir à ce métal fluide, est enlevé très-facilement de sa surface avec laquelle il n'a presque point d'adhérence. Qu'il nous soit permis de faire observer qu'il peut y avoir plusieurs sujets d'erreur dans ces expériences : en effet, les lames métalliques bien décapées qu'on applique sur le mercure, doivent se combiner à ce dernier par leur surface inférieure, & la portion d'amalgame qui se forme dans cette circonstance, devant être naturellement d'autant plus considérable que le métal s'unit plus facilement au mercure, cette combinaison ajoute à la pesanteur de la lame, & demande conséquemment plus de force pour être enlevée de dessus la surface du mercure. Une lame de métal qui adhère au mercure ne peut en être enlevée sans que ce dernier ne soit lui-même séparé en deux couches ; de sorte que le poids nécessaire pour enlever la lame est employé à vaincre l'adhérence des molécules du mercure entre elles, & à soutenir la combinaison du métal étranger avec le mercure.

On doit donc dire que si l'attraction chimique est la même force que l'attraction générale, au moins la différence de ses phénomènes indique qu'elle est modifiée par des circonstances particulières. On se convaincra de cette vérité, en comparant les connoissances que l'on a acquises sur l'attraction admise par Newton, avec celles que l'on commence à avoir sur l'attraction chimique. En effet, la première n'a lieu que entre des masses énormes, & elle est en raison directe de ces masses; la seconde ne s'exerce que entre de très-petits corps, & elle est absolument nulle entre ceux dont le volume est considérable. L'attraction existe à de très-grandes distances; l'attraction chimique ne s'exerce point entre des corps éloignés, & elle n'a véritablement lieu que lorsque les molécules se touchent. Nous avons déjà présenté une partie de cette comparaison, en examinant les loix de la force chimique qui nous occupe, & nous croyons, d'après toutes ces réflexions, qu'il y a des différences assez marquées entre ces deux phénomènes naturels, pour engager les savans à les distinguer l'un de l'autre.

CHAPITRE IV.

Des principes des Corps.

DANS tous les temps, les philosophes ont pensé que les corps naturels, quelque variés qu'ils soient, sont formés par des matières premieres plus ſimples qu'eux, & qu'ils ont déſignées par le nom de principes. Les chimiſtes, qui ſont plus que perſonne convaincus de cette grande vérité, d'après leurs analyſes, ſe ſont formé des idées aſſez nettes ſur la nature & la différence de ces principes ; ils en ont admis de pluſieurs genres. Il faut cependant remarquer qu'ils ont pris le mot *principes* dans une acception un peu différente de celle ſous laquelle les philoſophes anciens l'avoient adopté. Ces derniers, tels qu'Ariſtote & Platon, ne regardoient comme principes que les matières les plus ſimples que les ſens ne pouvoient ſaiſir, qui formoient par leur aſſemblage des corps un peu moins ſimples, dont les ſens reconnoiſſent l'exiſtence, & que l'on déſigne encore aujourd'hui ſous le nom d'*élémens*. Ce ſont ces mêmes êtres ou principes, que d'autres philoſophes ont appelés *atomes* ou *monades ;* les chimiſtes qui ne ſe ſont pas d'abord livrés à des ſpéculations ſi élevées, entendent par le nom de principes, pris en général, tous les êtres, ſoit ſimples, ſoit plus ou moins compoſés, qu'ils retirent dans leurs analyſes ; mais comme les principes des corps conſidérés ſous ce point de vue ſont très-différens les uns des autres, ils les ont diſtingués en *principes prochains* & *principes éloignés*. Les premiers ſont ceux qu'ils retirent par une première analyſe, & qui peuvent eux-mêmes être compoſés : par exemple, en décompoſant une ſubſtance végétale, ils en extraient d'abord des huiles, des mucilages, des ſels, des parties colorantes; toutes ces matières ſont des principes prochains; on peut, à l'aide de nouveaux travaux, en extraire d'autres. Ils entendent par principes éloignés des êtres plus ſimples que les précédens, & qui entre dans leur formation, puiſqu'on les retire des principes prochains. Ainſi, le mucilage, qui eſt un principe prochain des végétaux, fournit, par une nouvelle analyſe, de l'huile, de l'eau, de la terre, &c., qui ſont les principes éloignés du végétal. Ils ont encore donné d'autres noms à ces deux genres de principes; tel eſt celui de *principes principiés* appliqué aux principes prochains, & celui de *principes principians* aux principes éloignés. Ils expriment par ces mots que les premiers ſont eux-mêmes formés de nouveaux principes, & que les derniers ſervent à en conſtituer d'autres. Quelques chimiſtes, pour donner une idée plus juſte de ces diſtinctions, admettent plus de deux genres de principes. Ils appellent principes *primitifs*, ou du premier ordre, ceux qui paroiſſent être les plus ſimples, & ne pouvoir plus être décompoſés; principes *ſecondaires*, ou du ſecond ordre, ceux qui ſont formés immédiatement par la réunion des premiers; principes *ternaires*, ou du troisième ordre, ceux qui constitue la combinaison des principes secondaires, & enfin ceux dans la formation desquels entrent les principes du troisième ordre, sont les principes *quaternaires*, ou du quatrième ordre, &c. &c.

Le nombre des élémens, proprement dits, n'a pas toujours été le même pour tous les philosophes; les uns, avec Thalès de Milet, mis au rang des sept Sages, à cause de ses rares connoissances, & qui, suivant Cicéron, fut le premier des Grecs qui se soit occupé de physique, regardèrent l'eau comme le principe de toutes choses. L'air remplissoit la même fonction, suivant Anaximène, qui, à cause de cet important emploi, avoit mis cet élément au nombre des Dieux; d'autres transportèrent ce privilège au feu; quelquesuns-même l'attribuèrent à la terre, comme l'avoit fait Anaximandre, disciple de Thalès, & maître d'Anaximène. Chacun soutenoit son opinion par des raisonnemens; mais comme le flambeau de physique & de la chimie n'étoit point encore allumé, ces premières idées ne peuvent être à nos yeux que des spéculations hardies, & malheureusement dénuées de fondement. Environ trois siècles après ces premiers philosophes, Empédocle, médecin d'Agrigente,

grigente, crut qu'il y avoit une égale simplicité dans les quatre substances que ses prédécesseurs avoient regardés séparément comme principes de toutes choses, & réunit ainsi l'opinion de chacun des philosophes cités, en admettant quatre élémens, le feu, l'air, l'eau & la terre. Dans le siècle suivant, Aristote & Zénon adoptèrent le sentiment d'Empédocle. En réfléchissant sur les raisons qui ont pu engager ces philosophes à regarder le feu, l'air, l'eau & la terre comme élémens, on est tenté de croire que ce sont moins les connoissances exactes qu'ils pouvoient avoir sur la composition des corps, que le volume & la quantité de ces êtres, ainsi que la constance & l'invariabilité apparente de leurs propriétés. En effet, le feu paroît exister par-tout, & ses effets sont toujours les mêmes. Notre globe est environné d'une masse d'air, dont la quantité & les propriétés essentielles ne semblent jamais varier. L'eau offre à la surface de la terre une masse énorme qui en remplit & en cache les abîmes. Enfin, le globe lui-même, dont le volume surpasse de beaucoup celui de tous les êtres qui l'habitent pris ensemble, paroît former dans son intérieur une matière solide, peu altérable, capable de fixer les autres élémens & de leur servir de base. Il semble donc que c'est d'après le volume, la masse &

l'invariabilité apparente de ces corps, que les premiers savans les ont regardés comme les matériaux dont la nature se servoit pour former tous les êtres.

La doctrine péripatéticienne, qui a prévalu dans les écoles, a conservé la distinction d'Aristote sur les élémens jusqu'au seizième siècle. Ce fut alors que la secte des chimistes, qui commençoit à l'emporter sur les autres, admit une nouvelle distinction d'élémens. Paracelse, moins philosophe qu'artiste, s'en rapportant grossièrement au résultat de ses opérations, reconnut cinq principes, l'esprit ou le mercure, le phlègme ou l'eau, le sel, le soufre ou l'huile, & la terre. Il entendoit par esprit ou mercure, tout ce qui étoit volatil & odorant; mais il s'en faut de beaucoup que tous les êtres qui jouissent de ces propriétés soient simples. L'eau ou le phlègme comprenoit dans son système tous les produits fluides, aqueux & insipides; il en est de ceux-ci comme des premiers, relativement à leur prétendue simplicité. Le mot soufre ou huile renfermoit toutes les substances inflammables liquides, & par conséquent un grand nombre d'êtres plus ou moins composés, tels que les huiles grasses & essentielles, &c. Par sel il désignoit tout ce qui jouissoit de l'état sec, de la saveur & de la dissolubilité, trois qualités qui se rencontrent dans beaucoup de composés. Enfin le mot terre étoit appliqué dans la doctrine de Paracelse, aux résidus fixes, secs & insipides, que fournissoient la plupart des opérations, & qui sont reconnus aujourd'hui pour des corps très-différens les uns des autres.

Beccher, un des chimistes qui a traité le plus philosophiquement cette science, reconnut les reproches que l'on pouvoit faire à la doctrine de Paracelse, & persuadé de son insuffisance, il prit une autre route pour déterminer les élémens de tous les corps. Il distingua d'abord deux principes très-différens l'un de l'autre, celui de l'humidité & celui de la sécheresse, l'eau & la terre; il divisa cette dernière en trois espèces; savoir, la terre *vitrifiable*, la terre *inflammable*, & la terre *mercurielle*. La terre vitrifiable étoit, suivant lui, celle qui, à la plus grande inaltérabilité, lorsqu'elle étoit seule, joignoit la propriété de pouvoir former de beau verre, quand on la mêloit avec quelque substance saline; il lui attribuoit aussi celle de rendre les corps dans la composition desquels elle entroit, solides & peu altérables. La terre inflammable se reconnoissoit à la combustibilité des corps qui la contenoient. Beccher la regardoit encore comme la cause de l'odeur, de la couleur & de la volatilité; quant à la terre mercurielle, il admettoit sa présence dans le mercure, dans l'arsenic, dans l'acide muriatique, &c., &c., & il lui donnoit pour caractère de produire dans les corps dont elle faisoit partie une volatilité & une pesanteur très-considérable : deux propriétés qui semblent s'exclure réciproquement. Stahl a adopté & commenté la doctrine de Beccher; il a regardé la terre inflammable comme le feu fixé dans les corps, & il lui a donné le nom de *phlogistique*. Il n'a pu parvenir à démontrer la présence de la terre mercurielle, & il n'y a encore aujourd'hui rien de certain sur ce dernier principe. Stahl a fait la plus grande attention aux combinaisons de la terre, de l'eau & sur-tout du phlogistique; mais il n'a presque rien dit de celles de l'air, auquel Hales, à-peu-près dans le même temps, faisoit jouer le plus grand rôle dans les phénomènes chimiques.

Les chimistes, depuis Beccher & Stahl jusqu'à nos jours, n'ont fait aucun changement à la doctrine établie par les plus anciens philosophes sur les élémens; ils en ont reconnu quatre à la manière d'Empédocle, & ils les ont considérés chacun dans deux états différens; 1°. comme libre & isolé, c'est ainsi qu'ils ont examiné l'atmosphère, les grandes masses d'eau, le feu en général, le globe dans son ensemble; 2°. comme combiné, & alors ils se fondoient sur l'air, l'eau

& la terre qu'ils retiroient de différens corps en dernière analyse.

Telles étoient, à peu de choses près, les opinions adoptées sur les principes des corps & sur les élémens, depuis Beccher & Stahl, lorsque les belles découvertes de MM. Priestley & Lavoisier sur le feu, l'air & la combustion en ont nécessairement introduit de nouvelles. En effet, si la constance dans les propriétés, si l'unité & la simplicité sont les vrais caractères des élémens; & si cette simplicité n'existe pour nous que lorsque nous ne pouvons parvenir à décomposer les corps, nous ferons remarquer, 1°. que parmi les quatre élémens on en connoît aujourd'hui deux, l'air & l'eau, que l'art est parvenu à décomposer & à séparer en plusieurs principes; 2°. que la terre élémentaire est un être de raison, puisqu'on a découvert plusieurs matières terreuses aussi simples & aussi peu décomposables les unes que les autres, ainsi que cela sera démontré dans le dernier chapitre de cette première partie; 3°. que parmi les corps naturels il en est un grand nombre, comme le soufre, les métaux, que l'art n'est pas parvenu à décomposer, & qui sont des corps simples dans l'état actuel de nos connoissances.

Il résulte de ces apperçus généraux, fondés sur des faits que nous exposerons plus en détail dans les chapitres suivans, & dans la suite de cet ouvrage, que les véritables principes, ou premiers élémens des êtres naturels, échappent à nos sens & à nos instrumens; que plusieurs de ceux que l'on a appelés élémens en raison de leur volume, de leur influence dans les phénomènes de la nature, & de leur existence multipliée dans ses différens produits, ne sont rien moins que des corps simples & invariables, & que vraisemblablement aucun corps qui tombe sous nos sens n'est un être simple, mais qu'il ne nous paroît tel que parce que nous n'avons pas de moyen de le décomposer. Au reste, ces assertions sont d'accord avec les opinions de quelques anciens philosophes, qui ne regardoient pas les élémens comme les êtres les plus simples, & qui les croyoient formés par des principes d'une ténuité & d'une inaltérabilité beaucoup plus grandes.

Les idées que nous présentons sur des êtres qui ont joui depuis tant de siècles du titre exclusif d'élémens, & auxquels nous enlevons aujourd'hui cette prérogative, ne doivent pas empêcher de regarder le feu, l'air, l'eau & la terre comme contenant les principes dont la plupart des autres corps naturels sont formés.

Términons ces détails par l'exposition de la nomenclature, que quelques méthodistes ont adoptée pour les corps dans lesquels les principes entrent, suivant différens ordres de composition chimique.

Si deux élémens sont unis ou combinés ensemble, il en résulte un corps qu'on a appelé *mixte*. Plusieurs mixtes forment par leur union un *composé;* deux composés réunis constituent un *surcomposé*. La combinaison des surcomposés donnent naissance à un *décomposé* ; & enfin celle de ces derniers produit un *surdécomposé*. Il seroit fort difficile de donner des exemples de ces différentes espèces de composition, on ne pourroit guères aller que jusqu'au surcomposé. C'est donc un pur être de méthode, une simple distinction idéale, qui ne peut avoir aucune utilité pour la science. Macquer, à qui la chimie doit toute la clarté qu'elle a acquise aujourd'hui, propose de changer cette nomenclature barbare, & peu exacte, & d'y substituer celle de composé du premier, du second, du troisième & du quatrième ordre; on pourroit aussi, d'après la même idée, adopter ces noms pour distinguer les principes que l'on obtient, suivant l'ordre de l'analyse qui les fournit.

CHAPITRE V.

Du Feu.

QUOIQUE nous n'admettions pas entièrement l'acception donnée jusqu'aujourd'hui au mot élément, quoique nous ne pensions pas que ces quatre corps soient immédiatement les principes de tous les autres, & les plus simples que la nature ait produits, nous croyons cependant devoir les examiner avant les autres, soit parce que l'histoire de leurs propriétés sera utile pour concevoir celles des autres substances dont nous traiterons ensuite, soit parce qu'ils ne peuvent être rangés dans aucun ordre relatif à l'histoire naturelle, puisqu'ils n'appartiennent proprement à aucun règne en particulier, & qu'ils conviennent également à tous.

Parmi les quatre corps, appelés *élémens*, aucun n'a paru plus actif & plus simple en même temps que le feu. Les plus anciens philosophes, d'accord en cela avec les physiciens de tous les temps, ont donné ce nom à un être qu'ils supposoient fluide, très-mobile, très-pénétrant, formé de molécules agitées d'un mouvement vit & continuel, & qu'ils regardoient comme le principe de toute fluidité & de tout mouvement. En réfléchiſſant ſur cet objet, on s'apperçoit bientôt que c'eſt par conjecture qu'on a attribué ces propriétés à un corps particulier mis au nombre des élémens, puiſqu'on n'a jamais pu démontrer ſon exiſtence, comme on a de tout tems conſtaté celle des trois autres ſubſtances élémentaires. En effet, il eſt tout naturel de croire que ce mot a d'abord été donné dans tous les idiomes & par tous les hommes, à l'impreſſion que les corps chauds font ſur la peau, & qu'il eſt ſynonyme du mot *chaleur*, ainſi qu'à la lumière qui s'échappent des corps qui brûlent. C'eſt même encore l'idée qu'en ont la plûpart des hommes; ils ne reconnoiſſent la préſence du feu, qu'à celle de la chaleur ou de la combuſtion. Le chancelier Bacon eſt un des premiers qui ait douté de l'exiſtence du feu comme fluide particulier, & qui ſe ſoit apperçu que les phyſiciens avoient toujours pris, en le définiſſant, une propriété pour un corps. Boerhaave, dont le traité du Feu ſera toujours regardé comme un chef-d'œuvre, a ſenti cette difficulté; & pour connoître les propriétés de ce prétendu élément, il a examiné les effets qu'il produit ſur les corps où il eſt cenſé exiſter, de ſorte que, comme tous les autres phyſiciens qui l'avoient précédé, il a fait l'histoire des corps chauds, lumineux, raréfiés, brûlans, plutôt que celle du feu. Cet embarras subsistera toujours dans la physique; les propriétés du feu sont nécessairement liées avec celles des corps sur lesquels il agit; loin de pouvoir l'isoler, on ne peut même le concevoir seul. Quelqu'avancé que soit aujourd'hui l'art des chimistes, il ne leur a point été possible de saisir & de coërcer cet être que les physiciens sont convenus de regarder comme un fluide, & dont ils expliquent d'ailleurs assez bien les effets, lorsque, subjugués par l'habitude, ils regardent son existence comme réelle. Ces difficultés ont fait penser à quelques chimistes, & en particulier au célèbre Macquer, que le feu n'étoit autre chose que la lumière, & la chaleur qu'une modification des corps due au mouvement & à la collision de leurs molécules. Cette opinion n'existe plus parmi les savans qui cultivent la chimie. Pour concevoir les différentes théories proposées depuis quelques années sur le feu, il ne faut point se borner à traiter cet objet d'une manière aussi générale. Les idées qu'on donneroit seroient aussi vagues que le sujet lui-même; le seul moyen d'acquérir quelques connoissances exactes & qui puissent éclairer la suite immense de faits qui constituent aujourd'hui la science chimique, c'est de diviser ce sujet, c'est d'en séparer les parties, d'en examiner les différentes faces, de les retourner, pour ainsi dire, de diverses manières, & de considérer successivement comme autant d'effets particuliers du feu, la lumière, la chaleur, la raréfaction, les changemens produits dans les corps par la chaleur, & ceux qu'on attribuoit au feu combiné, appelé alors *phlogistique*, &c.

§. I. *De la Lumière.*

On ne peut pas former sur la lumière le même doute que sur le feu en général, puisque son existence & ses propriétés sont très-connues aujourd'hui. Ce corps, que l'on croit lancé par le soleil & les étoiles fixes, est la cause que nous appercevons tous les autres; sans lui tout seroit plongé dans l'obscurité, & nos yeux nous seroient parfaitement inutiles. C'est lui qui réfléchit en droite ligne de la surface des corps éclairés, vient frapper nos yeux & peindre sur la rétine l'image des objets d'où il s'élance. On a trouvé le moyen de le rassembler dans la chambre obscure, de le rendre visible & distinct des corps éclairés, & d'en examiner les propriétés particulières.

La lumière est douée d'un mouvement si rapide, qu'elle parcourt quatre-vingt mille lieues par seconde, suivant le calcul des plus grands astronomes. Elle se meut en ligne droite ; elle est formée de rayons qui, après avoir été lancés des astres d'où ils partent, s'écartent, & vont en divergeant à mesure qu'ils obéissent au mouvement qui leur a été communiqué. L'élasticité de ces rayons est telle, que lorsqu'ils tombent sur une surface susceptible de les réfléchir, l'angle de leur réflexion est égal à celui de leur incidence, comme l'apprend la catoptrique. Lorsque la lumière passe à côté d'un corps quelconque, elle s'infléchit plus ou moins; & cette inflexion, en prouvant sa gravitation vers ce corps, démontre qu'elle est un corps elle-même.

Quelque pénétrante qu'elle soit, & de quelque rapidité qu'elle jouisse, elle ne marche pas continuellement en ligne droite, & les corps qu'elle rencontre dans son chemin sont autant d'obstacles qui la dérangent & lui font éprouver des déviations. En passant obliquement d'un milieu rare dans un milieu plus dense, & réciproquement elle éprouve une réfraction comme tous les corps solides; mais Newton a découvert que sa réfrangibilité est en raison inverse de celle de tous les autres corps. En effet, ceux-ci s'éloignent de la ligne perpendiculaire toutes les fois qu'ils passent dans des milieux plus denses que ceux qu'ils quittent; & la lumière en les traversant se rapproche au contraire de la perpendiculaire. C'est à la dioptrique à faire connoître plus en détail les loix des réfractions lumineuses.

La lumière, parvenue à la surface de la terre, annonce aux animaux qui l'habitent la présence de tous les corps qui les environnent, & leur fait distinguer les matières opaques, transparentes & colorées. Ces trois propriétés sont tellement inhérentes à sa présence, que les corps les perdent dans les ténèbres, & qu'il n'est plus possible de les distinguer. La différence de l'opacité, de la transparence & de la coloration tient donc, dans les corps qui en jouissent, à la manière diverse dont la lumière les affecte, ou dont elle est elle-même affectée par eux. Un corps n'est transparent que parce que les rayons lumineux le traversent facilement, ce qui dépend sans doute de la forme de ses pores. Comme on trouve la transparence dans les matières les plus dures & les plus pesantes, il faut que la lumière qui les pénètre soit d'une ténuité extrême. En passant à travers ces corps, elle éprouve des réfractions qui sont en raison de leur densité, lorsque ces corps sont de nature pierreuse, saline ou vitreuse, & dont la raison ne suit point la loi de leur densité, si les matières transparentes appartiennent à la classe des corps combustibles. C'est ainsi que l'ambre jaune ou le succin transparent a une force réfringante beaucoup plus considérable qu'un cryſtal ſalin, ſuppoſé d'une denſité égale.

C'eſt en examinant les réfractions & les réflexions de la lumière, que le grand Newton eſt parvenu à décompoſer ou plutôt à diſſéquer ce corps, & à démontrer que chacun de ces différens rayons qui compoſent un faiſceau lumineux, eſt teint d'une couleur particulière, juſqu'à lui on n'avoit que des idées fort inexactes & fort obſcures ſur la cauſe des couleurs. Comme chaque rayon lumineux ſuit des loix particulières dans ſa réfrangibilité, ou dans ſa déviation à travers des corps denſes & tranſparens, lorſqu'on fait tomber un faiſceau de lumière ſur l'angle d'un priſme triangulaire de verre, & lorſque l'on tourne ce priſme ſur ſon axe, les rayons qui conſtituent ce faiſceau, éprouvant une réfraction différente, ſe ſéparent, s'iſolent en paſſant à travers le verre, & lorſqu'on en reçoit l'image ſur un plan blanchi qu'on oppoſe à leur paſſage, ils y forment un ſpectre, ou une bande alongée, peinte des ſept couleurs ſuivantes, en comptant de bas en haut, le rouge, l'orangé, le jaune, le verd, le bleu, l'indigo & le violet.

La ſurface de corps opaques & diverſement colorés, opère ſur la lumière une réflexion relative à la ténuité de leurs molécules. C'eſt de cet effet que dépend la diversité des couleurs dont ils brillent. En effet, si tous les rayons lumineux qui frappent un corps opaque sont réfléchis ensemble & sans séparation de cette surface, ils portent tout leur éclat sur nos yeux, & il en résulte la couleur blanche; si au contraire tous les rayons sont absorbés sans être réfléchis par la surface des corps, ces derniers présentent une ombre très-foncée, dont le contraste avec les objets bien éclairés constituent la couleur noire ou plutôt l'absence de toute couleur. Enfin, chaque faisceau lumineux étant un composé de sept espèces de rayons teints de couleurs diverses, la réfrangibilité différente qui distingue & caractérise chacun d'eux, est la cause que tel corps ne réfléchit que tel rayon, & laisse passer & absorbe tel autre, d'où naît la variété des couleurs. La coloration dépend donc de la nature & de la surface des différens objets, comme la transparence dépend de la forme de leurs pores; & toutes deux naissent des modifications que la lumière éprouve soit de la surface, soit de l'intérieur des corps sur lesquels elle tombe. Ce que l'on appelle la couleur bleue ou rouge, est produite par la décomposition du faisceau lumineux dont tous les rayons sont absorbés, excepté le bleu ou le rouge.

Telles sont les principales propriétés qui caractérisent la lumière libre, ou considérée comme l'émission du soleil & des étoiles fixes. Mais doit-on se borner à la considérer ainsi libre & isolée? ne doit-il pas en être de ce corps comme de tous ceux que nous connoissons? n'obéit-il pas comme eux à l'attraction chimique? Cette conjecture est d'autant mieux fondée, que les effets de la lumière ne paroissent pas se borner aux modifications de sa course ou de son mouvement, produites par la surface des corps; en effet, si les substances qu'on expose à son contact, ou qu'on tient plongées dans ses courans, éprouvent quelque altération & changent de nature sans aucune autre cause connue, il faut bien que ces changemens soient dus à la lumière, que ce corps en soit l'agent, & qu'il les produise par une attraction chimique. Quoique l'art ne soit point encore parvenu à prouver d'une manière positive, si ces altérations dépendent de la décomposition de la lumière, ou de celle des corps qu'elle altère par son contact, ou enfin, de l'une & de l'autre à la fois, ce qui est très-vraisemblable; les faits qui annoncent cette influence sont trop nombreux & trop frappans, pour qu'il soit permis de les oublier. Nous ne présenterons ici que les principaux & les plus démontrés, parce que

nous

nous traiterons cet objet plus en détail dans l'histoire de chaque corps naturel.

Depuis long-temps, les physiciens ont reconnu l'influence de la lumière dans la végétation ; les cultivateurs ont observé les premiers que les plantes qui croissent à l'ombre sont pâles & sans couleur ; on a donné le nom d'étiolement à ce phénomène, & celui de plantes étiolées aux végétaux qui l'ont éprouvé. L'herbe qui croît sous les pierres est blanche, molle, aqueuse & sans saveur ; les jardiniers savent tirer parti de ce phénomène, pour fournir à nos tables des herbes & des légumes blancs & tendres, en liant & comprimant leurs feuilles les unes sur les autres, pour que celles qui sont à l'intérieur soient défendues du contact de la lumière. Plus les rayons du soleil frappent les végétaux, & plus ces derniers acquièrent de couleur ; telle est l'origine de ces matières colorantes, précieuses par le ton & par la solidité, que beaucoup de peuples orientaux retirent des bois, des écorces, des racines, &c., & que l'art le plus industrieux des teinturiers européens ne peut parvenir à imiter,

La couleur n'est pas la seule propriété que les végétaux doivent au contact des rayons lumineux. Ils acquièrent encore de la saveur, de l'odeur, de la combustibilité ; c'est ainsi que la lumière contribue à la maturité des fruits & des semences, & que sous le ciel brûlant de l'Amérique, les végétaux sont en général plus odorans, plus sapides, plus résineux. C'est par cette raison que les pays chauds semblent être la partie des parfums, des fruits très-odorans, des bois de teinture, des résines, &c. Enfin, l'action de la lumière est si énergique sur l'organisme végétal, que ces êtres frappés par les rayons du soleil, versent par les pores supérieurs de leurs feuilles, des torrens d'air vital dans l'atmosphère; tandis que, privés de l'aspect & du contact immédiat de la lumière de cet astre, ils n'exhalent plus qu'une mofete délétère, ou un véritable acide semblable à celui que nous retirons de la craie. Cette importante découverte due à M. Priestley, & poussée beaucoup plus loin par M. Ingen-Housz, démontre bien quelle est la puissance des rayons lumineux sur la végétation. Les effets que la lumière produit en grand sur les végétaux se retrouvent avec la même énergie dans un grand nombre d'opérations chimiques. Il n'est pas une substance qui, renfermée dans des vaisseaux de verre bien bouchés, & exposés au contact des rayons du soleil, n'éprouve plus ou moins d'altération par ce contact. Ce sont sur-tout les acides minéraux, les oxides ou *chaux* métalliques, les poudres végétales & les huiles animales volatiles, dans lesquelles on observe les altérations les plus singulières. Il n'est pas un oxide métallique, surtout parmi ceux de mercure, qui ne change de couleur & ne devienne en général plus foncé à la surface exposée au soleil; on peut se convaincre de ce fait en visitant les couleurs en poudre, destinées pour la peinture, conservées dans des bocaux de verre chez les marchands. Les acides minéraux deviennent plus colorés, plus volatils & fumans, lorsqu'on les tient au soleil; les sels métalliques y noircissent, les huiles animales y prennent une couleur brune & obscure. Tous ces changemens méritent la plus grande attention de la part des chimistes, & ils constituent une suite de recherches immenses dont on ne s'est point encore assez occupé. Schéele est le premier qui en ait décrit quelques-uns; M. Bertholet s'en est aussi occupé, & nous verrons par la suite qu'il a déterminé ce qui se passe dans plusieurs de ces altérations.

§. II. *De la Chaleur.*

Il y a beaucoup plus de difficultés dans l'examen des propriétés de la chaleur, que dans celui de la lumière. On ne peut pas prouver par la pesanteur, que la chaleur est un être existant par lui-même, & plusieurs grands hommes ont pensé avec Bâcon qu'elle n'étoit qu'une modification dont tous les corps sont susceptibles. Ce qu'il y a de certain, c'est que sa présence a toujours indiqué celle du feu pour les physiciens comme pour le commun des hommes, & qu'elle a toujours été prise tantôt pour cet élément lui-même, tantôt pour un de ses caractères.

Ses principales propriétés sont de pénétrer tous les corps, de se répandre uniformément & de tendre à l'équilibre, de dilater les diverses substances qu'elle pénètre, de les faire passer de l'état solide à celui de liquides, & de celui-ci à l'état de fluides élastiques.

La chaleur se communique en général aux corps de trois manières, ou par le contact d'un corps chaud, ou par le mouvement, ou par l'acte de la combinaison. Il n'y a personne qui n'ait observé qu'en mêlant deux fluides d'une température différente, l'un sensiblement chaud & l'autre froid, le premier perd ce qu'il communique au second, & la chaleur devient égale entre les deux; de même on sait qu'en approchant un corps solide échauffé d'un autre corps solide froid, celui-ci enlève au premier une partie de sa chaleur, & tous les deux prennent une température uniforme. Quant au développement de la chaleur par le mouvement, la friction opérée entre deux solides, tels que des pierres dures, des morceaux de bois, d'ivoire, des matières métalliques, produit une chaleur qui va souvent jusqu'à l'inflammation, comme tout le monde le sait. La naissance de la chaleur par l'acte de la combinaison n'est pas plus équivoque; l'union des acides concentrés avec l'eau, la chaux vive, les alkalis purs, les métaux, en produit une très-forte, & elle va jusqu'à l'inflammation entre certains fluides, tels que l'esprit de nitre & les huiles.

Les loix que suit la chaleur, en se communiquant d'un corps à l'autre, étoient regardées en physique comme analogues à celles du mouvement, avant les travaux de MM. Black à Edimbourg, Wilke à Stokholm, Irwine à Glascow, Crawford à Londres, Lavoisier à Paris. Ces savans ont fait voir, par leurs recherches, que rien n'étoit moins connu & plus difficile à connoître que la progression & la communication de la chaleur dans les systêmes de corps inégalement échauffés. Leurs expériences, d'ailleurs très-ingénieuses, ne sont point encore assez multipliées, & ils comptent eux-mêmes encore trop peu sur leurs résultats généraux, pour qu'il soit possible de les regarder comme faisant partie des élémens de la science chimique. Il est cependant très-vraisemblable qu'elles conduiront à une théorie générale applicable à tous les phénomènes de la chimie, puisqu'il n'en est aucuns dans lesquels elle ne joue un rôle, soit par son absorption, soit par son dégagement.

Les travaux les plus exacts & les plus délicats n'ont encore pu rien apprendre de positif sur la nature de la chaleur, & les chimistes sont partagés, ainsi que les physiciens, sur cet objet important. Les uns, avec Bacon de Vérulam, pensent que la chaleur n'est qu'une modification dont tous les corps naturels sont susceptibles, qu'elle n'existe point par elle-même, & qu'elle ne consiste que dans l'oscillation des petites molécules qui composent le tissu de tous les êtres; telle étoit l'opinion adoptée par Macquer. Ces savans appuient leur théorie sur les faits suivans. La chaleur suit tous les phénomènes du mouvement, & paroît obéir aux mêmes loix; elle l'accompagne constamment, augmente avec lui, & diminue en même proportion. Si l'on en excepte les différences qu'elle présente dans sa communication, ou son passage de corps à corps, qui ne suit pas des loix semblables à celles du mouvement; elle offre une analogie frappante avec lui dans toutes ses autres propriétés; lorsque la cause qui la produit se ralentit ou cesse entièrement, la chaleur diminue & se dissipe bientôt. Pour faire concevoir cette hypothèse, les physiciens qui l'ont proposée observent que les corps même les plus denses sont remplis d'une grande quantité de petites cavités ou de pores, dont le volume peut être beaucoup plus grand que celui de la substance qu'ils environnent & qu'ils renferment. Ces vides permettent à leurs molécules de se mouvoir les unes sur les autres, d'osciller dans tous les sens. Si ces oscillations ne sont point apperçues, c'est qu'elles se font sur des parties extrêmement fines qui échappent à nos sens, comme les vides ou pores y échappent eux-mêmes. Enfin, les savans qui regardent la chaleur comme un mouvement intestin, sont encore fondés sur ce qu'aucune expérience positive ne démontre son existence, sur ce qu'on n'a pu y reconnoître aucune pesanteur, &c.

Plusieurs autres physiciens, & quelques chimistes modernes, croient au contraire que la chaleur est un fluide particulier répandu dans tous les corps de la nature, & dont ils sont pénétrés avec plus ou moins d'énergie ; ils distinguent ce fluide dans deux états ; dans celui de combinaison, & dans celui de liberté. La première n'est pas sensible à nos organes, ni au thermomètre ; elle repose dans les corps dont elle constitue un des principes ; elle y est dans un état de compreſſion plus ou moins conſidérable ; elle ſe dégage ſouvent dans la décompoſition, & alors elle paſſe à l'état de chaleur libre ; elle devient ſuſceptible d'agir ſur les corps placés dans ſon atmoſphère ; le thermomètre peut en meſurer la force, & en indiquer les degrés. Comme tous les corps qui paſſent de l'état ſolide à l'état fluide, & de ce dernier à celui de vapeurs, excitent du froid dans l'atmoſphère environnante, ils ſoupçonnent qu'il y a une grande quantité de matière de la chaleur abſorbée par ces corps, & que lorſqu'au contraire les ſubſtances qui de fluides deviennent concrètes, produiſent de la chaleur, cette dernière eſt dégagée de ces ſubſtances, & paſſe de l'état de combinaiſon à celui de liberté.

Schéele, perſuadé ainſi que Bergman, que la chaleur eſt un corps exiſtant par lui-même, a examiné avec beaucoup de ſoin, les phénomènes qu'elle préſente comme agent chimique, & comme ſuſceptible de combinaiſons. Il a cru même pouvoir conclure de ſes expériences, qu'elle eſt un compoſé d'air vital, qu'il appelle *air du feu*, & de feu fixe ou phlogiſtique ; qu'elle ne diffère de la lumière que par la quantité relative de ce dernier principe ; mais quelqu'ingénieuſes & quelque vraies que ſoient en elles-mêmes les recherches auxquelles il s'est livré, les inductions qu'il en a tirées sur la nature & les principes de la chaleur, ne nous ont point paru en découler naturellement, & nous ne pensons point qu'on puisse regarder son analyse de la chaleur comme démontrée. Quelques physiciens pensent que la lumière & la chaleur sont un même corps, & ne diffèrent que par leur état. Ce corps est lumière, lorsque ses molécules rassemblées & jouissant de toute leur attraction, sont lancées avec beaucoup de force; il est chaleur, lorsque ces mêmes molécules divisées se meuvent lentement & tendent à l'équilibre. Ils croient que la chaleur peut devenir lumière, & la lumière chaleur; cependant on ne peut se dissimuler que la lumière ne produise souvent des effets très-différens de ceux de la chaleur, comme cela a lieu dans l'acide nitrique, l'acide muriatique oxigéné, les chaux ou oxides métalliques, les feuilles des végétaux plongés dans l'eau; tous ces corps donnent de l'air vital ou du gaz oxigène, lorsqu'ils sont exposés aux rayons du soleil, & la plûpart n'en donnent pas par la seule action de la chaleur. C'est ainsi que la lumière artificielle de nos feux venant à traverser les vaisseaux, change la nature des produits qui s'en dégagent.

Enfin, MM. Lavoisier et de la Place semblent soupçonner que les deux hypothèses sur la chaleur sont vraies & ont lieu en même-temps ; c'est-à-dire, que la chaleur consiste dans l'existence d'un corps particulier, & dans les oscillations intestines des corps excités par sa présence.

Quelle que soit, au reste, la nature de la chaleur, les phénomènes qu'elle présente dans les combinaisons et les décompositions chimiques n'en sont pas moins certains, & ne doivent pas moins être observés avec soin. Un grand nombre de faits ont démontré que ce corps ou cette modification est inaltérable en elle-même, qu'elle ne se perd point, & c'est ce qui a porté MM. Lavoisier & de la Place à présenter un axiome ou un principe général sur son apparition ou sa disparition. Comme ce principe est de la plus grande importance pour la théorie chimique, nous croyons devoir le rapporter ici.

« Si dans une combinaison, ou dans un changement d'état quelconque, il y a une diminution de chaleur libre ; cette chaleur reparoîtra toute entière, lorsque les substances reviendront à leur premier état ; & réciproquement, si dans la combinaison ou le changement d'état, il y a une augmentation de

» chaleur libre, cette nouvelle chaleur disparoî-
» tra dans le retour des substances à leur état
» primitif ».

En généralisant encore plus ce principe, & en l'étendant à tous les phénomènes de la chaleur, ils l'ont exposé de la manière suivante. « Toutes les variations de chaleur, soit réelles, » soit apparentes, qu'éprouve un systême de » corps, en changeant d'état, se reproduisent » dans un ordre inverse, lorsque le systême » revient à son premier état ».

Pour mesurer la quantité de chaleur absorbée, ou dégagée dans les différens phénomènes chimiques, mesure qui devient aujourd'hui de la plus grande importance, d'après ce que nous avons exposé, les physiciens modernes ont cherché des moyens capables de suppléer aux thermomètres, dont les échelles n'ont point l'étendue convenable, & dont la marche n'est pas aussi certaine qu'on l'avoit cru d'abord. M. Wilke avoit proposé d'employer la fonte de la neige par les corps dont il vouloit connoître la chaleur; mais MM. Lavoisier & de la Place ont trouvé une méthode plus sûre & plus facile à pratiquer. Elle consiste en général à exposer les corps, qui produisent de la chaleur par leur combinaison, après les avoir réduits, ainsi que le vase qui les renferme, à la température de o, dans un vaiſſeau entouré de glace, dont la couche intérieure ne peut être fondue que par la chaleur dégagée de ces corps pendant leur union, & à meſurer la quantité de cette chaleur par celle de l'eau fondue & recueillie avec ſoin. Ils ſont auſſi parvenus par ce procédé à connoître ſûrement la chaleur ſpécifique des corps, à meſurer celle qui eſt abſorbée dans certaines combinaiſons, & enfin à déterminer juſqu'à celle qui ſe dégage dans la combuſtion & la reſpiration. La préciſion que nous nous ſommes impoſée, & les longs détails qu'il ſeroit néceſſaire de donner ici pour faire connoître l'inſtrument ingénieux, imaginé par ces deux ſavans académiciens, & la manière dont ils s'en ſervent pour déterminer la chaleur ſpécifique des corps, ainſi que celle qui eſt abſorbée ou dégagée dans les combinaiſons chimiques, nous forcent de renvoyer à leur ouvrage même (1).

Arrêtons-nous encore ici ſur le rapport qui paroît exiſter dans quelques cas entre la lumière & la chaleur, & ſur les différences qui les caractériſent dans les procédés de la nature & de

(1) Voyez Mémoire ſur la chaleur, lu à l'académie royale des ſciences, le 28 juin 1783, par MM. Lavoiſier & de la Place, de la même académie.

l'art. De ce que la lumière des rayons du soleil échauffe les corps qu'elle frappe, on ne doit pas en conclure que la lumière & la chaleur soient une seule & même substance : comme il existe au contraire un grand nombre de cas dans lesquels il y a beaucoup de lumière sans chaleur, ainsi que de ceux où l'on rencontre beaucoup de chaleur sans lumière, plusieurs physiciens croient que la lumière diffère beaucoup de la chaleur. En effet, les phosphores, les diamans, le bois pourri, les matières animales en putréfaction, les insectes & les vers lumineux, les rayons de la lune réfléchis & concentrés par les miroirs métalliques & les lentilles, offrent une lumière très-vive & très-éclatante, sans présenter de chaleur sensible ; & tous les corps naturels peuvent être fortement échauffés sans devenir lumineux.

Les rayons solaires ne paroissent produire de la chaleur que par la percussion des corps sur lesquels ils sont reçus, & par le frottement qu'ils éprouvent de la part de ceux qui s'opposent à leur passage. Si les corps opaques, colorés en rouge, & particulièrement en noir, s'échauffent plus & sur-tout plus vîte que les surfaces blanches & brillantes, c'est sans doute parce que les rayons éprouvent des réfractions plus fortes, & peut-être même parce qu'ils se combinent avec la substance même de ces corps très-colorés, tandis que les surfaces blanches les réfléchissent plutôt que de les absorber.

Quant à la production de la lumière par la chaleur forte & continuée, comme on l'observe dans la combustion des huiles, des bois, des graisses, dans l'incandescence des métaux, des pierres, elle tient encore à des causes qui ne supposent, en aucune manière, une identité entre la lumière & la chaleur. Lorsqu'on échauffe fortement les corps combustibles, ils finissent par produire de la flamme, qui supplée à l'absence des rayons du soleil, & donne naissance aux mêmes effets. Mais cette lumière, le produit de l'inflammation, pouvoit être contenue ou dans le corps combustible, ou dans l'air, dont la présence est nécessaire à sa production, & rien ne démontre que c'est la chaleur qui se change en lumière. L'incandescence des corps incombustibles, tels que les pierres dans lesquelles on ne peut point admettre la présence de la lumière combinée, au moins comme dans les corps combustibles, a été expliquée d'une manière très-ingénieuse par M. Macquer. Suivant ce chimiste, elle dépend des vibrations fortes, excitées dans les molécules de ces corps par la chaleur; ces vibrations disposent les particules de sorte que leurs facettes, sans cesse agitées, sont comme autant de petits miroirs, qui réfléchissent & lancent directement vers nos yeux les rayons de lumière, qui existent dans l'air pendant la nuit autant que pendant le jour, & qui ne sont insensibles & ne produisent les ténèbres, que parce que leur direction ne se fait pas sur les organes de la vue.

Telles étoient les idées de Macquer, & d'un assez grand nombre de physiciens; mais des faits mieux observés & plus nombreux sur la différence de chaleur contenue dans chaque corps, sur leur aptitude à l'absorber, sur les attractions électives auxquelles elle paroît obéir, rendent l'opinion de l'existence de la chaleur, comme corps particulier, beaucoup plus forte que jamais. On pense qu'il est souvent un des principes des corps composés; que c'est le plus léger de tous les corps naturels, & que c'est pour cela qu'on ne peut pas en reconnoître l'existence par la pesanteur. On distingue deux espèces de chaleur, ou plutôt on distingue la chaleur elle-même en deux états différens, dans toutes les substances naturelles; l'une qui est intimement combinée, & qu'on appelle *chaleur latente*, ou *calorique*, parce qu'elle n'y est pas sensible; l'autre qui y est simplement disséminée. Celle-ci peut en être chassée par la seule pression ou par des moyens mécaniques; c'est ainsi que lorsqu'on frappe une barre de fer, & qu'on rapproche ses molécules par le choc, la chaleur s'en échappe, comme l'eau sort d'une éponge humide que l'on presse. La chaleur vraiment combinée ne sort des corps que par de nouvelles combinaisons chimiques. Toutes les matières solides qui contiennent ces deux espèces de chaleur peuvent prendre une plus grande quantité de l'une & de l'autre ; celle qu'on y ajoute en écarte de plus en plus les molécules ; son premier effet est le ramollissement du corps solide ; son second, à mesure qu'elle s'accumule, est la fusion ou la liquéfaction ; son troisième, toujours lorsque sa quantité augmente, est la fluidité élastique ; mais nous traiterons de ces phénomènes dans les deux paragraphes suivans.

§. III. *De la Raréfaction.*

L'effet le plus frappant que les physiciens attribuent au feu, & qui est constamment produit par la chaleur, est la raréfaction. Nous avons déjà fait remarquer que la principale action de la chaleur étoit d'augmenter le volume de tous les corps, sans augmenter leur pesanteur absolue, & de diminuer au contraire leur pesanteur spécifique. Cette raréfaction indique l'intromission d'une substance quelconque dans les petites cavités des corps raréfiés ; cette substance,

tance, qui eſt la chaleur elle-même, ou plutôt le calorique, agit comme des coins ou des reſſorts qui ſéparent & éloignent les molécules de ces corps. Si ceux-ci, lorſqu'ils ſont raréfiés par la chaleur, n'ont pas acquis plus de poids, & ſi leur peſanteur ſpécifique eſt moins conſidérable qu'auparavant, c'eſt que la raréfaction ne conſiſte que dans un ſimple écartement des parties du corps chaud, dont les pores ſont alors agrandis, de manière qu'il contient plus de vide & moins de parties ſolides qu'auparavant dans un eſpace donné; cet écartement eſt dû à la matière de chaleur, dont le poids eſt nul pour nous.

Si l'on conſidère que les corps raréfiés par la chaleur éprouvent dans leurs molécules un mouvement inteſtin, qui tend à les déſunir & à les ſéparer les unes des autres, & que le froid au contraire les rapproche & les reſſerre les unes contre les autres, on ſera convaincu que la chaleur eſt une force oppoſée à la gravitation des parties des corps les unes ſur les autres, & qu'elle détruit leur attraction particulière; car il eſt néceſſaire d'obſerver que l'attraction, trouvée par Newton, a trois modifications, pour ainſi dire, ou trois manières d'être, qui méritent d'être bien diſtinguées les unes des autres. Le premier état de l'attraction conſtitue celle qui, combinée avec une première impulſion préexiſtante, retient les planètes dans leurs orbites, & les empêche de s'écarter du soleil, à l'égard duquel leur distance croîtroit sans cesse, si la force projectile agissoit seule. On pourroit appeler cette première, *attraction planétaire*, pour la distinguer des deux autres. Le second état, ou la seconde modification de l'attraction, comprend celle qui fait tendre les corps plongés dans l'atmosphère de notre globe vers son centre; c'est la *gravitation terrestre*. Enfin, a troisième modification de cette force générale appartient à celle par laquelle les diverses parties d'un corps particulier, d'une pierre, ou de toute autre substance compacte, pèsent sur leur centre; cette dernière donne naissance à l'agrégation; c'est celle-ci que la chaleur diminue & tend à détruire, & c'est en la diminuant qu'elle opère un grand nombre d'effets qui entretiennent les combinaisons, les décompositions, la végétation, l'animalisation, &c.

Boerhaave, qui a considéré les effets du feu, plutôt en physicien qu'en chimiste, a établi sur la raréfaction, prise en général, trois loix que nous allons examiner.

PREMIÈRE LOI DE LA RARÉFACTION.

Tous les corps ſont dilatés par la chaleur.

Quoiqu'il ſoit vrai en général, que preſque tous les corps de la nature ſont dilatés & raréfiés par la chaleur, il eſt cependant néceſſaire de faire quelques remarques ſur ce phénomène. Premièrement, toutes les ſubſtances minérales, ſans exception, éprouvent une dilatation & une raréfaction d'autant plus grandes, que la chaleur à laquelle on les expoſe eſt plus forte. Cette raréfaction va même juſqu'à détruire entièrement l'agrégation d'un grand nombre d'entr'elles; mais ſi l'on applique cette loi aux matières végétales & animales, elle paroît ſouffrir quelques exceptions. En effet, une chaleur douce dilate, à la vérité, leurs fibres, les écarte & diminue la denſité de leur tiſſu; mais par une chaleur bruſque & forte, le parchemin, les membranes, les tendons ſe retirent, ſe reſſerrent ſur eux-mêmes; propriété qui paroît tenir à l'irritabilité, ou plutôt à la contractibilité des fibres animales, pour leſquelles la chaleur ſemble être un ſtimulus, tant que leur organiſation n'eſt pas détruite.

SECONDE LOI DE LA RARÉFACTION.

Les corps raréfiés par le feu éprouvent une dilatation dans toutes leurs dimensions.

Une barre de fer chauffée augmente en longueur & en largeur. Les physiciens ont imaginé plusieurs instrumens pour connoître & pour mesurer même cet effet de la raréfaction. Le pyromètre, dont l'invention appartient à Musschenbroëck, annonce par le mouvement d'une aiguille sur un cadran, jusqu'à la mille quatre-vingtième partie d'une ligne de dilatation dans les barres métalliques chauffées. Cette sensibilité est due à la réunion de plusieurs léviers plus longs les uns que les autres. Le dernier peut faire un assez grand chemin pour mouvoir, à l'aide d'une roue ou d'un rateau, une aiguille dont la marche mesurée sur le cadran, indique les degrés les plus petits de l'alongement de la barre. Comme le pyromètre n'annonce que l'alongement des barres métalliques, les physiciens se servent d'un cylindre traversant un anneau de métal quand l'un & l'autre sont froids; si l'on chauffe le cylindre, il ne peut plus passer à travers l'anneau, ce qui démontre que les corps sont dilatés dans leur diamètre comme dans leur longueur.

C'eſt d'après ce phénomène, très-connu des chimiſtes, qu'il eſt néceſſaire de laiſſer du jeu aux grilles qui entrent dans les fourneaux, & de ne point trop ſerrer tous les vaiſſeaux qu'on lute enſemble ; ſans cette précaution on ne pourroit éviter les fractures, ni les inconvéniens qui les accompagnent.

TROISIÈME LOI DE LA RARÉFACTION.

La dilatation a lieu en raiſon directe de la rareté, ou inverſe de la denſité des corps.

Boerhaave, pour établir cette troiſième loi, n'a comparé l'effet de la chaleur que ſur trois corps ſolides très-différens les uns des autres, tels que du bois, une pierre & un métal ; il avoit obſervé qu'en effet le bois ſe dilatoit le plus, enſuite la pierre, puis le métal, & que la raréfaction ou l'écartement des molécules des corps ſuivoit leur denſité ; il en avoit conclu que plus le tiſſu des corps eſt rare, & plus ils ſe dilatent, & qu'au contraire plus il eſt denſe, moins ils ſe raréfient. Mai. en répétant l'expérience de la raréfaction par la chaleur ſur un grand nombre de corps ſolides, différens les uns des autres, Buffon a prouvé que la chaleur les dilate en raiſon de leur altérabilité par le feu ; c'eſt-à-dire, les pierres en raiſon de leur calcinabilité ;

& les métaux, en raison de leur fusibilité. Boerhaave, qui avoit étendu cette loi jusqu'aux fluides, ne l'avoit établie que d'après la dilatation respective de l'air, de l'esprit-de-vin & de l'eau. S'il avoit comparé la raréfaction du mercure à celle de ces premiers fluides, il n'auroit pas généralisé cette loi comme il l'a fait, puisque cette matière métallique, beaucoup plus dense que l'esprit-de-vin & l'eau, se dilate spécifiquement plus que ces deux fluides. Cette expérience prouve que ce n'est ni l'inflammabilité, ni la fusibilité des fluides, qui déterminent les degrés ou la vîtesse de leur raréfaction par la chaleur. MM. Bucquet & Lavoisier, qui ont fait une longue suite d'expériences sur la dilatation des fluides, & sur la marche de leur raréfaction par la chaleur, n'ont pas pu trouver la cause de la diversité singulière qu'ils y ont observée, & ils se sont contentés de les décrire sans en tirer de résultat.

Outre les loix de la raréfaction que la chaleur produit, & qui ne sont pas encore, à beaucoup près, connues, il est essentiel de savoir, 1°. que les corps en passant de l'état solide à celui de fluidité, produisent toujours du froid, comme les sels en se dissolvant dans l'eau, l'éther qui s'évapore, &c. 2°. que les fluides susceptibles de passer à l'état concret, laissent dégager de la chaleur en devenant solides; ainsi, l'eau qui se gèle lorsqu'on la tient plongée dans un bain de glace, ne donne jamais un aussi grand degré de froid que l'alcohol plongé dans le même bain. Cet effet général dépend de ce qu'un corps qui, de solide devient liquide, absorbe plus de chaleur qu'il n'en avoit auparavant, tandis que, dans la circonstance contraire, il laisse échapper la quantité de chaleur qui le tenoit fondu.

§. IV. *Du Phlogistique de Stahl.*

Becher, frappé de la propriété qu'ont certains corps de produire du feu, c'est-à-dire, de la chaleur & de la lumière, par le mouvement répété, ou par le contact d'autres corps en ignition, avoit imaginé qu'elle dépendoit d'un principe particulier qu'il appeloit terre inflammable. Stahl, qui s'est beaucoup occupé de cette doctrine, a pensé que ce principe étoit le feu pur ou la matière du feu, fixée dans les corps combustibles; il a donné à cet élément, ainsi combiné, le nom particulier de *phlogistique* ou *principe inflammable*, pour le distinguer du feu libre ou en action. Ses propriétés sont alors toutes différentes de celle qu'il présente dans son état de liberté, & on ne peut plus le reconnoître à la chaleur & à la lumière qui sont les deux indices du feu; mais il les reprend dès qu'il se sépare des corps qui le retenoient, & il reparoît avec l'éclat & la chaleur qui l'accompagnent, lorsqu'il est isolé & libre. Telle étoit l'idée simple & grande que Stahl s'étoit formée sur la nature des corps combustibles en général. Il est en effet naturel de penser que des matières qui, une fois échauffées ou percutées fortement, prennent feu & continuent à brûler jusqu'à ce qu'elles soient entièrement consumées, doivent cette propriété au feu qu'elles recèlent, & que leur combustion n'est autre chose que le dégagement du feu & son passage à l'état de liberté. Tous les corps inflammables contenoient donc, suivant Stahl, le feu fixé ou combiné qui étoit le principe de leur inflammabilité. D'après cela, il regardoit ce principe comme parfaitement identique dans toutes les substances qui le recéloient, de quelque nature qu'elles fussent; & quelque différence qu'elles présentassent. Il suffisoit qu'elles fussent combustibles, pour qu'il y admît la présence d'une grande quantité de feu fixé ou de phlogistique. Ainsi, dans cette théorie, le soufre, le charbon, les métaux, les huiles, le phosphore, &c. doivent toutes leurs propriétés à la présence du feu fixé; & s'ils présentent des différences dans le tissu, la forme, la couleur, la consistance, la pesanteur, &c. ces différences dépendent de celles des principes divers auxquels le phlogistique est uni; car ce dernier est toujours le même, & ne peut jamais cesser de l'être, à moins qu'il ne quitte ses combinaisons, & ne passe à l'état de feu libre.

Pour reconnoître les propriétés du feu fixé & dans l'état de phlogistique, Stahl a comparé les corps qui le contiennent à ceux dans la composition desquels il ne paroît point entrer; il a observé que les premiers ont en général de la couleur, de l'odeur, de la fusibilité, de la volatilité, de la combustibilité, tandis que les seconds sont ordinairement incolores, inodores, plus ou moins fixes, infusibles, & sur-tout incombustibles. Il a également reconnu que les substances manifestement phlogistiquées perdoient la plus grande partie de leurs propriétés, lorsqu'on leur enlevoit le phlogistique, & qu'on les faisoit reparoître en le leur restituant.

C'est spécialement sur le soufre & les matières métalliques qu'il a étendu sa doctrine, & c'est d'après les phénomènes que ces corps présentent, qu'il l'a le plus solidement établie. Les métaux sont, suivant lui, des composés de terres particulières & de phlogistique; lorsqu'on les *calcine*, leur phlogistique s'en dégage en feu libre, & ils perdent conséquemment leur fusibilité, leur ductilité & leur inflammabilité. On leur rend ces propriétés, en leur restituant le phlogistique, & en les chauffant avec des huiles, des charbons, & toutes les autres matières qui le contiennent. Le soufre est formé d'acide sulfurique et de phlogistique, sa combustion consiste dans le dégagement de ce dernier principe; & s'il est entièrement dissipé, il ne reste plus que son acide; lorsqu'on traite cet acide avec le charbon, les huiles, les métaux, il leur enlève leur phlogistique & reforme du soufre, ou un corps coloré, odorant, fusible, volatil & inflammable.

Quelque brillante que soit cette théorie, il est aisé de concevoir qu'elle est sujette à une grande difficulté; en effet, Stahl & tous ceux qui l'ont suivi n'ont point assez spécifié ce que c'est que le phlogistique; ils se sont énoncés d'une manière trop vague & trop obscure. Macquer, qui a bien senti cette difficulté, après avoir long-temps médité sur la nature du feu & du phlogistique, a pensé que la lumière en avoit toutes les propriétés, soit en la considérant comme libre, agitée & jouissant de tous ses droits, soit en la concevant comme principe des corps, & tendant à s'en séparer par le mouvement. En présentant un systême admis dans les sciences, il est nécessaire d'en faire connoître en même temps les difficultés, & d'en indiquer les erreurs. Nous croyons donc devoir expoſer ici les objections que l'on fait aujourd'hui à la doctrine de ce grand chimiſte, doctrine qui n'a perdu ſon éclat qu'après avoir conſtitué une des plus brillantes époques de la chimie.

On peut réduire à trois chefs les principales difficultés qui ſe préſentent dans la théorie du phlogiſtique. 1°. Les propriétés que Stahl a attribuées à la préſence de ce principe, ne ſe rencontrent pas toujours dans les corps où il l'a admis. Le charbon, & en particulier celui des réſines, qu'il regarde comme le phlogiſtique preſque pur, n'eſt ni odorant, ni volatil, ni fuſible; il y a même quelques charbons, qui ne ſont que très-peu combuſtibles. Le diamant très-infuſible, très-fixe, très-tranſparent, très-inodore, eſt peut-être le corps le plus inflammable qui ſoit connu, puiſqu'il brûle en entier & ſans réſidu. L'eſprit-de-vin, l'éther, pluſieurs huiles eſſentielles n'ont point de couleur.

2°. Souvent les corps, en perdant le phlogiſtique, acquièrent des propriétés, que Stahl attribuoit ordinairement à ſa préſence, & qui étoient même peu énergiques avant qu'il fût diſſipé. La plupart des métaux prennent dans leur *calcination* une couleur beaucoup plus foncée, comme le cobalt, le mercure, le plomb, le fer, le cuivre, &c.

3°. Stahl, en s'occupant beaucoup des corps combuſtibles, d'après la nature deſquels il a cherché à fixer celle du phlogiſtique, n'a presque point fait d'attention à la néceſſité de l'air pour la combuſtion, & ſemble avoir oublié qu'il y contribue eſſentiellement. C'eſt d'après cet oubli qu'il n'a pas prévu la plus forte objection qu'on pût lui faire, & qui ne lui a cependant été propoſée par aucun chimiſte de ſon temps. Si la combuſtion n'eſt que le dégagement du phlogiſtique, il eſt clair que c'eſt une décompoſition dans laquelle le corps combuſtible perd un de ſes principes; or, comment ſe peut-il faire qu'une ſubſtance dont un des principes ſe diſſipe, ait une peſanteur abſolue plus conſidérable, après cette perte, qu'elle n'en avoit auparavant? C'eſt ainſi que cent livres de plomb donnent cent dix livres de minium; que le ſoufre donne plus d'acide ſulfurique en poids après ſa combuſtion, qu'il ne peſoit lui-même. C'eſt encore par cette raiſon que ſeize onces d'eſprit-de-vin brûlé, fourniſſent dix-huit onces d'eau pure, ſuivant la belle découverte de M. Lavoiſier. (1)

(1) Séance de l'académie royale des ſciences, du 4 ſeptembre 1784.

La force de cette objection, jointe à la difficulté de démontrer la présence du phlogistique, ont fait prendre à quelques chimistes modernes le parti de nier entièrement son existence. Il ne faut cependant entendre ceci qu'avec quelques restrictions; malgré les recherches immenses, faites depuis quelques années sur les corps combustibles & sur la combustion, on n'a point encore pu renoncer à la matière du feu fixé dans les corps, & on a changé son nom de phlogistique en celui de *calorique*, ou de chaleur combinée; mais ce n'est point à cette matière que l'on attribue la propriété combustible. Sa présence dans les corps inflammables n'est pas ce qui détermine leur inflammabilité.

Depuis que les chimistes ont cherché à apprécier la nécessité de l'air dans la combustion, ils ont fait plusieurs découvertes importantes, dont la principale est qu'une portion de l'air atmosphérique est absorbée par les corps qui brûlent, & que c'est cette partie d'air fixé ou combiné qui augmente la pesanteur absolue des métaux, du soufre, du phosphore, du gaz inflammable, de l'esprit-de-vin, après leur combustion. Comme on a aussi découvert que cette augmentation de pesanteur correspond parfaitement au poids de l'air absorbé, quelques chimiſtes, à la tête deſquels on doit placer MM. Lavoiſier & Bucquet, avoient d'abord admis une théorie nouvelle, entièrement fondée ſur cette abſorption de l'air, & dans laquelle il n'étoit fait aucune mention du phlogiſtique. Cette théorie étoit abſolument l'inverſe de celle de Stahl, & elle étoit renfermée en entier dans les quatre principes ſuivans.

1°. Les corps phlogiſtiqués de Stahl ſont, ſuivant cette doctrine, des êtres qui ont beaucoup de tendance pour s'unir avec l'air, tendance qui conſtitue en général la combuſtibilité.

2°. Toutes les circonſtances où Stahl penſoit que le phlogiſtique ſe dégage, ne préſentent que des combinaiſons avec l'air vital: telles ſont la combuſtion en général, la reſpiration, la formation des acides ſulfuriques & phoſphoriques par la combuſtion du ſoufre & du phoſphore.

3°. Toutes celles au contraire où le phlogiſtique ſe combine ſuivant la doctrine de Stahl, offrent le dégagement de l'air dans la théorie pneumatique; telles ſont la réduction des métaux, opérée par la réaction des oxides métalliques & du charbon, la décompoſition des acides par les corps combuſtibles, & en particulier celle de l'acide sulfurique & de l'acide nitrique par le fer, le charbon, &c.

4°. Tous les corps que Stahl croyoit être des composés où le phlogistique entroit, sont regardés, dans cette théorie, comme des êtres simples, qui ont une grande affinité avec l'air vital, & qui tendent à s'y combiner toutes les fois qu'ils sont exposés à son contact; de sorte que toute combustion, toute inflammation n'est qu'une combinaison de l'air dans le corps combustible; & toute opération dans laquelle un corps est censé reprendre du phlogistique, n'est que le dégagement de l'air vital, ou le passage de la base d'un corps dans un autre.

Cette opinion, qui avoit été adoptée par Bucquet dans ses derniers cours, explique, à la vérité, la plus grande partie des phénomènes de la combustion, de la réduction des oxides métalliques; mais elle ne rend pas entièrement raison de la flamme produite par les corps combustibles en ignition, du mouvement rapide excité dans l'inflammation, & de tous les changemens qui l'accompagnent. Macquer, qui a bien connu toute l'influence des découvertes modernes sur les théories chimiques, a pensé qu'elles ne renversoient point entièrement celle de Stahl, & il a réuni la doctrine pneumatique que nous venons d'exposer, avec la théorie du phlogistique, en regardant ce principe comme la lumière fixée. Après avoir fait voir que la lumière pure, & telle qu'elle est versée sur notre globe par le soleil, peut être regardée comme la véritable matière du feu, & qu'en la concevant fixée dans les corps, elle constitue le phlogistique de Stahl; il a pensé que, dans toute combustion, l'air pur dégage la lumière ou le phlogistique des corps combustibles, qu'il en prend la place, & qu'on peut regarder, d'après cela, la calcination des métaux comme la précipitation de l'air & le dégagement de la lumière. Lorsqu'au contraire on restitue le phlogistique aux oxides métalliques dans la réduction, la matière de la lumière sert, suivant lui, à séparer ou à dégager à son tour l'air qui étoit fixé dans ces substances, & elles reparoissent alors à l'état métallique. Dans cette théorie, qui paroissoit remplir l'objet que l'auteur s'étoit proposé, d'accorder la doctrine de Stahl avec celle des modernes, Macquer pensoit que le phlogistique peut s'unir aux corps même dans les vaisseaux fermés, puisque la lumière, qu'il regardoit comme le véritable phlogistique, traverse les vases de verre, comme tout le monde le sait, & pénètre même les vaisseaux de terre & de métal, lorsqu'ils sont échauffés jusqu'au point d'être d'être rouges. Schéele a proposé une théorie différente, & qui a eu des partisans parmi les chimistes du nord. Il croyoit que le feu, la chaleur, la lumière, étoient des composés d'air vital & de phlogistique; qu'en traversant les vaisseaux, la lumière étoit décomposée; qu'elle déposoit son phlogistique, & que l'air vital se dégageoit, comme dans la réduction des *chaux* ou oxides métalliques. Mais cette ingénieuse théorie, à l'aide de laquelle Schéele expliquoit l'influence de la lumière solaire & de la chaleur diversement modifiée, sur un grand nombre de phénomènes chimiques, ne rend pas raison de l'augmentation de poids des métaux, du soufre, du phosphore, &c. après leur combustion.

M. Lavoisier, dont l'opinion doit avoir autant de poids en chimie, que ses expériences ont eu d'influence sur ses progrès, a présenté une nouvelle doctrine, que beaucoup de chimistes françois ont adoptée, & qui me paroît être celle de toutes qui explique le mieux les phénomènes de la nature. Il pense que la lumière, la chaleur & tous les grands phénomènes que présentent les corps combustibles dans leur inflammation, dépendent plus de l'air qui favorise cette dernière, que de leur nature propre; que la flamme qui a lieu dans cette opération, eſt plutôt due à la lumière dégagée de l'air vital qu'à celle qui eſt ſéparée du corps combuſtible. La décompoſition qui a lieu, ſuivant Stahl & Macquer, dans la ſubſtance inflammable, il l'attribue à l'air vital, qu'il regarde comme un composé de la matière du feu & d'un autre principe dont nous parlerons plus bas; & le feu fixé, dont le dégagement joue le principal rôle, eſt, ſuivant lui, ſeparé de l'air vital plutôt que du corps combuſtible. Nous ne pouvons en dire davantage ici ſur cet ingénieux ſyſtême; nous y inſiſterons avec plus de détail dans l'hiſtoire de l'air, qui appartient au chapitre ſuivant; nous nous contenterons de faire obſerver que la matière du feu ou de la chaleur, que M. Lavoiſier admet dans l'air vital, & dont le dégagement eſt, ſuivant lui, la cauſe de la flamme éclatante & de la chaleur vive, qui accompagnent la combuſtion rapide produite par cet air, joue à-peu-près le même rôle que le phlogiſtique de Stahl, ou la lumière fixée de Macquer, & que les chimiſtes ſont tous d'accord ſur ſon exiſtence; mais qu'ils diffèrent, en ce que les uns l'admettent dans les corps combuſtibles, & la regardent comme la cauſe de l'inflammabilité; les autres croient qu'elle exiſte dans l'air, & que ce n'eſt point elle qui détermine la combuſtion. Nous expoſerons, dans les chapitres ſuivans, les raiſons qui nous font regarder cette dernière opinion comme la plus vraisemblable.

§ V. *Des effets de la chaleur sur les corps considérés chimiquement.*

On a vu dans le troisième paragraphe, qu'un des principaux effets de la chaleur est de raréfier les corps, d'en augmenter le volume en écartant leurs molécules, & d'en diminuer la pesanteur en agrandissant leurs pores. Telle est la simple idée physique ou mécanique, que nous en avons donnée en parlant de la raréfaction en général; mais en considérant cette première action de la chaleur avec plus de soin, on reconnoît qu'elle est suivie de plusieurs autres effets très-importans à bien apprécier.

La première & la plus frappante considération chimique qui se présente sur les effets de la chaleur, c'est qu'en écartant les molécules des corps, elle diminue leur agrégation. Comme la force d'agrégation & l'attraction de composition sont toujours en raison inverse l'une de l'autre, ainsi que nous l'avons exposé dans le troisième chapitre, il est aisé de concevoir que la chaleur favorise singulièrement la combinaison, en detruisant l'agrégation. Cette propriété a fait regarder le feu comme le principal agent des chimistes, & ils se sont eux-mêmes qualifiés du titre de *philosophes par le feu*. On verra cependant par la suite qu'on s'en sert aujourd'hui beaucoup moins qu'on ne le faisoit autrefois.

L'action de la chaleur, considérée sous ce point de vue, c'est-à-dire, comme tendant à détruire l'agrégation, & à favoriser la combinaison, paroît être modifiée de quatre manières, suivant les corps sur lesquels elle exerce sa puissance.

1°. Il est des corps qu'elle n'altère en aucune façon, & qu'elle ne fait que dilater. Les substances de cette nature sont inaltérables & *apyres*; c'est ainsi que le cristal de roche, exposé au feu le plus fort & le plus long-temps soutenu, n'éprouve aucune altération, ne perd rien de sa dureté, de sa transparence, & sort de cette épreuve aussi dense & aussi beau qu'il étoit auparavant. Il n'y a que très-peu de matières aussi peu altérables que celle-là.

2°. La chaleur détruit entièrement l'agrégation de beaucoup de corps, & les fait passer de l'état solide à l'état fluide. Ce phénomène se nomme *fusion*; les corps qui l'éprouvent sont appelés *fusibles*. Il y a différens degrés de fusibilité, depuis celle du platine, qui est extrêmement difficile à fondre, jusqu'à celle du mercure qui eſt toujours fluide. Cette fuſibilité, pouſſée à l'extrême, eſt la volatiliſation. Un corps ſe volatiliſe ou ſe répand dans l'atmoſphère, lorſque de l'état de liquide, il paſſe, par une grande raréfaction, à celui de fluide élaſtique. Alors entraîné & ſoulevé par ſa chaleur, il s'élève dans l'air atmoſphérique, & il y reſte ſuſpendu ou diſſous, juſqu'à ce qu'il acquiert plus de denſité & de peſanteur par le froid. On nomme *volatils* les corps ſuſceptibles de cette propriété. Ceux qui n'en jouiſſent point ſont appelés *fixes* par oppoſition. Il y a beaucoup de degrés entre la fixité & la volatilité; il paroît même qu'on ne peut ſuppoſer aucun corps abſolument fixe, & que pluſieurs ne le paroiſſent que parce que nous n'avons pas de chaleur aſſez forte en notre pouvoir, pour leur faire éprouver ce changement d'état. La même réflexion doit être faite ſur l'infuſibilité; il n'en eſt point d'abſolue. Si l'on ne parvient point à fondre le criſtal deroche, c'eſt parce que nous ne pouvons point lui appliquer un aſſez grand degré de chaleur. Lors donc que nous parlons de l'infuſibilité ou de la fixité de certains corps, cela ne doit s'entendre que des propriétés relatives, en les conſidérant dans l'enſemble des êtres que nous connoiſſons, & relativement au feu qu'il eſt en notre pouvoir de produire.

Il faut bien distinguer cette volatilité essentielle de celle qui n'est qu'apparente, & qui n'a lieu qu'en raison du mouvement communiqué par le courant de la flamme ou des vapeurs ; c'est ainsi, par exemple, que le zinc oxidé est enlevé par la rapidité de la flamme, excitée pendant sa combustion.

3°. Lorsque la chaleur agit sur des corps composés de deux principes, dont l'un est volatil & l'autre fixe, elle les sépare souvent, en volatilisant le premier ; ces corps sont décomposés, mais sans altération, de sorte que l'on peut les recomposer ou les faire reparoître avec toutes leurs propriétés, en unissant les deux principes séparés ; cette séparation de principes constitue une analyse vraie ou simple. Le feu appliqué aux corps composés de deux substances, dont les propriétés sont très-différentes relativement à la volatilité, réduit en vapeur celle qui est volatile, & laisse intacte celle qui est fixe. Mais pour que cette analyse vraie ait lieu, il faut que la substance volatile & la substance fixe du composé soient l'une & l'autre également inaltérables par la chaleur qu'on leur applique, ou qu'on ne leur donne que le degré de feu convenable pour ne point en changer entièrement les propriétés. Alors la matière volatilisée n'ayant pas subi plus d'altération que la substance fixe, on pourra les unir ensemble & reproduire le corps composé tel qu'il étoit avant sa décomposition ; ce qui indique que l'on a fait une analyse simple ou vraie. Comme il est rare qu'un corps ne soit composé que de deux substances, l'une volatile & l'autre fixe, comme il est souvent très-difficile, & quelquefois même impossible, de n'appliquer que le degré de chaleur convenable pour volatiliser l'une sans altération, & laisser l'autre intacte, on conçoit que le nombre des corps sur lesquels la chaleur agit de cette manière est très-petit. Telle est la raison pour laquelle les chimistes font aujourd'hui beaucoup moins de cas qu'autrefois de l'action du feu. Les substances sur lesquelles la chaleur produit l'effet qui nous occupe, sont *décomposables sans altération*. Quelques matières minérales, telles que des sels cristallisés, des dissolutions de sels neutres, appartiennent à cette classe.

4°. Si les corps que l'on expose au feu sont composés de plusieurs principes volatils & fixes, les principes volatilisés s'unissent ensemble, les fixes se combinent également entre eux, & il résulte de cette opération, une décomposition telle que les produits, réunis de nouveau avec les résidus, ne peuvent plus reformer les premiers composés. C'est alors une analyse fausse ou compliquée. Les corps sur lesquels la chaleur agit de cette manière, sont *décomposables avec altération.*

Le plus grand nombre des substances naturelles sont de cette classe; leur ordre de composition est trop multiplié, elles sont composées d'un trop grand nombre de principes, pour que la chaleur puisse en opérer la séparation sans les altérer. Comme la force d'affinité de composition existe dans tous les corps, comme elle est même favorisée par la chaleur, à mesure que quelques principes d'un composé de cette nature sont volatilisés par l'action du feu, ils réagissent les uns sur les autres, ils s'unissent & forment un autre ordre de combinaison que celui qui existoit auparavant; la même union a lieu entre les principes fixes qui se combinent autrement qu'ils ne l'étoient auparavant. C'est ainsi que, lorsqu'on chauffe un bois, une écorce, ou une matière végétale quelconque, la matière huileuse & le charbon, qui en sont des principes, décomposent une partie de l'eau qui y est contenue, & forment un acide, des fluides élastiques, une huile brune, qui n'existoient pas tels dans le bois, &c. Tout est donc altéré dans cette action de la chaleur; les phénomènes qu'elle présente annoncent donc une analyse fausse, compliquée, dont les résultats induiroient les chimistes en erreur, s'ils n'étoient prévenus de leur incertitude & de leur insuffisance. Il est certain que l'art ne peut point reproduire le bois ou l'écorce traitée de cette manière, en mêlant ensemble le phlegme, l'huile, l'acide, le charbon, obtenus dans cette analyse, & que les principes qu'elle fournit ont subi de grandes altérations. Malheureusement les corps susceptibles d'être ainsi altérés par le feu, sont les plus nombreux de tous. Toutes les matières animales & végétales, une grande quantité de substances minérales appartiennent à cette classe; mais les découvertes modernes pourront faire déterminer la vraie nature des principes qui constituent ces matières, d'après ceux qui se dégagent.

Nous n'avons parlé jusqu'ici que des effets d'une chaleur forte, & telle qu'on l'administre communément dans les différentes opérations de l'art; mais une chaleur douce & long-temps continuée dans les opérations de la nature, donne naissance à une foule de phénomènes importans que la chimie doit apprécier. Les vibrations & les oscillations excitées par sa présence dans les molécules solides des corps, la raréfaction & l'agitation produites dans leurs parties fluides, y entretiennent un mouvement intestin & continuel, qui change peu-à-peu la forme, la dimension, le tissu des premières, & qui altère sensiblement la consistance, la couleur, la saveur; en un mot, la nature intime des secondes. Telle est l'idée générale qu'il faut se former de l'existence & du pouvoir de tous les phénomènes chimiques qui ont lieu dans les corps naturels, de la décomposition & de la recomposition spontanée des minéraux, de la cristallisation, de la dissolution, de la formation des sels, de la vitrification & de la métallisation, de la vitriolisation & de la minéralisation, qui ont lieu dans l'intérieur du globe. C'est à cet agent puissant qu'il faut également avoir recours pour concevoir les altérations physiques, dont les corps des végétaux & des animaux sont susceptibles, le mouvement de la sève, la fermentation douce qui produit la maturation, la formation des huiles, de l'esprit recteur, des mucilages, du principe colorant, la composition des humeurs animales, leur décomposition, leurs changemens réciproques, la putréfaction. Tous ces grands phénomènes tiennent plus ou moins aux opérations chimiques, & la chaleur répandue sur le globe y préside. Il suffit pour le moment d'avoir jeté un coup-d'œil général sur cette source commune du mouvement, de la vie & de la mort; il suffit d'avoir présenté l'esquisse légère de ce grand tableau ; nous essaierons par la suite d'en dessiner les traits avec plus de précision & d'exactitude.

Ces effets si variés de la chaleur étant dus à l'écartement qu'elle produit entre les molécules, considérons encore ce premier effet, & tâchons d'en apprécier toute l'influence.

L'eau en glace est ramollie par un certain degré de chaleur, fondue & rendue coulante par un plus grand degré, & enfin plus fondue, pour ainsi dire, ou réduite en vapeurs ou en fluide élastique, par un degré encore plus grand ; de sorte qu'on pourroit dire que la vapeur d'eau contient trois principales sommes de chaleur : celle qui la constitue glace de telle densité, celle qui la met dans l'état de liquide à telle raréfaction, & enfin celle qui la tient fondue en fluide élastique.

En appliquant cette théorie générale à tous les corps de la nature, il n'en est aucun qu'on ne puisse concevoir susceptible de passer par tous ces états, à l'aide d'une chaleur suffisante ; & ils ne paroîtront différer les uns des autres, eu égard à cette propriété, qu'en raison de la quantité de chaleur nécessaire pour les mettre chacun dans cet état ; ainsi, c'est faute de chaleur suffisante, qu'on ne peut ni fondre ni réduire en vapeurs le cristal de roche, & il n'est pas plus difficile d'en concevoir la possibilité, qu'il ne l'est de concevoir que le fluide le plus habituellement élastique, comme l'air, peut acquérir une grande solidité, comme cela lui arrive dans plusieurs combinaisons.

Il est aisé d'expliquer, d'après ces principes, la formation des fluides élastiques, qui se dégagent dans un grand nombre d'opérations de la nature & de l'art. Elle a lieu toutes les fois qu'un corps reçoit & absorbe assez de chaleur pour passer à cet état de divisibilité qui constitue la fluidité aériforme. Tous les fluides qui jouissent de cette propriété la doivent donc à la matière de la chaleur; mais il faut aussi que la pression des corps ambians, & sur-tout de l'air, ne s'oppose pas à cette extrême dilatation, ou que celle-ci soit arrivée au point de vaincre l'obstacle que lui oppose la pesanteur de l'air. De-là un corps plus ou moins voisin de la fluidité élastique pourra y arriver tout-à-coup, si le poids ou la pression de l'atmosphère est soustraite, comme cela a lieu dans le vide. De-là l'évaporation plus forte & plus rapide sur les hautes montagnes. De-là la nécessité d'indiquer exactement, dans le détail des expériences, à quelle pression tel corps a pris la forme de fluide élastique, ou à laquelle au moins il peut s'y maintenir; car on doit encore observer que tous les corps susceptibles de prendre plus ou moins facilement cette espèce de fluidité vaporeuse ou élastique, ne la conservent pas également, & qu'il existe à cet égard des différences si grandes entre eux, qu'on les a distingués en permanens & non permanens. Les premiers restent fluides élastiques pendant très-long-temps, & jusqu'à ce qu'une combinaison leur enlève la matière de la chaleur qui les tient dans cet état; les seconds, qu'on peut désigner par le nom de vapeurs, perdent la fluidité élastique par une pression ou par un refroidissement faciles à déterminer, & se laissent enlever par tous les corps environnans la matière de la chaleur, qui les constituoit fluides aériformes. Tels sont l'eau, l'alcohol ou l'esprit-de-vin & l'éther; ces trois fluides se réduisent en vapeurs, & conservent leur état aériforme, le baromètre étant à 28 pouces, l'eau à 80 degrés du thermomètre de Réaumur, l'esprit-de-vin à 66, & l'éther à 32, &c. On voit donc 1°. que l'état de fluide élastique est une manière d'être des corps, due à la chaleur combinée; 2°. que tout fluide élastique est un composé d'une base plus ou moins solide, & de la matière de la chaleur; 3°. que chacune de ces bases exige plus ou moins de chaleur pour être fondue en état de vapeur ou de fluide élastique, & que c'est sans doute en raiſon de ces propriétés que tous les fluides élaſtiques préſentent des différences dans leur peſanteur, leur reſſort, &c.

M. Lavoiſier a expoſé cette théorie d'une manière très-lumineuſe dans un Mémoire imprimé parmi ceux de l'académie, en 1777.

Quoique nous ayons diſtingué les fluides élaſtiques en permanens & non permanens, il faut obſerver que cette diſtinction n'exiſte point réellement dans la nature; qu'elle n'eſt relative qu'à l'état de chaleur & de preſſion moyennes, que nous avons dans nos climats, & ſur le plus grand nombre des points de notre globe, & que ſi le froid & la preſſion étoient conſidérables, les fluides reconnus actuellement pour les plus permanens ceſſeroient bientôt de l'être; ainſi, par une raiſon inverſe, l'éther & l'eſprit-de-vin ſeroient des fluides élaſtiques permanens à une certaine hauteur de l'atmoſphère, ou à la température élevée de quelques climats ſitués ſous l'équateur, &c.

Comme la matière de la chaleur, qui contribue à la formation des fluides élaſtiques permanens, y eſt intimement combinée ou *latente*, & qu'elle ne devient ſenſible que lorsque ces corps perdent cette fluidité en ſe combinant avec d'autres ſubſtances, nous avons cherché une expreſſion qui pût rendre cet état de combinaiſon dans la chaleur; nous avons adopté le mot *calorique*, parce qu'en effet quand ce corps eſt fixé, il n'eſt plus chaleur, & il ne le devient que lorſqu'il eſt mis en liberté. Cette dénomination évite d'ailleurs les périphraſes de ces mots *matière de la chaleur*, *chaleur latente*, qui ont été les expreſſions reçues juſqu'actuellement. Le refroidiſſement ou le paſſage de la chaleur à l'état de calorique, l'échauffement ou le paſſage du calorique à l'état de chaleur, tiennent à la loi générale que nous avons établie, que tous les corps qui prennent plus de denſité, laiſſent exhaler de la chaleur; ainſi, toutes les fois qu'un fluide aériforme ou qu'un gaz ſe combine de manière à devenir liquide ou ſolide, il perd une grande partie de ſa matière de la chaleur; & pour le faire paſſer à cet état de denſité, il faut lui préſenter un corps qui ait plus d'affinité avec ſa baſe que celle-ci n'en a avec le calorique; telle eſt en général la cauſe de la fixation des fluides élaſtiques, & la manière de concevoir qu'ils perdent cette forme, en ſe fixant dans les corps liquides ou ſolides. On obſervera encore que chacun de ces fluides perd ou laiſſe dégager des quantités diverſes de chaleur, ſuivant qu'il devient plus ou moins ſolide dans ſa nouvelle combinaiſon, ou ſuivant que celle-ci eſt ſuſceptible de retenir ou de conserver plus ou moins de calorique spécifique. Cette observation explique la différence des combustions, relativement à leur rapidité, à la chaleur ou à la flamme qui les accompagne, à l'état plus ou moins solide ou dense du résidu, &c. phénomènes dont il sera question dans le chapitre suivant.

Enfin, si la pression & le froid sont les deux moyens de condenser tous les corps réduits en fluides élastiques, peut-être pourra-t-on parvenir, en employant l'une & l'autre très-forts, à leur faire perdre l'état de gaz, & à obtenir les bases séparées & pures, en chassant la matière de la chaleur, ou le calorique qui les tient fondues. On sauroit par ce moyen quelles sont les bases de l'air vital, du gaz azote, du gaz hydrogène, &c. Cela a déjà été fait avec succès pour le gaz acide sulfureux, que M. Monge a rendu liquide par un grand froid.

§. VI. *De la chaleur considérée comme agent chimique, & des différens moyens de l'appliquer aux corps.*

Les diverses altérations que la chaleur fait éprouver aux corps sont employées par les chimistes

chimiſtes pour parvenir ſoit à décompoſer, ſoit à combiner les différens produits naturels. La première attention qu'ils doivent avoir, c'eſt de meſurer exactement les degrés de chaleur néceſſaires pour opérer les changemens dont les matières qu'ils traitent ſont ſuſceptibles. Ils en reconnoiſſent en général deux claſſes; la première comprend les degrés de chaleur au-deſſous de l'eau bouillante, & la ſeconde renferme ceux qui ſont au-deſſus. L'échelle du thermomètre ſert à diſtinguer les uns; quant aux autres, on ne les détermine que d'après la fuſibilité connue de différentes ſubſtances.

Degrés de chaleur inférieurs à l'eau bouillante.

Le premier degré s'étend de cinq à dix au deſſus de 0, du thermomètre de Réaumur: cette chaleur favoriſe la putréfaction, la végétation, l'évaporation lente, &c. On ne s'en ſert point communément dans les opérations de chimie, parce qu'elle n'eſt pas aſſez conſidérable; elle a lieu cependant dans quelques macérations que l'on fait l'hiver. Elle eſt auſſi utile pour la criſtalliſation des diſſolutions ſalines, que l'on porte, après une évaporation convenable, dans les lieux dont la température eſt de 10 degrés tels que les caves.

Le second degré, fixé à quinze jusqu'à vingt, continue à entretenir la putréfaction. Il excite la fermentation vineuse dans les liquides sucrés. Il facilite l'évaporation, la cristallisation lente. C'est celui qui règne ordinairement dans les pays tempérés. On le met en usage pour les macérations, les dissolutions salines, les fermentations, &c.

Le troisième degré s'étend de vingt-cinq à trente; la fermentation acide ou acéteuse s'établit dans les végétaux, l'exsiccation des plantes s'y pratique avec succès. On s'en sert pour quelques dissolutions salines & pour des fermentations.

Le quatrième degré, porté à quarante-cinq, est appelé degré moyen de l'eau bouillante, c'est celui que prennent les vaisseaux appelés *bain-marie*. Il désorganise les matières animales, volatilise la partie la plus ténue des huiles essentielles, & sur-tout l'esprit recteur. On l'emploie pour la distillation des matières végétales & animales dont on veut retirer le principe odorant & le phlegme.

La chaleur de l'eau bouillante, ou le quatre-vingtième degré, sert dans les décoctions, l'extraction des huiles essentielles, &c.

Degré de chaleur au-dessus de l'eau bouillante.

Le premier degré rougit le verre, brûle les matières organisées, fond le soufre.

Le second degré fond les métaux mous, tels que le plomb, l'étain, le bismuth & les verres fusibles.

Le troisième degré produit la fusion des métaux d'une moyenne dureté, comme l'antimoine, l'argent & l'or.

Le quatrième degré cuit la porcelaine, fond les métaux réfractaires, le cobalt, le cuivre, le fer, &c.

Le dernier degré, & le plus fort de tous, existe dans le foyer du verre ardent. Cette chaleur extrême calcine, brûle & vitrifie en un instant tous les corps qui en sont susceptibles. On excite une chaleur semblable, en versant sur un charbon de l'air vital, ou gaz oxigène, à l'aide d'un soufflet ou d'un chalumeau. M. Monge pense qu'en présentant aux corps combustibles enflammés dans les fourneaux, de l'air atmosphérique comprimé, on produira un effet semblable à celui qu'excite l'air vital. Ce procédé pourra être appliqué quelques jours aux travaux en grand.

Quoique ces degrés supérieurs à celui de l'eau bouillante, soient déterminés par des phénomènes bien connus des chimistes, leur mesure n'a cependant pas toute la précision qu'on peut y désirer. Il étoit donc de la plus grande importance d'avoir un instrument capable d'indiquer avec exactitude les degrés de chaleur employés dans ces opérations. M. Wedgwood a construit en Angleterre un thermomètre de cette nature; il est formé de petits morceaux d'argile, d'un demi-pouce de diamètre. Ces pièces, contractées par la chaleur, avancent plus ou moins entre deux règles de cuivre, convergent esl'une vers l'autre, sur une plaque du même métal, & désignent ainsi par l'échelle tracée sur ces règles, le degré de contraction, & conséquemment de chaleur qu'elles ont éprouvé. (*Journ. de Ph. an.* 1787.)

La chaleur dont on a besoin dans les opérations de chimie, est produite par la combustion du charbon de bois ou du charbon de terre. On se sert pour cela de fourneaux qui ont différentes formes & différens noms, suivant leurs usages; tels sont les fourneaux de digestion, de fusion, de reverbère, le fourneau à soufflet, celui de coupelle. Souvent un seul fourneau, fait avec soin, peut remplacer tous ceux-là, & alors on l'appelle fourneau Polychreste. On peut consulter sur cet objet le Dictionnaire de chimie de Macquer, qui a imaginé un fourneau particulier, très-bon & très-utile; la chimie de M. Baumé; la Lithogéognosie de Pott; le Journal de Physique de M. l'abbé Rozier, dans lequel on trouvera la description de plusieurs fourneaux proposés par différens chimistes. On emploie aussi quelquefois la flamme de l'huile ou de l'esprit-de-vin, dans des fourneaux de lampe appropriés à cet usage.

La manière dont le feu est appliqué aux corps dans les divers procédés chimiques, mérite aussi quelques considérations. Si c'est sur la matière combustible même qu'est appliquée la substance chauffée, on opère alors à feu nud. Souvent on met un corps quelconque entre le feu & la matière qu'on y expose; de-là les dénominations de bain-marie, bain de sable, bain de fumier, bain de cendre.

La forme des vaisseaux qu'on emploie pour traiter les corps par le feu, les différens phénomènes que ces corps présentent par l'action de la chaleur, ont fait distinguer un assez grand nombre d'opérations, qui portent des noms particuliers. Telles sont le grillage, la calcination, la fusion, la réduction, la vitrification, la coupellation, la cémentation, la stratification, la détonation, la décrépitation, la fulmination, la sublimation, l'évaporation, la distillation, la rectification, la concentration, la digestion, l'infusion, la décoction, la lixiviation. Chacune de ces opérations, qui se fait à l'aide du feu, constitue la pratique de la chimie, & nous allons les faire connoître en abrégé.

Le grillage est un procédé par lequel on divise les matières minérales, on volatilise quelques-uns de leurs principes, on change plus ou moins leur nature, & on les dispose à subir d'autres opérations dont on peut le regarder comme le préliminaire. On le fait subir aux mines pour en séparer le soufre, l'arsenic, & pour en diviser les molécules. C'est dans des capsules de terre ou de fer, dans des creusets, dans des têts à rôtir, & le plus souvent avec le contact de l'air, que l'on grille les matières minérales; quelquefois on les grille dans des vaisseaux fermés, on se sert alors de deux creusets placés l'un sur l'autre.

La calcination est, pour ainsi dire, un grillage plus avancé; ainsi on enlève aux minéraux l'eau & les sels. On réduit les matières calcaires à l'état de chaux-vive, & les métaux à celui d'oxides métalliques. On emploie les mêmes vaisseaux que dans le grillage.

Par la fusion on fat passer un corps solide à l'état fluide par le feu. Les sels, le soufre, les métaux sont les principaux sujets de cette opération; des creusets d'argile cuite, de porcelaine, de grès grossier, de fer & de platine, des tutes ou creusets renflés dans leur milieu, & terminés par une patte, des cônes, des lingotières constituent l'appareil des vaisseaux nécessaires à cette opération. Ils déterminent la forme des matières fondues, coulées & refroidies en culots, en lingots, en boutons.

Dans la réduction, ou revivification, on restitue aux oxides des métaux, à l'aide du feu & du charbon ou des huiles, l'état métallique perdu par la calcination.

La vitrification est la fusion des matières susceptibles de prendre l'éclat, la transparence & la dureté du verre. Les terres vitrifiables, avec les alkalis & les oxides métalliques, y sont principalement soumis.

La coupellation est la purification des métaux parfaits, & l'extraction des métaux imparfaits, qui les altèrent par le moyen du plomb dont la vitrification entraîne celle de ces derniers, sans altérer les premiers. Le nom de cette opération vient de celui des vaisseaux qu'on y emploie. Ce sont des espèces de creusets plats, semblables à de petites coupes que l'on appelle *coupelles*, & dont la matière, qui est la terre des os, est assez poreuse pour absorber & retenir le plomb scorifié par la chaleur.

On donne le nom de *cément* aux substances en poudre, dans lesquelles on renferme exactement certains corps que l'on veut soumettre à l'action de ces substances. C'est ainsi qu'on entoure le fer de charbon en poudre, pour le convertir en acier, le verre de plâtre ou de silex pour le changer en une espèce de porcelaine. La cémentation est le procédé lui-même qui demande le concours d'un feu quelquefois très-fort.

La stratification est une opération à-peu-près semblable à la précédente ; elle consiste à arranger dans un creuset ou dans un autre vaisseau capable de résister à l'action du feu, diverses substances solides, & le plus souvent applaties en lames, avec des matières pulvérulentes destinées à altérer les premières, & à en changer la nature. La forme & la disposition de ces matières, par lits ou par couches, *strata super strata*, a fait adopter le mot de stratification. C'est ainsi qu'on traite le cuivre, l'argent avec le soufre, pour les combiner. Elle rentre dans la classe de la fusion, de la calcination, de la vitrification, &c. & n'en diffère que par l'arrangement particulier des substances qu'on y traite.

La détonation est particulière au nitre & à tous les mélanges où il entre : elle consiste dans le bruit plus ou moins fort que font entendre ces mélanges chauffés subitement ou lentement, & par degrés dans des vaisseaux ouverts ou fermés. La décrépitation, qui ne diffère de la détonation que par le bruit léger ou l'eſpèce de pétillement qu'elle préſente, eſt particulière à quelques ſels dont l'eau de la criſtalliſation s'échappant rapidement par la chaleur, briſe avec éclat les molécules criſtallines; c'eſt dans le ſel ordinaire ou muriate de ſoude, qu'on l'obſerve particulièrement. La fulmination eſt une détonation vive & ſubite; elle exiſte dans l'or fulminant, la poudre fulminante, la combuſtion du gaz inflammable & de l'air vital, &c.

On appelle ſublimation, l'opération par laquelle on volatiliſe à l'aide du feu des matières ſèches, ſolides & ſouvent criſtalliſées. Les vaiſſeaux ſublimatoires, employés pour cela ſont des terrines de terre verniſſées, des cucurbites de terre recouvertes de chapiteaux de verre, des pots de terre ou de faïance ajuſtés les uns ſur les autres, & nommés *aludels*, des matras, &c. Le ſoufre, l'arſenic, le cinabre, & beaucoup de préparations mercurielles, quelques matières végétales, & en particulier le camphre, les fleurs de benjoin, ſont les ſubſtances dont on opère communément la ſublimation.

L'évaporation eſt l'action de la chaleur ſur les liquides, dans l'intention d'en diminuer la fluidité, la quantité, & d'obtenir ſeuls les corps fixes qui y ſont diſſous. C'eſt ainſi qu'on évapore l'eau de la mer & des fontaines salées pour en retirer le sel. Cette opération se fait dans des capsules, des terrines, des évaporatoires de terre, de verre, & des bassines d'argent, suivant la nature des liquides qu'on évapore. On évapore à feu ouvert ou avec le contact de l'air, afin que l'eau, qui est le corps qu'on désire séparer & volatiliser, se répande dans l'atmosphère, que l'air lui-même facilite la volatilisation de ce fluide par la propriété qu'il a de le dissoudre.

La distillation est une opération à-peu-près semblable, que l'on fait dans des vaisseaux fermés. On l'emploie pour séparer les principes volatils des principes fixes, par le moyen du feu. Les vaisseaux distillatoires sont des alambics ou des cornues. Les premiers consistent en un vaisseau inférieur appelé *cucurbite*, destiné à contenir la matière que l'on veut distiller, & auquel est ajusté à la partie supérieure un chapiteau, dont l'usage est de recevoir le corps volatilisé, de le condenser en raison de la température refroidie par le contact de l'air, ou de l'eau qui l'environne; dans ce dernier cas, le vase qui entoure le chapiteau, & qui contient l'eau destinée à rafraîchir les vapeurs, s'appelle *réfrigérant*. Le chapiteau se termine à sa partie inférieure par un rebord ou gouttière, dont l'obliquité bien ménagée conduit à un canal qui reçoit la vapeur condensée en liquide, & la porte dans d'autres vaisseaux ordinairement sphériques, que l'on appelle *récipiens*. Ces récipiens ont différens noms d'après leur forme : on les appelle matras, ballons, &c. Les cornues sont des espèces de bouteilles de verre, de grès ou de métal, de figure conique, dont l'extrémité est recourbée, & fait un angle plus ou moins aigu avec le corps ; telle est la raison de la dénomination de cornues ou retortes. On a distingué mal-à-propos la distillation en trois espèces, savoir la distillation ascendante, *per ascensum* ; la distillation descendante, *per descensum*, & la distillation latérale, *per latus*. Ce n'est que la forme extérieure des vaisseaux qui a paru autoriser cette distinction. La matière volatilisée tend toujours à monter ; mais la distillation que l'on fait dans les alambics de verre ou de métal a reçu le nom particulier d'ascendante, parce que le chapiteau est au-dessus de la cucurbite, & que les vapeurs montent sensiblement. Celle que l'on fait dans des cornues a été appelée *latérale*, parce que le bec ou le col de ce vaisseau semble sortir du côté de l'appareil, quoique la voûte de la cornue soit plus haute que son col, & que les vapeurs n'y passent qu'après avoir été condensées par le froid extérieur dans la partie la plûs haute, ou la voûte. Quant à la distillation descendante, c'est une très-mauvaise opération, qu'on n'emploie plus du tout, parce qu'elle donne des produits en mauvais état, & parce qu'elle en fait perdre la plus grande partie. Elle se faisoit en chauffant sur une toile étendue au-dessus d'un verre à patte une matière végétale que l'on recouvroit d'un plateau de balance, ou d'une capsule de métal dans laquelle on mettoit du charbon. On distilloit ainsi dans les anciennes pharmacies & dans les parfumeries, le girofle & quelques drogues odorantes pour en avoir l'huile essentielle. Ce produit passoit à travers le linge, & tomboit dans le verre qu'on remplissoit à moitié d'eau pour refroidir l'huile; mais on perdoit la plus grande partie de cette essence qui s'échappoit entre le linge & le plateau métallique. Une distinction plus utile pour la distillation, est relative à la manière dont on chauffe les corps qu'on distille. Elle se fait ou au bain-marie, en plongeant la cucurbite dans l'eau bouillante, ou au bain de vapeur, ou au bain de sable, de cendre, ou à feu nud; on la pratique encore par le moyen de la flamme des lampes, & même par celle de l'esprit-de-vin.

La rectification est une distillation dans laquelle on se propose de purifier une matière liquide, en enlevant par une chaleur ménagée sa partie la plus volatile & la plus pure, comme on le fait pour l'esprit-de-vin, l'éther, &c. & en la séparant de la portion de matière étrangère moins volatile qui l'altéroit.

La concentration est l'inverse de la rectification, puisqu'on s'y propose de volatiliser la portion d'eau qui affoiblit les fluides que l'on veut concentrer. Elle suppose, comme l'on voit, que la matière à concentrer est plus pesante que l'eau; cette opération a lieu pour quelques acides, & en particulier l'acide sulfurique & l'acide phosphorique; on l'emploie aussi pour les dissolutions alkalines, & pour celles des sels neutres.

On appelle digestion une opération dans laquelle on expose à une chaleur douce & longtems continuée, les matières que l'on veut faire agir lentement les unes sur les autres. C'est particulièrement pour extraire des substances végétales les parties solubles dans l'esprit-de-vin ou autres fluides, qu'on se sert de la digestion. Les anciens chimistes avoient une grande confiance dans cette opération. Quoique cette confiance ait paru méritée, depuis qu'on a découvert, après de longs & pénibles travaux, qu'un feu trop actif ou trop rapide altéroit la plûpart des substances végétales

& animales, on ne la porte plus aujourd'hui jusqu'à l'enthousiasme, comme l'avoient fait les alchimistes. Ces hommes plus laborieux que leur prétendu art ne l'exigeoit, avoient la patience de faire des digestions de plusieurs années de suite, & croyoient opérer ainsi un grand nombre de merveilles. On a réduit la digestion à l'usage des teintures, des élixirs, des liqueurs de table; on s'en sert toujours avec succès, pour extraire sans altération les principes des matières végétales & animales. On l'emploie aussi avec avantage dans plusieurs opérations sur les minéraux. L'infusion est connue de tout le monde; elle consiste à verser de l'eau chaude à différens degrés jusqu'à l'ébullition sur les substances dont on veut extraire les parties les plus solubles, sur les matières dont le tissu est tendre, & se laisse facilement pénétrer, telles que les écorces minces, les bois tendres & en coupeaux, les feuilles, les fleurs, &c. Elle est très-utile pour séparer les matières très-dissolubles, & on s'en sert dans un grand nombre d'opérations chimiques.

La décoction ou l'ébullition continuée de l'eau avec tous les corps sur lesquels elle a de l'action, est employée pour séparer les parties qui ne sont dissolubles qu'à ce degré de chaleur. Elle altère beaucoup de matières végétales & animales, elle en change ſouvent les propriétés; elle coagule la lymphe, elle fond les graiſſes & les réſines, elle durcit les parties fibreuſes; mais quand on ſait apprécier tous ces effets, on l'emploie ſouvent avec avantage dans les opérations chimiques.

L'on entend par lixiviation l'opération par laquelle on diſſout, à l'aide de l'eau chaude, les parties ſalines & très-ſolubles, contenues dans des cendres, des réſidus de diſtillation, de combuſtion, des charbons, des terres naturelles dont on veut faire l'analyſe. Comme on retire preſque toujours par cette opération des ſels de la nature de ceux que l'on a appelés lixiviels, il étoit tout naturel de lui donner le nom qu'elle porte. On emploie auſſi ſouvent pour ſynonime le mot *leſſive*, qui eſt même plus en uſage aujourd'hui que celui de *lixiviation*. Cette opération n'eſt donc qu'une diſſolution faite à l'aide de la chaleur; elle ſe rapproche auſſi de l'infuſion, dont elle n'eſt diſtinguée que parce que celle-ci s'applique ſpécialement aux matières végétales & animales, tandis qu'on n'emploie la lixiviation que pour obtenir des ſubſtances qui ont les propriétés des corps minéraux.

Telles ſont toutes les différentes opérations que l'on pratique en chimie à l'aide du feu;

comme on ne faisoit rien autrefois sans cet agent, cette science n'étant alors qu'un art, portoit le nom de Pyrotechnie. Aujourd'hui on s'en sert beaucoup moins, depuis qu'on a trouvé des moyens plus sûrs & moins susceptibles d'erreurs, d'analyser les corps naturels. L'action des dissolvans ou des menstrues employés à froid, ou à la simple température de l'air, suffit souvent pour opérer les changemens les plus singuliers, & elle a le grand avantage d'éclairer la marche des expériences. C'est cette méthode qu'on suit avec succès dans l'examen des sels, des terres, des matières végétales, &c. La chaleur n'est plus qu'un moyen secondaire, une espèce d'auxiliaire destiné à favoriser les combinaisons. Comme on l'emploie à différens degrés, il seroit très-important d'avoir un procédé pour la donner toujours égale. Depuis long-tems les chimistes & les physiciens cherchent un fourneau dans lequel on puisse donner un degré de feu uniforme; l'art seul des manipulateurs a servi jusqu'a ce jour à remplir cet objet si désirable; mais on conçoit qu'il lui est impossible d'arriver à ce point de précision dont l'utilité seroit si grande. M. Black a imaginé des fourneaux qui paroissent propres à produire une chaleur réglée & uniforme, au moyen des registres qu'on ouvre ou qu'on ferme

à

à volonté ; nous n'avons point encore de renseignemens assez positifs, pour en faire construire de semblables ; mais comme l'art chimique doit gagner beaucoup à cette découverte, il faut espérer qu'elle sera bientôt répandue en France.

CHAPITRE VI.

De l'Air atmosphérique.

L'AIR commun est un fluide invisible, inodore, insipide, pesant, élastique, jouissant d'une grande mobilité, susceptible de raréfaction & de condensation, qui entoure notre globe jusqu'à une certaine hauteur, & qui constitue l'atmosphère. Il pénètre aussi & remplit les interstices, ou les pores qui existent entre les parties intégrantes des corps. L'atmosphère, telle qu'elle existe autour de notre globe, n'est pas, à beaucoup près, de l'air pur. Comme elle reçoit dans son sein toutes les vapeurs qui s'élèvent de la surface de la terre, on doit la considérer comme une espèce de cahos ou de mélange confus. Nous verrons cependant qu'on est parvenu à en reconnoître assez bien la nature. L'eau, les exhalaisons minérales, les fluides élastiques dégagés des végétaux & des métaux, sont sans cesse portés dans l'atmosphère, & en constitue, pour ainsi dire, les différens élémens. L'histoire de l'atmosphère comprend celle de sa hauteur, qui n'est point encore fixée avec précision, des variations qu'elle éprouve, de sa pesanteur, de ses différentes couches, des effets de sa raréfaction, & de sa dilatation, des vents, des météores. Tous ces objets appartiennent à cette partie de la physique, que l'on appelle *météorologie*, & ne sont point de notre ressort; mais comme l'air influe singulièrement sur les phénomènes chimiques, & qu'il est de la plus grande importance de bien connoître cette influence, nous en examinerons ici les propriétés physiques & les propriétés chimiques.

§. I. *Des propriétés physiques de l'air commun.*

Nous regardons comme propriétés physiques de l'air, sa fluidité, son invisibilité, son insipidité, sa qualité inodore, sa pesanteur & son élasticité. Chacune de ces propriétés mérite un examen particulier.

L'air est un fluide d'une telle rarité, qu'il cède facilement aux moindres efforts, & qu'il se déplace par le moindre mouvement des corps qui y sont plongés. Cette fluidité tient à son agrégation particulière; & comme on la retrouve dans d'autres corps qui ne ſont point de l'air, on a appelé ceux-ci fluides aériformes ou gaz. Il eſt de l'eſſence de l'agrégation aérienne, de ne pas pouvoir paſſer à la ſolidité, ſans altération, comme le font beaucoup de liquides, c'eſt-à-dire, qu'on ne connoît pas de preſſion ou de refroidiſſement, capables de le rendre ſolide; & tel eſt le caractère des gaz permanens. La fluidité de l'air eſt la cauſe des mouvemens fréquens & rapides qui s'y excitent & qui produiſent les vents. Cependant tous les corps ne lui livrent pas paſſage, ou ne ſe laiſſent point traverſer par l'air. Les matières tranſparentes que la lumière traverſe avec promptitude, réſiſtent à l'air qui ne peut point les pénétrer. L'eau, les diſſolutions ſalines, les huiles, l'eſprit-de-vin, paſſent à travers un grand nombre de corps, dont le tiſſu ne peut être pénétré par l'air. Il n'a point, comme ces matières liquides, la propriété de dilater ces corps, d'en agrandir les pores, & d'en relâcher le tiſſu.

L'air, renfermé dans des vaiſſeaux, eſt parfaitement inviſible; on ne peut le diſtinguer du verre qui le contient, & quoiqu'il occupe tous les eſpaces, il préſente à l'œil l'idée du vide. C'eſt ſa ténuité, & ſon extrême perméabilité par les rayons lumineux, qui le rendent inviſible; il réfrange la lumière ſans la réfléchir; il n'a donc point de couleurs, quoique quelques physiciens aient pensé que ses grandes masses étoient bleues.

On a toujours regardé l'air comme parfaitement insipide, & tous les physiciens s'accordent à lui donner ce caractère. Cependant si l'on fait attention à ce qui se passe lorsque ce fluide touche les nerfs découverts des animaux, comme cela a lieu dans les plaies, & en plusieurs autres circonstances analogues, on reconnoîtra qu'il a une sorte de saveur, & qu'elle devient peu-à-peu insensible par l'habitude. En effet, les plaies découvertes & exposées à l'air, font sentir une douleur souvent très-vive. L'enfant qui sort du sein de sa mère, & qui éprouve pour la première fois le contact de l'air, témoigne, par ses plaintes, l'impression désagréable que ce contact lui occasionne. C'est à cette espèce d'âcreté de l'air qu'il faut attribuer aussi la difficulté que les blessures ont à se cicatriser quand elles sont découvertes. On retrouve même cet obstacle à la cicatrisation de la part de l'air atmosphérique, dans les végétaux auxquels on a enlevé leur écorce, & l'on sait que la reproduction de cette enveloppe n'a lieu que lorsqu'on entoure les arbres de quelque corps qui leur ôte le contact de l'air.

L'air est parfaitement inodore; si l'atmosphère

présente quelquefois une sorte de fétidité, il faut l'attribuer aux corps étrangers qui y sont répandus, comme cela s'observe dans quelques espèces de brouillards ou de vapeurs.

La pesanteur de l'air est une des plus belles découvertes de la physique, & elle n'a été bien constatée que vers le milieu du siècle dernier, quoiqu'on assure qu'Aristote sût qu'une vessie remplie d'air étoit plus pesante que lorsqu'elle étoit vide. Les anciens n'avoient aucune idée de la pesanteur de l'air, & ils attribuoient à une espèce de qualité occulte, qu'ils appeloient horreur du vide, tous les phénomènes dus à cette pesanteur. La difficulté & l'impossibilité que des fontainiers éprouvèrent à construire une pompe qui élevât l'eau à une hauteur plus grande que trente-deux pieds, engagea ces ouvriers à consulter le fameux Galilée, que ce phénomène étonna beaucoup. La mort l'empêcha d'en découvrir la véritable raison ; mais Toricelli, son disciple, parvint après lui à cette découverte. Voici comment le raisonnement l'y conduisit. L'eau ne lui parut s'élever dans une pompe aspirante, que par une cause extérieure qui la pressoit & l'obligeoit de suivre le mouvement du piston. Cette cause étoit bornée dans son action, puisqu'elle n'élevoit l'eau qu'à 32 pieds ; si elle agissoit donc sur un fluide spécifiquement plus pesant que l'eau, elle ne devoit l'élever & le soutenir qu'à une hauteur relative à sa pesanteur. D'après ces réflexions, Toricelli prit un tube de verre, de trente-six pouces de long, bouché hermétiquement à l'une de ses extrémités ; il le remplit de mercure, en tenant son extrémité bouchée en bas, puis fermant avec le doigt l'ouverture par laquelle il avoit versé ce fluide métallique, il retourna le tube, mit son extrémité bouchée hermétiquement en haut, & plongea le bout ouvert dans une cuvette remplie de mercure ; en ôtant le doigt qui bouchoit l'extrémité ouverte, il vit alors partie du mercure contenu dans le tube, descendre & se mêler à celui de la cuvette, mai il en resta dans le tube une grande quantité qui, après plusieurs oscillations, s'arrêta à vingt-huit pouces. En comparant cette hauteur à celle de trente-deux pieds, à laquelle l'eau est élevée dans les pompes, il vit qu'elle répondoit parfaitement à la pesanteur relative de ces deux fluides, puisque celle du mercure est à celle de l'eau comme 14 est à 1, & qu'en conséquence le mercure ne s'élevoit dans le vide qu'à une hauteur quatorze fois moindre que l'eau. Ce ne fut cependant qu'après beaucoup de réflexions, qu'il soupçonna que la pesanteur de l'air étoit la cause de cette suspension des fluides dans les pompes; & cette pesanteur ne fut véritablement reconnue que d'après l'ingénieuse expérience que Pascal fit faire en France.

Ce physicien célèbre imagina que, si l'eau étoit soutenue à 32 pieds dans les pompes, & le mercure à 28 pouces dans le tube de Toricelli par la seule pesanteur de l'air, ces hauteurs de suspension des fluides devoient varier comme celles de l'air, & qu'elles ne devoient pas être les mêmes sur une montagne & dans une profondeur, puisque, dans le premier cas, la colonne d'air est moins haute, & conséquemment moins pesante que dans le second. D'après cette idée de Pascal, Perrier fit, le 19 septembre 1648, au pied de la montagne du Puy-de-Dôme en Auvergne, & sur son sommet, l'expérience fameuse qui a fixé pour jamais l'opinion de tous les physiciens. Le baromètre ou le tube de Toricelli rempli de mercure, & fixé sur une échelle de 34 pouces, divisée par pouces & par lignes, présenta dans la hauteur de la colonne de mercure une variation de plus de 4 pouces du pied du Puy-de-Dôme jusqu'à son sommet, élevé de 500 toises. On reconnut alors que le mercure varioit environ d'un pouce par cent toises, & depuis l'on s'est servi, avec beaucoup de succès, de cet instrument, pour mesurer la hauteur des montagnes.

La pesanteur de l'air influe sur un grand nombre de phénomènes physiques & chimiques; elle comprime tous les corps, & s'oppose à leur dilatation; elle met un obstacle à l'évaporation & à la volatilisation des fluides; c'est elle qui retient l'eau des mers dans son état de liquidité, puisque, sans son existence, ce liquide se réduiroit en vapeurs, comme on l'observe dans le vide produit par la machine pneumatique. L'air, en gravitant sur nos corps, retient les fluides qui y circulent, en comprimant les vaisseaux sanguins & lymphatiques dont il conserve le diamètre. C'est pour cela que cette pesanteur & cette compression venant à diminuer considérablement sur les montagnes, le sang s'échappe souvent par les ouvertures de la peau ou des poumons, & occasionne des hémorragies.

Enfin, l'air jouit d'une grande élasticité; il est susceptible d'être fortement comprimé, & se rétablit promptement dans son premier état, dès que la cause qui le comprime vient à cesser. Un grand nombre d'expériences prouvent la vérité de cette assertion. Nous ne ferons mention ici que des principales & des plus démonstratives qu'on emploie en physique. On comprime dans un tube de verre recourbé l'air qui y est contenu par le moyen du mercure qu'on y verſe, & on peut même connoître par ce procédé la compreſſibilité dont ce fluide élaſtique eſt ſuſceptible, en comparant la diminution de ſon volume à la hauteur de la colonne de mercure que l'on emploie. Le ballon rempli d'air, avec lequel les enfans jouent, & qui bondit en tombant ſur des corps durs, eſt encore une preuve de cette élaſticité. Il en eſt de même de la fontaine de compreſſion, dans laquelle l'air, refoulé au-deſſus de l'eau, par le moyen d'une pompe, reprend enſuite ſon état de dilatation fixée par la hauteur & par la chaleur de l'atmoſphère, & pouſſe l'eau à une certaine hauteur par la preſſion qu'il y exerce. Enfin, le fuſil à vent, dont tout le monde connoît les effets, démontre auſſi la compreſſibilité & l'élaſticité de l'air : on eſtime que l'air peut être réduit par la compreſſion à $\frac{1}{128}$ de ſon volume.

La chaleur qui le raréfie, ou qui agit ſur lui d'une manière inverſe à la compreſſion, prouve qu'il eſt également ſuſceptible d'acquérir un très-grand volume. Lorſqu'on expoſe une veſſie pleine d'air ſur un fourneau allumé, l'air ſe dilate au point de faire crever la veſſie avec une exploſion violente. C'eſt à ce phénomène que ſont dues les exploſions des vaiſſeaux & des appareils qu'on obſerve ſouvent en chimie, & contre leſquels l'art a trouvé le moyen de ſe mettre en garde. La diminution de la pesanteur de l'atmosphère, & sa soustraction totale qui a lieu dans la machine pneumatique, produisent le même effet sur une vessie pleine d'air qu'on y enferme.

On conçoit, d'après ces détails sur la pesanteur & l'élasticité de l'air, que ces propriétés doivent entrer pour beaucoup dans les causes des variations multipliées de l'atmosphère & de la marche du baromètre. En effet, les couches inférieures de l'atmosphère supportent le poids des couches supérieures ; elles sont dans un état de compression qui diminue à mesure que l'on s'élève; la chaleur qui varie continuellement, modifie aussi cette pesanteur, cette élasticité. C'est pour cela que, sur les hautes montagnes, on trouve l'air plus léger, plus vif, plus agité, &c. & c'est dans ces rapports de la chaleur, de la pesanteur, de l'élasticité combinées de l'atmosphère, qu'on doit étudier les phénomènes singuliers que présente le baromètre aux observateurs. M. de Luc & M. de Saussure se sont beaucoup occupés de cet objet important depuis quelques années.

§. II. *Des propriétés chimiques de l'Air commun.*

Les propriétés que nous venons de faire connoître étoient les seules dont traitoient autrefois les physiciens. Quelques chimistes, à la tête desquels doivent être placés Vanhelmont, Boyle & Hales, s'étant apperçus qu'on retiroit de l'air, ou au moins un fluide qui en avoit tous les caractères apparens, dans l'analyse de beaucoup de substances naturelles, ont pensé que cet élément se combinoit & se fixoit dans les corps; telle est l'origine du nom d'*air fixé*, que l'on a donné d'abord aux fluides élastiques que l'on obtient dans les opérations chimiques. Ces premiers physiciens regardoient ces fluides comme de l'air; mais Priestley a trouvé plusieurs corps qui ont l'apparence de l'air commun, & qui cependant en diffèrent à beaucoup d'égards. Il est donc nécessaire actuellement d'avoir recours à d'autres caractères ou à d'autres qualités, pour reconnoître l'air d'avec les fluides aériformes, qui lui ressemblent par leur invisibilité & leur élasticité. Les propriétés chimiques sont seules capables de constituer des caractères capables de le faire distinguer.

En recherchant quelles peuvent être les propriétés distinctives de l'air, nous en trouvons deux bien capables de le caractériser, & qui lui appartiennent exclusivement; l'une est de favoriser la combustion, ou l'inflammation des corps combustiblas; l'autre est d'entretenir la vie des animaux, en servant à leur respiration. Examinons donc avec soin l'un & l'autre de ces grands phénomènes.

Il est fort difficile de bien définir la combustion ; c'est un ensemble de phénomènes que présentent les matières combustibles, chauffées avec le concours de l'air, & dont les principaux sont la chaleur, le mouvement, la flamme, la rougeur & le changement de nature de la matière brûlée. On doit distinguer un grand nombre de différences entre tous les corps combustibles; les uns brûlent vivement, avec une flamme brillante, comme les huiles, les bois, les résines, les bitumes, &c. d'autres s'embrasent sans flamme bien sensible, comme plusieurs métaux & les charbons bien faits; quelques-uns se consument par un mouvement lent, peu apparent, & sans s'embraser sensiblement, mais toujours avec chaleur, comme on l'observe dans quelques matières métalliques. La combustion, dans tous ces cas, a également lieu; le corps qui a brûlé ne peut plus s'enflammer de nouveau. Ce résidu de la combustion est toujours plus pesant qu'il n'étoit avant d'être brûlé, & cela est très-facile à prouver pour tous les corps combustibles fixes; tous ceux au contraire dont la matière inflammable est volatile, s'enflamment avec plus de rapidité que les premiers, & leur résidu fixe a perdu la plus grande partie de ſon poids; telles ſont les huiles. On croiroit que ceux-ci perdent beaucoup de leur poids en brûlant; mais cette différence n'exiſte véritablement qu'en apparence; car il n'y a pas de corps combuſtibles dont les réſidus ne ſoient plus peſans qu'ils ne l'étoient avant leur combuſtion. Pour bien concevoir cette importante vérité, il faut faire attention que ce qui reſte fixe après une combuſtion, n'eſt pas le ſeul réſidu du corps combuſtible, & que tous ceux de ces derniers qui ſont volatils, ſe changent par la combuſtion en fluides élaſtiques qui s'échappent & ſe perdent dans l'atmoſphère; de ſorte que, ſi on ne comptoit pour leur réſidu que ce qui reſte dans le lieu ou dans le vaiſſeau qui le contenoit pendant leur combuſtion, ils paroîtroient n'en avoir aucun, & être entièrement anéantis, ce qui eſt impoſſible. C'eſt ainſi que l'eſprit-de-vin & l'éther brûlent ſans laiſſer de trace dans les vaiſſeaux où ils étoient contenus; mais la matière dans laquelle ils ſe ſont changés par leur combuſtion, eſt volatiliſée & répandue dans l'atmoſphère. Si l'on emploie un moyen capable de raſſembler ce produit, on trouve bientôt qu'il a plus de peſanteur que le corps combuſtible n'en avoit. Ainſi, en brûlant ſous une cheminée adaptée à un ſerpentin, ſeize onces d'esprit-de-vin très-sec & très-rectifié, M. de Lavoisier a obtenu dix-huit onces d'eau, pour produit de cette combustion; le même phénomène a lieu dans les huiles, les résines, &c. Ainsi la cendre qui reste après la combustion du bois, n'est pas le véritable résidu de la matière combustible des végétaux. Ce résidu s'est dissipé dans l'air; une partie qui n'a point été entièrement brûlée, constitue la suie, une autre s'est répandue dans l'atmosphère, s'y est condensée en eau, ou y a déposé des fluides élastiques de différentes natures. C'est donc une vérité chimique constante, que l'augmentation de pesanteur a lieu dans tous les corps combustibles qui brûlent.

L'explication de cette augmentation de poids appartient entièrement à un second phénomène de la combustion, qu'il faut examiner dans le plus grand détail. La combustion ne peut jamais avoir lieu sans le concours de l'air, & elle ne se fait jamais qu'en raison de la quantité & de la pureté de ce fluide. Cette nécessité absolue de l'air dans la combustion, a frappé les physiciens depuis Boyle & Hales, & chacun d'eux a proposé son opinion sur ce sujet. Boerhaave croyoit que c'étoit en s'appliquant à la surface des corps combustibles, & en disséquant, pour ainsi dire, ces corps molécules à molécules, que l'air favorisoit la combustion. On ne conçoit pas, dans cette hypothèse, pourquoi le même air ne peut pas toujours servir à la combustion. M. de Morveau a cru que ce dernier phénomène dépendoit de la trop grande raréfaction de l'air, & qu'en raison de l'élasticité qu'il acquéroit par la chaleur, il comprimoit trop fortement les corps enflammés, & en arrêtoit la combustion; mais il donnoit cette explication ingénieuse dans un temps où il étoit impossible de reconnoître la véritable cause de ce phénomène. M. Lavoisier, par de belles expériences sur la *calcination* des métaux dans des quantités déterminées d'air, a prouvé, comme le médecin Jean Rey l'avoit apperçu long-temps auparavant, qu'une partie de l'air est absorbée pendant la calcination, que le métal *calciné* acquiert autant de poids que l'air en perd, & que la *chaux* métallique contient véritablement cette portion d'air, puisqu'on peut réduire celle de mercure, en dégageant simplement ce fluide à l'aide de la chaleur. D'autres faits l'ont conduit encore plus loin; il a observé, avec Priestley, que l'air, résidu de la *calcination* & de la combustion, ne peut plus servir à de nouvelles combustions; qu'il éteint les corps enflammés, qu'il suffoque les animaux; en un mot, que ce n'est pas de véritable air, &c. & qu'il est exactement diminué dans la proportion de la quantité qui a été absorbée par le corps combustible. D'un autre côté, l'air retiré de la *chaux* métallique a été trouvé trois ou quatre fois plus pur que celui de l'atmosphère; puisque non-seulement il peut servir à la combustion, mais encore il la rend beaucoup plus rapide qu'elle ne l'est dans l'air atmosphérique; une quantité donnée de ce fluide sert à l'inflammation & à la combustion totale de trois ou quatre fois plus de matière combustible. Ce singulier fluide retiré des *chaux* de mercure, a été appelé *air déphlogistiqué* par M. Priestley qui l'a découvert, parce qu'il a cru que c'étoit une partie de l'air atmosphérique dont le phlogistique, toujours contenu, suivant lui, dans l'atmosphère, a été totalement enlevé & absorbé par la *chaux* de mercure qui se réduit à mesure qu'on en dégage ce fluide élastique par la chaleur. Mais comme cette dénomination peut donner une fausse idée de la nature de ce fluide élastique, nous adopterons les noms d'air vital, parce qu'il est le seul qui puisse servir véritablement à la combustion & à la respiration, & parce qu'il est, pour nous servir de l'expression de M. Lavoisier, quatre fois plus air que l'air commun, &c.

D'après

D'après cette néceſſité abſolue de l'air pour la combuſtion & la préſence d'une partie de cet air dans les chaux métalliques, M. Lavoiſier a penſé d'abord que la combuſtion ne conſiſtoit que dans l'abſorption de l'air pur par le corps combuſtible. Il a regardé l'air de l'atmoſphère, abſtraction faite de l'eau & des différentes vapeurs qui y ſont contenues, comme un compoſé de deux fluides élaſtiques, très-différens l'un de l'autre. L'un, qui eſt le véritable & le ſeul air, & qui peut ſeul ſervir à la combuſtion, par la propriété qu'il a de ſe précipiter dans les corps combuſtibles, & de s'unir avec eux, eſt l'air vital; il fait au moins le quart, & va quelquefois juſqu'au tiers de l'atmoſphère, lorſque celle-ci n'eſt point altérée. L'autre eſt un fluide délétère pour les animaux, qui éteint les corps enflammés, & qui conſtitue les trois quarts ou les deux tiers de l'atmoſphère; il l'a d'abord appelé mofette atmoſphérique; lorſqu'on allume un corps combuſtible en contact avec l'air, la portion d'air vital que l'atmoſphère contient, ſe fixe dans ce corps, ſa combuſtion continue juſqu'à ce qu'il n'y ait plus d'air vital dans ce fluide, & elle s'arrête lorſque tout eſt abſorbé. Alors le réſidu de l'air privé de cette partie pure & vitale, ne peut plus ſervir à de nouvelles combuſtions; on lui rend cette propriété, en ajoutant à cette moſette atmoſphérique une portion d'air pur tiré d'une chaux métallique ou du nitre, égale à celle qui a été abſorbée par la combuſtion. Cette belle théorie, propoſée en 1776 & 1777, par M. Lavoiſier, ſembloit expliquer tous les phénomènes de la combuſtion; elle rendoit raiſon de la peſanteur des chaux métalliques, & de l'extinction des corps combuſtibles dans l'air déjà employé à la combuſtion; mais M. Lavoiſier a cru devoir la modifier, & y ajouter de nouvelles obſervations, d'après les nombreuſes expériences qu'il n'a ceſſé de faire ſur cet objet. La flamme éclatante que l'on obſerve en plongeant un corps en combuſtion dans l'air vital, ou en verſant ce fluide à la ſurface d'une matière déjà allumée, à l'aide d'une ingénieuſe machine qu'il a imaginée pour cela, l'a engagé à rechercher quelle pouvoit en être la cauſe, & ſi elle n'étoit point due au dégagement du *phlogiſtique* en feu libre, ſuivant la théorie de Stahl. Il a fait d'autant plus d'attention à cet objet, que le célèbre Macquer n'avoit pas abandonné la théorie de Stahl, malgré les nouvelles découvertes, & avoit lié ſa doctrine avec celle du créateur de la chimie philoſophique. En effet, Macquer a penſé que, ſi l'air vital ſe fixoit dans les corps combuſtibles, cela ne ſe faiſoit qu'à meſure que le phlogiſtique s'en dégageoit; il avoit regardé l'air pur & le phlogiſtique comme ſe précipitant réciproquement l'un & l'autre dans toute combuſtion; le phlogiſtique étoit, ſuivant lui, dégagé en feu libre par l'air pur qui en prenoit la place; & lorſqu'on réduiſoit les métaux, le phlogiſtique dégageoit à ſon tour l'air pur, & ſe fixoit dans les chaux métalliques. M. Lavoiſier obſervant que l'éclat de la flamme dont nous avons fait mention, & qui indique trop manifeſtement la préſence de la lumière, ou de la matière du feu en action, pour qu'on puiſſe la nier, paroiſſoit plutôt environner l'extérieur du corps combuſtible, que s'en dégager, a penſé qu'en effet la lumière & la chaleur ſe ſéparent de l'air vital, à meſure que le corps combuſtible brûle & abſorbe une partie de l'air. Il penſe aujourd'hui que l'air vital eſt comme tous les autres fluides aériformes, un composé d'un principe particulier, ſuſceptible de devenir ſolide, & de la matière de la chaleur ou du feu; qu'il doit ſon état de fluide élaſtique à la préſence de cette dernière; qu'il eſt décompoſé dans la combuſtion; que ſon principe fixe & ſolide s'unit au corps combuſtible, en augmente le poids & en change la nature; tandis que la matière du feu ſe dégage ſous la forme de lumière & de chaleur. Ainſi, ce que Stahl attribuoit au corps combuſtible, la doctrine moderne le tranſporte à l'air vital; c'eſt ce dernier qui brûle, plutôt que le corps combuſtible, ſi la combuſtion conſiſte dans le dégagement du feu; à l'égard du principe qui, uni à la matière du feu, conſtitue l'air pur ou vital, quoique M. Lavoiſier n'en ait pas encore reconnu exactement la nature, comme il eſt démontré qu'il forme très-ſouvent des acides en ſe combinant avec les corps combuſtibles, il lui a donné le nom de principe *oxigène* (1). C'eſt cette baſe qui donne naiſſance aux acides ſulfurique, arſenique, phoſphorique, &c. dans la combuſtion du ſoufre, de l'arſenic, du phoſphore, &c. Il eſt toujours le même dans tous ces corps. Il faut obſerver que, dans cette nouvelle théorie, l'air vital que l'on retire des chaux métalliques, n'y étoit pas tout contenu, & qu'on ne l'obtient tel que parce que l'oxigène, uni aux métaux, ſe combine avec la matière de la chaleur & de la

---

(1) M. Lavoiſier l'avoit d'abord appelé *oxigyne*; mais la néceſſité d'employer une dénomination analogue pour quelques autres matières mal nommées, nous a déterminés à changer la terminaiſon en *gène*, qui exprime mieux ſon étymologie grecque.

lumière qui traverse les vaisseaux dans lesquels on chauffe la chaux de mercure, &c.

Tel est aujourd'hui l'état de la science chimique sur la nature de l'air atmosphérique, sur son influence dans la combustion. La théorie que nous venons d'exposer, prend tous les jours de nouvelles forces; les objections des personnes qui ne l'admettent point encore, n'y ont porté aucune atteinte; elles prouvent même qu'avec une connoissance plus exacte de l'ensemble de cette théorie, les chimistes qui la combattent sentiroient l'insuffisance des difficultés qu'ils y opposent, & que lorsque cette connoissance sera plus répandue, tous les savans seront nécessairement d'accord.

La respiration est un phénomène très-analogue à la combustion. Comme cette dernière, elle décompose l'air commun; elle ne peut se faire qu'en raison de l'air vital contenu dans l'atmosphère; lorsque tout cet air est détruit, les animaux périssent dans la *mofette* qui en est le résidu.

C'est une combustion lente, dans laquelle une partie de la chaleur de l'air vital passe dans le sang qui parcourt les poumons, & se répand avec lui dans tous les organes; c'est ainsi que se répare la chaleur animale qui est continuellement enlevée par l'atmosphère, & les corps environnant. L'entretien de la chaleur du sang est donc un des principaux usages de la respiration, & cette belle théorie explique pourquoi les animaux qui ne respirent point d'air, ou qui ne le respirent que très-peu, ont le sang froid.

MM. Lavoisier & de la Place ont découvert un second usage de l'air dans la respiration; c'est d'absorber un principe qui s'exhale du sang, qui paroît être de la même nature que le charbon. Ce corps, réduit en vapeurs, se combine avec l'oxigène de l'air vital, & forme l'acide carbonique qui sort des poumons par l'expiration. Cette formation de l'acide carbonique, qui a lieu dans l'air atmosphérique respiré par les animaux, en même temps que la séparation de la *mofette*, éclaire sur les dangereux effets qui résultent d'un trop grand nombre de personnes enfermées dans des endroits resserrés, comme cela a lieu dans les spectacles, dans les hôpitaux, dans les prisons, dans la cale des vaisseaux, &c. On ne sera point étonné, d'après cela, des effets nuisibles de l'air altéré par la respiration, qui agit particulièrement sur les personnes délicates & sensibles.

Deux phénomènes très-multipliés tendent donc à altérer continuellement l'air qui environne notre globe, la combustion & la respiration. Ce fluide seroit bientôt insuffisant pour l'entretien de ces deux actions naturelles, s'il n'existoit pas d'autres phénomènes susceptibles de renouveler l'atmosphère, & de la recomposer, en lui restituant l'air vital qui est sans cesse absorbé & combiné. Nous verrons dans le chapitre suivant & dans la troisième partie des élémens, que les végétaux ont des organes très-étendus, destinés par la nature à retirer cet air vital de l'eau, & à le verser dans l'atmosphère, lorsqu'ils sont frappés par les rayons du soleil.

§. III. *Des caractères de la mofette, ou du gaz azote, qui fait partie de l'atmosphère.*

Il résulte de tous les détails précédens, que l'air atmosphérique est un composé de deux gaz, ou fluides élastiques; l'un qui entretient la combustion & la respiration; l'autre, qui ne peut servir ni à l'un ni à l'autre de ces phénomènes. Le premier, qui est appelé *air vital*, est dans la proportion de 0,27 ou 0,28; l'autre, monte à 0,73 ou 0,72. Nous avons dit que le premier étoit un composé de calorique, de lumière & d'oxigène; le second est aussi, comme tous les corps gazeux, un composé de calorique, d'une base susceptible de devenir solide. Ce fluide élastique, qui forme plus des deux tiers de l'air atmosphétique, a d'abord été appelé *mofette* par M. Lavoisier, parce qu'il éteint les corps en combustion & tue les animaux; mais comme tous les gaz, excepté l'air vital & l'air atmosphérique, sont également nuisibles, & comme le nom de *mofettes* ou *méphites*, est une expression générale qui leur appartient également, & qui a toujours été donnée aux fluides élastiques non respirables, nous avons adopté le mot de *gaz azote* pour ce fluide aériforme; & cette dénomination nous a permis d'appliquer le mot *azote* seul à la base de ce gaz qui, comme celle de l'air vital ou l'oxigène, se fixe en se combinant avec plusieurs substances. Pour donner ici quelques connoissances sur la nature de ce gaz azote, nous décrirons quelques-unes de ses propriétés. Ce gaz est un peu plus léger que l'air atmosphérique, & il occupe le haut des salles où l'air est altéré par la respiration & par la combustion. Quoique très-nuisible aux animaux dans son état de fluide élastique, sa base ou l'azote est un des matériaux de leur corps; on l'en retire en très-grande quantité. Elle est une des parties constituantes de l'alkali volatil ou ammoniaque, & de l'acide nitrique. Il paroît qu'elle est absorbée par les végétaux, & peut-être même par les animaux. Il est aussi très-vraisemblable qu'elle forme un des principes de tous les alkalis, & qu'on pourra la regarder comme un véritable *alkaligène*, opposé à la base de l'air vital, qui, comme nous l'avons dit, est l'*oxigène*. L'atmosphère seroit donc, d'après ces considérations, un réservoir immense des principes *acidifiant* & *alkalifiant*, sans être elle-même ni acide ni alkaline.

Toutes ces propriétés ne peuvent être qu'énoncées ici; elles seront démontrées & exposées beaucoup plus en détail dans d'autres chapitres; nous avons seulement voulu faire connoître la différence qui existe entre les deux fluides élastiques, qui constituent l'air atmosphérique, & fixer l'attention sur la nature de chacun d'eux.

CHAPITRE VII.

De l'Eau.

L'EAU avoit toujours été regardée comme un élément jouant un des plus grands rôles dans presque tous les phénomènes naturels, susceptible de se présenter sous un grand nombre de formes, d'entrer dans beaucoup de combinaisons, inaltérable en lui-même, & reprenant toujours son premier état; mais les recherches nouvelles de MM. Lavoisier, Meunier, de la Place & Monge, démontrent qu'il en est de l'eau comme de l'air, & qu'elle est formée de principes plus simples qu'on peut obtenir séparés. Cette importante découverte constitue une des plus brillantes époques de la chimie; nous verrons plus bas comment les physiciens qui viennent d'être cités, sont parvenus à analyser l'eau; il faut considérer auparavant les propriétés physiques de ce corps.

§. I. *Des propriétés physiques de l'eau.*

Les physiciens définissent l'eau un fluide insipide, pesant, transparent, sans couleur, sans élasticité, jouissant d'une grande mobilité, & susceptible de prendre différens états d'agrégation, depuis la glace la plus solide, jusqu'à celui de vapeur ou de fluide élastique.

On la trouve dans presque tous les corps naturels, quoique l'art n'ait pas encore pu parvenir à la combiner avec plusieurs substances auxquelles la nature l'unit tous les jours. On la retire des bois, des os les plus solides; elle existe dans des pierres calcaires très-dures & très-compactes; elle forme la plus grande partie des fluides végétaux & animaux; elle est combinée dans leurs organes solides. Tels étoient les faits d'après lesquels on la comptoit au nombre des élémens.

Le naturaliste la considère dans ses masses placées sur le globe, en remplissant les cavités & en sillonnant la surface. Son histoire naturelle comprend celle des glaces éternelles, des montagnes & de quelques mers, des lacs, des fleuves, des rivières, des ruisseaux, des sources, des nuages, des pluies, de la grêle, de la neige. On distingue les eaux terrestres & les eaux atmosphériques. On examine ses mouvemens, son passage successif de la surface du globe dans l'atmosphère, de celle-ci sur les montagnes; on l'observe se rassemblant en torrens, donnant naissance aux sources, aux fontaines, aux fleuves, & de-là précipitant sa course dans les mers qui en sont le grand réservoir. En observant les phénomènes de celles-ci, on voit ses grands mouvemens, ses agitations, son balancement, ses courans, former peu-à-peu des montagnes, détruire des rivages, en laisser plusieurs à découvert, élever tout-à-coup des îles, en submerger d'autres; enfin, on reconnoît bientôt l'eau comme un des grands agens de la nature. Si l'on se transporte dans les cavités souterraines, on la rencontre agissant moins en grand, travaillant à la production des sels, des cristaux, les déposant dans les fentes des rochers. Tous ces objets comprennent l'histoire naturelle de l'eau ; mais ils ne peuvent être bien saisis qu'après avoir étudié les propriétés physiques & chimiques de ce corps.

La plus frappante & la plus singulière de ces propriétés, c'est d'affecter différentes formes, & de se présenter sous les états de glace, de liquide & de vapeurs. Considérons-la dans ces trois modifications.

De l'Eau dans son état de glace.

La glace paroît être l'état naturel de l'eau, puisque l'état naturel d'un corps, au moins considéré chimiquement, est celui dans lequel il a la plus forte agrégation possible. Mais comme elle est plus abondante dans son état liquide, on a continué de regarder ce dernier comme l'état naturel de l'eau.

La formation de la glace offre des phénomènes importans à connoître.

1°. Il se produit une chaleur de quelques degrés au thermomètre de Réaumur, dans l'eau qui se gèle, parce que c'est un corps liquide qui devient solide. Ce thermomètre, plongé dans l'eau qui se congèle, monte plus ou moins au-dessus de o, quoiqu'un autre placé dans l'atmosphère froide au point de faire geler l'eau, reste toujours à o, ou même au-dessous. Il paroît donc qu'une partie de la chaleur fixée dans l'eau liquide, se dégage & l'abandonne quand elle passe à la solidité; aussi la glace a-t-elle une chaleur spécifique inférieure à celle de l'eau liquide. On observe la même chaleur dans la cristallisation des sels.

2°. L'accès de l'air favorise la production de la glace; de l'eau bien enfermée ne se gèle que très-lentement; dès qu'on débouche le vaisseau où elle est contenue, elle se gèle beaucoup plus facilement, & quelquefois dans l'instant même où elle prend le contact de l'air. Ce phénomène ressemble à ce qui se passe dans la cristallisation des sels; souvent des dissolutions salines, contenues dans des capsules bouchées, présentent une cristallisation subite, dès qu'on enlève le couvercle, & qu'on leur donne le contact de l'air.

3°. Un léger mouvement accélère aussi cette formation. On observe encore la même chose dans les cristallisations salines. En agitant certaines dissolutions qui ne fournissoient point de cristaux, on voit quelquefois ces derniers se former pendant que l'agitation a lieu. Nous avons plusieurs fois vu ce phénomène dans les dissolutions de nitrate & de muriate calcaires. Ces analogies entre la formation de la glace & celle des cristaux salins, prouvent que la première est une véritable cristallisation.

4°. La glace paroît avoir plus de volume que l'eau avant d'être gelée, & elle fait casser les vaisseaux de verre dans lesquels elle se forme; ce n'est point l'eau elle-même qui a acquis plus de volume dans ce cas, mais c'est à l'air séparé de ce liquide par sa congellation, qu'il faut attribuer cette dilatation.

La glace, une fois formée, se distingue par les propriétés suivantes.

1°. Lorsque la congellation a été lente, elle offre des aiguilles qui se joignent sous un angle de soixante ou cent vingt degrés, suivant l'observation de M. de Mairan; quelquefois elle présente même une cristallisation régulière que l'on peut déterminer. M. Pelletier, élève de M. d'Arcet, & membre du collége de pharmacie, a trouvé dans un morceau de glace fistuleux des cristaux en prismes quadrangulaires aplatis, terminés par deux sommets dièdres, mais avec beaucoup de variétés. Si au contraire l'eau se gèle subitement & en grande masse, elle ne forme qu'un solide irrégulier, comme cela a lieu dans les dissolutions salines trop rapprochées, & refroidies trop promptement.

2°. Sa solidité est telle qu'on peut la réduire

en pouſſière, & qu'elle eſt emportée par le vent. Dans les pays très-froids, la glace eſt ſi dure, qu'on la taille comme des pierres, & qu'on en conſtruit des édifices. On aſſure même qu'on a creuſé des canons de glace, & qu'on les a chargés de poudre, & tirés pluſieurs fois avant qu'ils ſe fondiſſent.

3°. Son élaſticité eſt très-forte & beaucoup plus marquée que celle de l'eau fluide. Tout le monde ſait qu'une bille de glace, jetée ſur un plan ſolide, bondit auſſi bien que tous les corps durs.

4°. Elle a une ſaveur très-vive & voiſine de la cauſticité. L'impreſſion de la glace appliquée ſur la peau, eſt connue de tous les hommes. Les médecins l'emploient comme tonique, diſcuſſive, &c.

5°. Elle a moins de peſanteur que l'eau fluide qu'elle ſurnage. Ce phénomène paroît dépendre de la grande quantité d'air interpoſé qu'elle contient. Au reſte, beaucoup de corps concreſcibles par le froid, & fuſibles par la chaleur, jouiſſent de cette propriété; on l'obſerve dans le beurre, les graiſſes, la cire, &c. &c. & c'eſt toujours à l'air interpoſé entre leurs molécules qu'elle eſt due; car toute ſubſtance, conſidérée en elle-même, eſt plus denſe & plus peſante dans ſon état de ſolidité, que lorſqu'elle eſt fluide.

6°. Sa tranſparence eſt troublée par des bulles d'air, au moins dans les maſſes de glace qui ſont informes & non criſtalliſées. On peut s'en convaincre en examinant avec attention un morceau de glace ; & en perçant ſous de l'eau fluide les cavités que l'œil y apperçoit, on voit l'air ſortir en bulles très-ſenſibles.

7°. Elle ſe fond à quelques degrés au-deſſus de o ; dès que la température à laquelle on expoſe de la glace, eſt au-deſſus de o du thermomètre de Réaumur, elle ſe fond peu-à-peu de ſa ſurface à ſon centre.

8°. En paſſant de l'état ſolide à l'état liquide, elle produit du froid dans l'atmoſphère environnante. Les chimiſtes modernes penſent qu'elle abſorbe de la chaleur en ſe fondant, & que cette abſorption eſt égale, pour la quantité de calorique qui s'y fixe, à celle de la chaleur qui s'en dégage lorſqu'elle ſe gèle. Ce phénomène lui eſt commun avec tous les corps ſuſceptibles de ſe condenſer & de ſe fondre, ſuivant les températures diverſes auxquelles on les expoſe.

De l'Eau liquide.

L'eau liquide jouit de propriétés fort différentes de celles de la glace.

1°. Sa ſaveur eſt beaucoup moins forte, puiſqu'on

qu'on la regarde communément comme insipide, quoique les buveurs d'eau sachent y distinguer des nuances qui démontrent sa sapidité.

2°. Son élasticité est moindre ; on l'a même niée depuis les expériences de l'académie *del Cimento* ; dans ces expériences, les sphères métalliques remplies d'eau & soumises à l'effort d'une presse, occupent moins de volume, & l'eau qui ne se laisse pas comprimer coule en gouttelettes. M. l'abbé Mongez a cependant fait voir que l'eau liquide est légèrement compressible.

3°. Son état d'agrégation liquide rend sa force de combinaison plus énergique. C'est d'après cela qu'on l'a nommée le grand dissolvant de la nature. En effet, elle s'unit à un très-grand nombre de corps, & elle favorise même singulièrement leur combinaison réciproque.

4°. Elle paroît ne point s'unir avec la lumière, qui ne fait que la traverser. On sait que cette dernière se rapproche de la perpendiculaire, par les réfractions qu'elle éprouve en passant dans l'eau.

5°. La chaleur la dilate & la met dans l'état de gaz. C'est ce passage de l'état liquide à celui de fluide aériforme, qui constitue son ébullition. Ce phénomène dépend de ce qu'une partie de l'eau, ayant pris la forme de fluide élastique, devient insoluble dans celle qui n'est que liquide,

& dont la chaleur ne permet pas à la première d'y rester dissoute & de faire corps avec elle ; chaque bulle part du fond du vaisseau où l'on fait chauffer l'eau, & vient crever à sa surface, pour se répandre dans l'atmosphère qui la dissout à mesure. Nous avons expliqué fort en détail la cause de l'ébullition, dans les Mémoires de Chimie que nous avons publiés en 1784. *Voyez Mém. & Observ. de Chim. Paris, Cuchet*, 1784, *page* 334.

La pesanteur de l'air influe singulièrement sur l'ébullition de l'eau. Elle oppose un obstacle à sa dilatation & à sa vaporisation ; plus elle est considérable, & plus l'eau éprouve de résistance, lorsqu'elle tend à se volatiliser ; à mesure qu'elle diminue, l'eau étant moins comprimée, se raréfie avec plus de facilité. Telle est la cause de l'observation de Fahrenheit, qui a découvert que l'eau bouillante ne marquoit pas toujours la même température au thermomètre. Il faudroit donc consulter l'élévation du mercure dans le baromètre, pour connoître avec plus de précision le degré de chaleur de l'eau bouillante, & on trouveroit un rapport entre la marche du thermomètre & celle du baromètre, relativement à ce phénomène.

Cette influence de la pesanteur de l'air sur la raréfaction & l'ébullition de l'eau, doit spécialement avoir lieu à différentes hauteurs de l'atmosphère. Ainsi, il est vrai de dire que l'eau, toutes choses d'ailleurs égales, doit bouillir plus facilement, & à un moindre degré de chaleur sur les montagnes, que dans les vallées & dans les plaines. Tous les fluides se raréfient très-promptement à de grandes hauteurs; c'est pour cela que les liqueurs très-évaporables & très-volatiles, comme l'esprit-de-vin, l'éther, le gaz alkalin ou ammoniaque, perdent la plus grande partie de leur force sur les hautes montagnes, comme les physiciens l'avoient remarqué, & comme M. de Lamanon l'a confirmé à une hauteur de plus de 1800 toises au-dessus du niveau de la mer. Lorsque l'on soustrait le poids de l'atmosphère dans la machine pneumatique, on voit bientôt l'eau échauffée auparavant à 40 degrés, bouillir avec beaucoup de force & se réduire en vapeurs.

Enfin, une troisième circonstance qui influe sur l'ébullition de l'eau, outre la chaleur & le poids de l'atmosphère, c'est l'état de l'air plus ou moins sec ou chargé d'humidité; mais cette propriété étant entièrement chimique, nous nous en occuperons dans le second paragraphe.

6°. Si l'on chauffe de l'eau dans des vaisseaux fermés & dans un appareil propre à en recueillir les vapeurs, ces dernières condensées par le froid, & rassemblées dans un récipient, forment l'eau distillée. C'est un moyen de l'obtenir pure & séparée des matières terreuses & salines qui l'altèrent presque toujours, & qui restent ensuite au fond du vaisseau. Les chimistes qui ont sans cesse besoin d'eau très-pure pour leurs expériences, se servent de la distillation pour se la procurer. Ils mettent de l'eau de rivière ou de puits dans une cucurbite de cuivre étamée; ils recouvrent ce vaisseau d'un chapiteau muni de son réfrigérant, dans lequel on a soin de mettre de l'eau très-froide pour condenser les vapeurs, & ils reçoivent l'eau réunie en gouttes dans des vaisseaux de verre très-propres. Il faut observer que, pour avoir de l'eau distillée très-pure, on doit avoir un alambic qui ne serve qu'à cette opération. Ce vaisseau, pour que la distillation soit prompte, doit être fait d'après les nouveaux principes, c'est-à-dire, que la cucurbite doit être plate & large, & le chapiteau de la même forme. L'eau obtenue par ce moyen est parfaitement pure. Autrefois les chimistes se servoient d'eau de neige ou de pluie; mais on sait aujourd'hui que ces eaux tiennent souvent en dissolution quelques corps étrangers.

L'eau distillée a une saveur fade, elle fait éprouver un sentiment de pesanteur à l'estomac; en l'agitant fortement avec le contact de l'air, elle reprend une saveur vive, & on peut alors la boire ſans inconvénient. La diſtillation n'altère point l'eau ; elle ne fait que lui enlever l'air qui lui eſt toujours uni, & qui lui donne cette ſaveur fraîche & vive dont elle a beſoin pour être potable. Boerhaave a diſtillé de l'eau cinq cent fois de ſuite, & il n'y a obſervé aucune altération. Quelques phyſiciens ont annoncé à différentes époques, que l'eau ſe changeoit en terre, parce qu'à chaque diſtillation elle laiſſe en effet au fond des vaiſſeaux une certaine quantité de réſidu terreux. M. Lavoiſier a fait ſur cet objet des expériences d'une exactitude rigoureuſe. Ayant peſé les vaiſſeaux de verre dans leſquels il faiſoit la diſtillation de l'eau, & reconnu de même par le poids la quantité de l'eau diſtillée, & du réſidu qu'elle donne, il a démontré que cette prétendue terre eſt due à la matière des vaiſſeaux dont la ſurface eſt peu à peu enlevée & corrodée par l'action de l'eau.

De l'eau dans l'état de vapeur ou de fluide élastique.

Lorsque l'eau est réduite en état de vapeur ou en fluide élastique par l'action du feu, elle acquiert dans cette agrégation aériforme des propriétés particulières qui la distinguent de ses deux premières modifications.

1°. Elle est parfaitement invisible, lorsqu'elle est reçue dans un air dont la température est au-dessus de 15 degrés du thermomètre de Réaumur, & qui n'est pas très-chargé d'humidité.

2°. Si au contraire l'atmosphère est au-dessous de 10 degrés & déjà humide, la vapeur de l'eau forme un nuage blanc ou gris très-sensible ; ce qui est dû à ce qu'elle ne se dissout pas dans l'air humide, comme nous l'exposerons plus bas, & conséquemment à une vraie précipitation.

3°. Sa dilatation est si considérable que, d'après des calculs aussi exacts qu'il est possible, elle occupe, suivant M. Wath, un espace 800 fois plus grand que lorsqu'elle est liquide.

4°. Elle jouit d'une élasticité & d'un ressort tels qu'elle produit des explosions terribles lorsqu'elle est resserrée, & qu'on peut l'employer utilement en mécanique, pour faire mouvoir de grandes maſſes. Son utilité dans les belles machines, appelées pompes à feu, eſt connu aujourd'hui de tous les phyſiciens & de tous les artiſtes.

5°. Suivant une des loix les plus conſtantes de l'affinité de compoſition, elle a plus de tendance pour ſe combiner dans cet état où ſon agrégation eſt la plus foible, que dans les deux premiers états où nous l'avons déjà conſidérée. Les chimiſtes ont de fréquentes occaſions d'obſerver avec quelle rapidité l'eau en vapeurs diſſout les ſels, ramollit les ſubſtances extractives muqueuſes, corrode & brûle les métaux, &c.

6°. Elle ſe diſſout parfaitement dans l'air; ſa précipitation dans l'atmoſphère conſtitue la roſée. Cette diſſolution ſuit les loix des diſſolutions ſalines, comme l'a démontré Leroi, médecin de Montpellier, dans un excellent mémoire ſur l'élévation & la ſuſpenſion de l'eau dans l'air. *Mélanges de Phyſique & de Médecine. Paris, chez Cavelier, 1771, 1 vol. in-8°.*

7°. Un des plus ſinguliers phénomènes de l'eau en vapeurs, c'eſt la propriété qu'elle a d'accélérer la combuſtion de l'huile enflammée, comme on l'obſerve dans l'expérience de l'éolipile, appliqué à la lampe de l'émailleur, dans les foyers de charbon de terre & de charbon de bois humide, dans les graiſſes enflammées, que l'eau ne peut éteindre, & dont elle augmente même l'embrasement. Ces phénomènes avoient fait penser à Boerhaave que la flamme étoit en grande partie composée d'eau. Nous verrons tout à l'heure combien cette ingénieuse idée de Boerhaave se rapproche des découvertes modernes sur l'eau, lorsque nous démontrerons que ce fluide en vapeurs n'augmente la flamme que parce qu'il est décomposé lui-même par les corps combustibles.

8°. Enfin, l'eau en vapeurs & dissoute dans l'air se condense & se précipite en partie, lorsqu'elle est exposée à quelques degrés au-dessus de o; alors elle reprend sa liquidité, c'est ce qui arrive dans la rosée; quelquefois même elle se durcit en petits glaçons, & paroît susceptible de se cristalliser, lorsqu'elle est frappée dans son état de vapeurs par un froid subit de plusieurs degrés au-dessous de o, telle est l'origine de ces feuillages glacés, de ces herborisations blanches que l'on apperçoit l'hiver sur les vîtres des appartemens exposés au nord. Telle est aussi celle des petits flocons de glace que forment en Sibérie & dans les pays très-froids, les vapeurs aqueuses sorties des poumons.

§. II. *Des propriétés chimiques de l'eau.*

Il n'y a pas de corps susceptible d'un plus grand nombre de combinaisons que l'eau ; aussi l'a-t-on appelée depuis long-temps le grand dissolvant de la nature. Telle est la raison pour laquellle les eaux des mers, des lacs, des fleuves, des rivières, des sources & des fontaines, ne sont pas, à beaucoup près, pures, & contiennent toutes différens corps étrangers, sur-tout des matières salines.

Elle s'unit à l'air de deux manières : 1°. elle absorbe ce fluide élastique, & s'en charge dans son état de liquidité. Il est même démontré que c'est à cette combinaison avec l'air qu'elle doit sa saveur vive & agréable. On y reconnoît l'existence de ce fluide par la machine pneumatique ; à mesure que le vide s'opère, l'air mêlé & dissous dans l'eau s'en dégage sous la forme de bulles. En distillant de l'eau dans un appareil pneumato-chimique, on obtient l'air qui y étoit contenu. Lorsqu'on la fait bouillir, les premières bulles qui s'en élèvent sont dues à l'air, & l'eau qui l'a perdu n'a plus sa même légèreté & sa sapidité. On lui rend ces deux propriétés en la laissant exposée pendant quelque temps au contact de l'atmosphère, ou en l'agitant fortement. 2°. L'air la dissout & la rend élastique & invisible comme lui, lorsqu'il jouit d'un certain degré de chaleur. Plus il est chaud & plus il tient d'eau en dissolution. Leroi, médecin de Montpellier, a examiné dans le plus grand détail l'état de l'eau dans l'atmosphère. Les expériences ingénieuses qu'il a faites sur cet objet, ont prouvé que l'air chaud le plus sec, renfermé dans un flacon, & refroidi jusqu'à une certaine température, laisse précipiter en gouttelettes l'eau dont il est chargé; que cette dissolution a différens points de saturation, qui dépendent de la chaleur de l'atmosphère; que cette eau se précipite la nuit, & constitue une espèce de rosée particulière. Il a même pensé, d'après ces faits, que les variations dans la pesanteur de l'atmosphère, dépendent en partie de cette eau qui y est contenue en différentes quantités, suivant sa température.

Quoique l'ordre que nous adoptons semble exiger qu'il ne soit point encore question de matières salines, nous devons cependant faire observer ici que l'eau, qui est très-susceptible de les dissoudre, en contient toujours une certaine quantité; ce sont particulièrement des sels calcaires qui donnent quelques qualités désagréables, & même souvent nuisibles, aux eaux de puits, de fleuve & de rivière. Elles contiennent aussi quelquefois de l'acide carbonique, de l'argile, du fer, des extraits de végétaux altérés par la putréfaction. Toutes ces eaux sont mauvaises à boire; les premières constituent spécialement celles que l'on appelle eaux crues, eaux dures; elles ont une saveur fade; elles pèsent sur l'estomac; elles ralentissent la digestion; elles font souvent l'effet des purgatifs, & leur usage peut être suivi de dangers. Il est donc très-nécessaire de savoir en reconnoître la nature, de déterminer les corps étrangers qui leur donnent ces mauvaises qualités, & de rechercher le moyen de les leur enlever.

En général, l'eau bonne à boire, & dont l'usage ne peut qu'être utile, se distingue par les caractères suivans. Elle est très-claire & très-limpide; aucun corps étranger n'en altère la transparence; elle n'a aucune espèce d'odeur; sa saveur est vive, fraîche & comme piquante; elle bout promptement, facilement & sans se troubler; elle dissout parfaitement le savon, & cette dissolution est homogène, sans flocons ou grumeaux; elle cuit bien les légumes, & ne leur communique point de dureté; essayée par des liqueurs appelées réactifs, tels que les alkalis & les dissolutions de mercure & d'argent, par l'acide du nître, elle ne se trouble point, ou au moins elle ne se trouble que d'une manière presqu'insensible. Enfin, elle passe facilement dans l'estomac & les intestins, & elle favorise la digestion des alimens. On trouve toutes ces propriétés réunies dans une eau de source ou de rivière qui se filtre, ou qui coule à travers le sable, qui est agitée d'un mouvement continuel, & dans laquelle il ne se pourrit point une grande quantité de matières végétales & animales. Il faut encore qu'il n'y ait point d'égoûts qui se jettent dans le voisinage, qu'on n'en ralentisse pas le cours par des obstacles, ou un très-grand nombre de saignées, qu'on ne l'altère pas par le rouissage du chanvre, les lessives savonneuses, &c., &c. Au contraire, une eau qui séjourne sans mouvement dans des cavités souterraines, qui vient d'un terrain calcaire ou gypseux, qui n'a point de courans réels, qui nourrit beaucoup de plantes & d'insectes, qui n'a que peu de profondeur, & dont le fond est une vase mobile & des végétaux pourris, présente tous les caractères opposés; sa saveur est fade ou même nauséabonde; elle a une odeur de moisi ou légèrement putride, elle est souvent verte ou jaunâtre; on y voit nager des flocons mucilagineux verts ou bruns, débris des matières végétales en putréfaction; elle verdit les couleurs bleues végétales; elle se trouble en bouillant;

elle donne des flocons avec le ſavon; elle durcit les légumes; les réactifs y occaſionnent des précipités plus ou moins abondans; elle pèſe ſur l'eſtomac, y ſéjourne long-temps, & trouble la digeſtion.

Pour corriger ces mauvaiſes qualités, on emploie pluſieurs moyens, entièrement fondés ſur des propriétés phyſiques & chimiques.

1°. On donne du mouvement aux eaux ſtagnantes, en leur creuſant un lit ſur un terrain en pente, en les battant à l'aide des moulins, &c. en les faiſant couler dans des canaux, & en les dirigeant en jets, en caſcades. Ce premier moyen phyſique facilite l'évaporation des gaz & de l'eſprit recteur putrides; il fait dépoſer les matières étrangères, en les réuniſſant enſemble & leur donnant plus de peſanteur; il mêle & combine avec l'eau une plus grande quantité d'air.

2°. On cure les mares & les étangs; on enlève ainſi les matières végétales & animales ſuſceptibles de putréfaction, & on agite en même-temps l'eau.

3°. On filtre les eaux dans des jarres ou des fontaines, dont le fond eſt garni de ſable fin & d'éponges. On a ſoin de renouveler celles-ci; on ſable auſſi les petits ruiſſeaux dont le fond eſt vaſeux, après l'avoir creuſé.

4°. Ces premiers moyens purifient l'eau & en séparent les matières hétérogènes qui y flottent ; mais ils ne lui enlèvent point les substances salines qui y sont dissoutes. Pour séparer ces corps de l'eau, il faut la faire bouillir, la laisser ensuite déposer & refroidir, la tirer à clair, la filtrer au papier, ou à travers le sable blanc & pur, & l'exposer à l'air dans des vaisseaux de grès plats. On peut ensuite la boire avec sécurité ; l'ébullition enlève le principe odorant, désagréable, & fait précipiter une partie des sels calcaires des eaux dures ; mais il faut, pour obtenir ce dernier avantage, les faire bouillir environ une demi-heure, ou plutôt jusqu'à ce qu'elles dissolvent mieux le savon, & ne durcissent plus les légumes.

5°. Si l'ébullition ne peut suffire pour débarrasser les eaux des sels calcaires, comme cela arrive pour les eaux très-crues, ou qui contiennent beaucoup de ces sels terreux, il faut les précipiter en les faisant bouillir avec une petite quantité de potasse, ou à son défaut, avec un peu de cendre ordinaire. Il se fait un dépôt au fond de l'eau ; on la tire à clair, on l'expose à l'air, & elle jouit alors de toutes les qualités qu'on y recherche.

6°. On peut aussi ajouter à l'eau quelque substance propre à corriger les mauvais effets

& les qualités désagréables qui la rendent nuisible ; tels sont le sucre, les farineux, l'orge, le blé, le miel, les plantes potagères, quelques labiées & aromatiques ; mais ces additions ne lui donnent point, comme les premiers moyens, la légèreté, la vivacité & toutes les bonnes qualités de l'eau bien pure; elles ne font que substituer une saveur à une autre.

Tous ces détails sur les propriétés chimiques de l'eau ne l'ont encore présentée que comme un agent très-puissant dans les combinaisons, & susceptible de s'unir à un grand nombre de corps ; mais elle éprouve dans plusieurs de ces combinaisons une altération singulière, qui n'a été découverte que depuis quelques années (avril 1784), & qui mérite toute l'attention des chimistes. On savoit depuis long-temps que l'eau favorise la combustion dans quelques cas, dans la lampe de l'émailleur, les huiles enflammées, les grands incendies, &c. Quelques physiciens avoient cru pouvoir conclure de ces faits, que l'eau se changeoit en air. C'est à plusieurs académiciens françois que l'on doit une connoissance plus exacte de ces phénomènes & de la nature de l'eau. M. Lavoisier ayant remarqué, avec M. de la Place, que lorsqu'on brûloit le gaz inflammable à l'aide de l'air vital dans des vaisseaux fermés, il se produisoit de l'eau pure, (fait que M. Mongè observoit avec la plus grande précision, & presque dans le même temps, dans le laboratoire de l'école de Mézière) crut pouvoir en conclure que l'eau étoit formée dans cette expérience par la combinaison de l'air vital & du gaz inflammable, qu'il regardoit comme ses deux principes constituans. Cette théorie sur la nature de l'eau à laquelle M. Lavoisier enlevoit tout-à-coup la prérogative de corps simple & d'élément qu'elle conservoit depuis long-temps, éprouva d'abord des contradictions, & ce chimiste sentit bien qu'il falloit ajouter la preuve de la décomposition de l'eau à celle de la synthèse. Il chercha en conséquence le moyen de décomposer ce fluide, en lui présentant des corps qui eussent assez d'affinité avec l'un de ses principes pour en séparer l'autre. Il s'est réuni à M. Meusnier pour faire des recherches sur cet objet; & ces deux savans ont lu à l'académie, le 21 avril 1784, un Mémoire, où ils ont prouvé que l'eau n'est point une substance simple, qu'elle est véritablement composée de la base du gaz inflammable & de celle de l'air vital ou de l'oxigène, & que l'on peut séparer facilement ces deux principes l'un de l'autre. Pour obtenir ces deux matières isolées, M. Lavoisier a d'abord employé le procédé suivant. Il a mis au-dessus du mercure

mercure dans une petite cloche de verre, une quantité connue d'eau distillée bien pure, & de limaille de fer; peu-à-peu cette dernière a été rouillée, & il s'est dégagé un fluide élastique & inflammable qui s'est rassemblé au-dessus du mercure ; à mesure que ces deux phénomènes ont eu lieu, l'eau a diminué en quantité. En poursuivant cette expérience jusqu'à sa fin, on peut obtenir le fer entièrement rouillé, & l'eau totalement décomposée; car c'est ce fluide qui produit, suivant M. Lavoisier, & la *calcination* du fer, & le dégagement de gaz inflammable. Comme elle est composée d'oxigène & de la base du gaz inflammable, le fer enlève peu-à-peu le premier principe avec lequel il forme un oxide métallique, & il dégage le gaz inflammable, Telle étoit la première expérience par laquelle ce savant chimiste décomposoit l'eau ; mais dans son travail avec M. Meusnier, il a employé un autre procédé beaucoup plus court & plus concluant que le premier. Il a fait passer de l'eau goutte à goutte à travers un canon de fusil placé dans un fourneau, & chauffé jusqu'à l'incandescence ; par ce procédé, l'eau réduite en vapeurs, se décompose à mesure qu'elle touche le fer rouge ; l'oxigène qu'elle contient se fixe dans le métal, comme le démontrent l'augmentation de son poids & l'altération singulière qu'il éprouve. La base du gaz inflammable devenue libre & fondue par la chaleur avec laquelle elle se combine, parcourt rapidement le canon de fusil, & se rassemble dans des cloches placées à cet effet à l'extrémité de ce canon, opposée à celle par où l'on fait tomber l'eau fluide. En répétant ces expériences avec le plus de précision possible, ces savans ont reconnu que l'eau contient environ six parties d'oxigène, & une de la base du gaz inflammable; que ce dernier n'en constitue par conséquent que la septième partie; qu'il est à-peu-près treize fois plus léger que l'air atmosphérique, & qu'il peut occuper une espace quinze cents fois plus considérable que celui qu'il occupoit dans sa combinaison aqueuse.

Il paroît que l'eau peut agir de la même manière sur plusieurs autres corps combustibles, qu'elle les réduit plus ou moins facilement à l'état de corps brûlés, & qu'elle donne constamment du gaz inflammable; on l'a décomposée pour le zinc, le charbon, les huiles; cette dernière expérience se fait en jetant l'eau goutte à goutte sur des huiles bouillantes, dans une cornue dont le bec plonge sous des cloches de l'appareil pneumato-chimique ordinaire; mais elle demande beaucoup de précautions, pour éviter les explosions qui ont lieu par la succion de l'eau de la cuve due au vide qui se forme pendant l'ébullition des huiles.

Pour s'assurer si un corps combustible, tel qu'un métal, un charbon, &c. est susceptible de décomposer l'eau, il faut le plonger rouge de feu dans une cuve pleine d'eau, sous une cloche également remplie de ce fluide; le gaz inflammable qui se dégage constamment lorsque l'eau est décomposée, vient se rassembler dans cette cloche; telle est la raison des bulles produites par le fer rouge, plongé & éteint dans l'eau, & du gaz inflammable qu'on obtient dans ce cas, comme l'ont observé MM. Hassenfrast, Stouttz & d'Hellancourt, élèves de l'école royale des mines de France. Le même dégagement de gaz inflammable, produit de la décomposition de l'eau, a lieu lorsqu'on plonge du charbon enflammé dans ce fluide.

Tels sont les faits nouvellement découverts sur la nature de l'eau & sur sa composition. MM. Lavoisier & Meusnier pensent donc que ce fluide est un composé d'environ six parties d'oxigène, & d'une partie de la base du gaz inflammable, ou plus exactement de 0,86 du premier de ces corps, & de 0,14 du second; que le fer, le charbon, les huiles, ayant plus d'affinité avec l'oxigène, que ce dernier n'en a avec la base du gaz inflammable, s'en emparent, dégagent ainsi ce fluide élastique combustible, & décomposent entièrement l'eau; que l'on reforme, ou que l'on recompose ce liquide, en brûlant du gaz inflammable avec de l'air vital; qu'on obtient dans cette combustion faite avec soin, une quantité d'eau pure parfaitement correspondante par son poids à celle des deux fluides élastiques que l'on a combinés; que dans beaucoup d'opérations chimiques on fait de l'eau par cette combinaison; qu'ainsi, lorsqu'on brûle de l'esprit-de-vin & des huiles sous une cheminée capable d'en condenser les vapeurs, dont le tuyau se termine par un serpentin plongé dans l'eau, & dont l'extrémité s'ajuste avec un récipient, il se rassemble dans ce vaisseau une quantité d'eau presque toujours plus considérable que celle du liquide combustible que l'on a brûlé, en raison de la combinaison du gaz inflammable, dégagé de ces liqueurs avec l'air vital de l'atmosphère, qui entretient leur combustion. MM. Van Trostwicht & Deinman ont découvert que l'eau à travers laquelle on fait passer des commotions électriques, se décompose, & se sépare en deux gaz qui s'enflamment l'un par l'autre, & reforment de l'eau, lorsque l'étincelle électrique est tirée au milieu d'eux. Cette belle expérience répond à la plûpart des objections qu'on avoit faites contre la décomposition de l'eau. (*Voyez le Journal de Physique 1783, & les Annales de Chimie, tome 4.*)

Ces découvertes, & la théorie que ces savans

en ont tirée, conſtitueront ſans doute une des plus brillantes & des plus heureuſes époques des ſciences phyſiques. Comme il eſt de la plus grande importance d'en examiner avec tout le ſoin poſſible les réſultats & les conſéquences, nous croyons devoir ajouter ici quelques obſervations pour rendre cette théorie plus claire & plus exacte.

Nous avons dit que tous les fluides aériformes doivent leur état gazeux à la matière du feu, ou de la chaleur qui leur eſt unie. Il en eſt donc ainſi du gaz inflammable; or, comme la décompoſition de l'eau, & ſon changement en gaz inflammable n'a jamais lieu qu'à l'aide d'une température aſſez élevée, & qu'elle eſt d'autant plus rapide, que la chaleur eſt plus forte, on voit que ce gaz n'eſt dans l'état aériforme, n'acquiert tant de légèreté, que parce que ſa baſe, qui partageoit la liquidité de l'eau, abſorbe une grande quantité de chaleur, de ſorte qu'on ne peut l'obtenir que dans cet état de fuſion extrême. Il eſt donc néceſſaire de donner un nom à cette baſe du gaz inflammable, qui, lorſqu'elle eſt combinée à celle de l'air vital ou à l'oxigène dans l'eau, peut devenir même ſolide, comme on la conçoit dans la glace. Cette baſe, conſidérée comme un des principes eſſentiels de l'eau, doit avoir un nom qui exprime cette propriété. Nous avons adopté le mot *hydrogène*, qui remplit très-bien le but proposé. Nous disons donc que l'eau est un composé de la base de l'air vital ou de l'oxigène, & de la base du gaz inflammable ou de l'hydrogène ; & comme beaucoup de corps, dans l'état de fluides élastiques, sont inflammables, tels que l'alcohol, l'éther, les huiles volatiles, &c. nous distinguons ce principe de l'eau dans l'état aériforme, par le mot *gaz-hydrogène*.

Nous reviendrons dans un autre chapitre sur cet important objet ; il suffit d'avoir fait connoître dans celui-ci que l'eau n'est point un corps simple, qu'elle est susceptible de décomposition. La nature opère en grand la désunion de ses principes avec bien plus de facilité, & par des procédés bien plus multipliés, que l'art ne peut le faire. C'est par sa décomposition que l'eau sert à purifier l'atmosphère, en y versant de l'air vital ; qu'il se dégage beaucoup de gaz inflammable des eaux stagnantes ; que l'atmosphère en est quelquefois tellement chargée, que le rétablissement d'équilibre du fluide électrique l'allume & donne naissance aux météores ignés ; que l'eau contribue à la formation des matières salines, acides, dont l'oxigène est constamment un des principes. Enfin, cette belle découverte des principes de l'eau, de sa décomposition & de sa recomposition, répand un grand jour sur beaucoup de phénomènes de la nature, & en particulier sur le renouvellement de l'atmosphère, sur la dissolution des métaux, sur la végétation, sur la fermentation, sur la putréfaction, ainsi que nous l'exposerons fort en détail dans plusieurs chapitres de cet ouvrage.

CHAPITRE VIII.

De la Terre en général.

LES anciens philosophes ont pensé qu'il existoit un être simple, unique, le principe de la dureté, de la pesanteur, de la sécheresse, de la fixité, qui faisoit la base de tous les corps solides, auquel ils ont donné le nom de terre. Cette opinion, fondée sur une idée abstraite & purement philosophique, a été enseignée de tout temps dans les écoles, & plusieurs savans l'admettent encore. Paracelse a appelé terre tous les résidus que lui fournissoient les analyses; mais les chimistes, d'après le conseil de Glauber, s'étant imposés la tâche d'examiner les résidus avec autant de soin que les produits, ont bientôt été convaincus qu'il s'en falloit de beaucoup qu'ils fussent purement terreux, & ont rejeté le sentiment de

Paracelſe. Boerhaave, qui avoit adopté avec quelque reſtriction l'opinion de Paracelſe, obſervoit qu'après toutes les analyſes, il reſtoit une matière ſèche, inſipide, peſânte, ſans couleur, jouiſſant enfin de toutes les propriétés de la terre; mais en ſoumettant chacune de ces matières aux moyens que la chimie fournit pour en connoître la nature, on s'eſt apperçu qu'elles différoient beaucoup entre elles, & qu'on ne pouvoit point les déſigner ſous la même dénomination.

Beccher avoit admis trois eſpèces de terre, comme nous l'avons vu en parlant des principes; la terre vitrifiable, la terre inflammable & la terre mercurielle. Stahl n'a regardé comme vrai principe terreux, que la première de ces trois terre, & Macquer penſe avec Stahl, que la terre vitrifiable eſt celle que l'on doit conſidérer comme la plus pure & la plus élémentaire.

Pour ſavoir quel parti nous devons prendre ſur cet objet, conſidérons d'abord en détail quelles ſont les propriétés que tous les chimiſtes s'accordent à donner à l'élément terreux. Nous en trouvons ſix qu'on a déſignés comme autant de caractères diſtinctifs, propres à le faire reconnoître; ſavoir, la peſanteur, la dureté, l'inſipidité, la fixité, l'infuſibilité, & l'inaltérabilité. Mais toutes ces propriétés ſe rencontrent également dans la terre qui fait la baſe du cryſtal de roche, du quartz, des pierres vitrifiables en général, ainsi que dans celle des argiles, des glaises. Si donc plusieurs matières, très-différentes les unes des autres, ont toutes les propriétés attribuées en général à l'élément terreux, devons-nous les regarder comme autant de terres simples & primitives, ou bien adopter l'opinion de Stahl & de Macquer, qui trouvant dans la terre vitrifiable les propriétés terreuses plus marquées & plus évidentes, ont cru devoir en faire l'élément terreux primitif, & regarder les autres comme des modifications auxquelles elle donne naissance en passant dans différens composés ?

Quelque séduisante que soit cette hypothèse, quelque confiance que mérite une opinion adoptée par de si grands chimistes, nous ne croyons pas qu'on puisse regarder la terre vitrifiable comme la terre élémentaire & primitive ; 1°. parce que cette terre n'est pas également pure dans toutes les pierres où Macquer & Stahl lui-même l'ont admise ; par exemple, dans le quartz, le crystal de roche & les cailloux ; 2°. parce qu'on retrouve toutes les propriétés des matières terreuses dans plusieurs substances qui ne diffèrent de la terre vitrifiable que parce que les caractères terreux n'y sont pas dans un degré si marqué ; 3°. parce qu'il n'est pas du tout démontré que la terre vitrifiable soit la base de toutes les matières solides, & de toutes les terres, comme quelques chimistes l'ont pensé.

Voici donc le sentiment que nous croyons devoir adopter sur cette matière. La nature nous offre plusieurs substances qui ont les propriétés des terres; on ne sauroit assigner quelle est la plus simple d'entre elles, puisque les expériences de la chimie découvrent dans toutes une simplicité à peu de chose près égale; & puisque d'ailleurs, quand l'une d'elles seroit démontrée plus simple, on ne pourroit point en conclure qu'elle constitue l'élément terreux, parce qu'il resteroit encore à faire voir qu'elle sert à former les autres terres, & que, reçue dans les différens composés, elle y donne naissance à la cohérence & à la solidité. On doit donc, sans décider quel est l'élément terreux proprement dit, admettre différentes espèces de terres, & en étudier les propriétés, afin de pouvoir les reconnoître, & les distinguer par-tout où l'analyse chimique les offrira ensemble ou séparément.

Il y a long-temps que les chimistes ont admis plusieurs espèces de matières terreuses; mais leurs premières divisions sont vicieuses à beaucoup d'égards, parce que les caractères d'après lesquels on les avoit établies, n'étoient ni assez certains, ni assez nombreux. Telle est, par exemple, celle qui reconnoît des terres minérales, végétales & animales; en effet, quoique les résidus fixes que l'on obtient dans les dernières analyses des matières organiques, après avoir fait la lessive de leurs cendres, soient pour la plûpart sans odeur, sans saveur, indissolubles & secs, ces propriétés ne sont point suffisantes pour les ranger au nombre des terres, puisqu'ils n'en ont ni l'inaltérabilité, ni l'infusibilité, ni la simplicité. La substance qui fait la base sèche & solide des os des animaux, & qu'on a encore appelée terre, à cause de sa sécheresse, de son insipidité & de son indissolubilité, a été reconnue depuis quelques années pour une vraie matière saline, comme nous le dirons en détail dans l'histoire chimique du règne animal; & l'on peut conjecturer avec beaucoup de vraisemblance, que les parties insipides & insolubles qui restent après les dernières analyses des substances organiques, sont de la même nature que la matière osseuse; le nom de *terres métalliques*, qu'on a donné aux oxides des différens métaux, d'après leur sécheresse, le peu de saveur & de solubilité de quelques-unes d'entre elles, ne leur conviennent pas davantage, puisqu'elles sont très-fusibles, & que toutes sont dans un état de composition que nous démontrerons par la suite.

Les minéralogistes qui ont traité l'histoire des

terres, ont mis plus de précision & d'exactitude dans la division de ces substances, que les chimistes qui ne s'en sont occupés qu'en général, & autant qu'elle pouvoit servir à la théorie de la chimie. La plûpart des naturalistes modernes qui ont classé ces matières, ont adopté des caractères tirés des propriétés chimiques, & ont jeté par-là beaucoup de jour sur l'histoire naturelle du règne minéral. Tels sont MM. Wallerius, Cronstedt & Monnet, qui ont donné des systêmes complets de minéralogie, d'après cette idée. Aucun chimiste n'a fait un plus grand nombre de recherches sur les terres & les pierres, que Pott, qui a donné une division méthodique de ces corps, d'après ses travaux. On doit aussi de grands éloges aux travaux suivis de M. d'Arcet, & aux analyses de beaucoup de substances pierreuses faites par MM. Bergman & Bayen. Nous n'entreprenons pas d'exposer les différentes méthodes données par ces savans, & de les comparer; notre but n'est pas de faire ici l'histoire naturelle des matières terreuses; nous ne voulons qu'offrir le résultat de ces différens travaux, afin de savoir combien il y a d'espèces de terres considérées chimiquement, & quelles sont les propriétés qui caractérisent chacune d'elles.

Avant d'aller plus loin sur cet objet, remarquons que nous croyons devoir confondre dans la même claſſe les terres & les pierres, puiſqu'en les conſidérant chimiquement, elles ne ſont qu'une ſeule & même ſubſtance dont l'agrégation eſt différente. Le grès, par exemple, n'eſt que du ſable réuni & cohérent par la force d'agrégation, & le ſable n'eſt que du grès dont les parties intégrantes ſont déſunies, & dont l'agrégation eſt rompue; l'une & l'autre de ces ſubſtances préſentent abſolument les mêmes propriétés chimiques.

Pott a diviſé les terres & les pierres en quatre claſſes; les vitrifiables, les argileuſes, les calcaires & les gypſeuſes. Des découvertes faites depuis ce chimiſte, ont démontré que les matières connues juſqu'aujourd'hui ſous le nom de terres calcaires, ſont de vrais ſels neutres; les pierres gypſeuſes ſont auſſi reconnues pour une ſubſtance ſaline. Il n'y a donc plus dans les quatre claſſes des pierres admiſes par Pott, que les deux premières qui appartiennent réellement à ces matières. Le docteur Black, dont le nom fera une grande époque dans les révolutions de la chimie moderne, ayant examiné avec beaucoup de ſoin la baſe du ſel d'Epſom, a prouvé qu'elle étoit formée par une ſubſtance particulière qu'il a nommée *magnéſie*, & qu'il a miſe au rang des terres; tous les chimiſtes ont adopté l'opinion de Black. Bergman a trouvé dans le ſpath pesant, une terre particulière qu'il a désignée sous le nom de *terre pesante*, & que nous appelerons *baryte*.

Nous croyons devoir distinguer ces trois dernières substances des terres proprement dites, d'après les raisons que nous donnerons dans les chapitres suivans.

D'après ces différentes considérations, nous ne reconnoissons comme vraies matières terreuses que celles qui sont parfaitement insipides, insolubles & infusibles, & nous distinguons celles qui jouissent de ces propriétés, par les phénomènes chimiques qu'elles présentent. Nous n'admettons donc que deux espèces de terres pures, tout aussi simples & tout aussi élémentaires l'une que l'autre.

La première est celle qui constitue la base du cristal de roche, du quartz, du grès, des cailloux & de presque toutes les pierres dures & étincelantes; son caractère chimique est de n'être aucunement altérable par l'action du feu le plus violent, & de ne rien perdre de sa dureté, de sa transparence & de toutes ses propriétés, quelque chaleur qu'on lui fasse subir. On l'a appelée *terre vitrifiable*, parce que c'est la seule qui, combinée avec les alkalis, soit susceptible de donner du verre transparent. Mais le nom de *silice*, tiré de celui de terre siliceuse ou silicée qu'on lui a aussi donné, parce qu'elle existe dans tous les silex, est celui que nous préférons.

La seconde espèce de terre que nous regardons comme simple & pure, est la terre argileuse pure, ou l'*alumine*. Elle présente dans son état de pureté les caractères suivans qui la font différer beaucoup de la première. Quelque pure qu'elle soit, elle est presque toujours opaque, ou si quelques pierres qui en contiennent, sont transparentes, il s'en faut de beaucoup que cette transparence soit aussi nette que celle des pierres siliceuses; elle est toujours disposée par couches minces ou feuillets appliqués les uns sur les autres. Cette disposition constante répond à la forme crystalline qu'affecte constamment la première matière terreuse; quoiqu'elle n'ait pas plus de saveur que la terre silicée, elle semble cependant avoir une sorte d'action sur nos organes, puisqu'elle adhère à la langue, propriété que les naturalistes expriment, en disant qu'elle *hape à la langue*. Sa force d'agrégation n'est jamais si considérable que celle de la première terre; ce qui fait que les pierres argileuses ne sont jamais d'une dureté très-grande, & qu'elles se brisent par le choc de l'acier, au lieu de l'entamer, & de l'embraser par la force de la percussion, comme le font les pierres scintillantes. Cette force d'agrégation, peu énergique dans l'alumine, rend cette terre beaucoup plus susceptible de combinaisons que les autres; aussi rencontre-t-on beaucoup moins d'argiles pures que de cristal de roche ou de quartz. On conçoit facilement, d'après cette observation, pourquoi les argiles sont presque toujours colorées; pourquoi il en est peu qui présentent les caractères alumineux dans un degré bien marqué. L'alumine, exposée à l'action de la chaleur, y éprouve une altération que n'éprouve point la terre silicée. Au lieu de rester intacte comme celle-ci, elle durcit, & acquiert une agrégation bien plus forte que celle qui lui est naturelle. Elle se rapproche même alors de la silice, puisqu'elle en prend quelques propriétés, comme la dureté, & le peu de force de combinaison. L'eau a quelqu'action sur l'alumine; elle la pénètre, y adhère, & la rend molle & ductile. C'est une sorte de combinaison démontrée, sur-tout par l'adhérence que l'eau & cette terre contractent ensemble, & qui est telle, qu'on ne peut les désunir entièrement que par l'action d'une chaleur forte & long-temps soutenue. Cette propriété de l'alumine de faire une pâte avec l'eau, ainsi que celle de se durcir au feu, sont d'un avantage bien précieux dans tous les arts dont l'objet est de donner à cette terre une forme & une

solidité

solidité convenable. Enfin, une dernière propriété de l'alumine, par laquelle elle s'éloigne sur-tout de la première terre, c'est celle de pouvoir s'unir à un très-grand nombre de substances, & de pouvoir entrer dans beaucoup de combinaisons; c'est à cause de cette affinité de composition très-forte dans l'alumine, que l'on retrouve cette terre dans beaucoup de composés, & c'est aussi la raison pour laquelle nous sommes entrés dans plus de détails sur cette substance terreuse, afin qu'on puisse aisément la reconnoître, d'après ses caractères, dans les analyses dans lesquelles on la rencontrera.

Telles sont les deux matières terreuses simples que nous croyons devoir distinguer, & qui ont toutes deux les caractères de substances élémentaires, puisqu'on n'a pu parvenir jusqu'à ce moment à les décomposer. Nous ne sommes pas assez avancés sur l'origine, sur la formation, & même sur les propriétés chimiques de ces matières, pour prononcer avec quelques chimistes que l'une est plus simple que l'autre, & que celle-ci n'est qu'une modification de la première. Mais ne pensons pas qu'on puisse encore avancer que la terre du crystal de roche ou la silice, est la base de l'alumine, qui n'est que la même substance atténuée, divisée &

élaborée, parce qu'aucun chimiste n'a encore pu opérer cette sorte de transmutation.

Les deux matières terreuses dont nous venons d'examiner les propriétés en général, se rencontrent très-rarement pures dans la nature. Il n'y a guère que la terre silicée qui jouisse de cette prérogative dans le crystal de roche; sans doute, comme nous l'avons déjà indiqué, parce qu'elle est d'une grande dureté, & qu'elle a une force d'agrégation très-considérable. Encore cette terre est-elle souvent colorée par quelques substances étrangères. Dans le quartz elle est le plus souvent altérée & combinée avec des parties colorantes. Il est encore plus rare de trouver de l'alumine pure; enfin, la plus grande partie des terres & des pierres auxquelles les naturalistes ont donné des noms différens, sont presque toujours des composés d'une ou de deux des matières terreuses simples, ou des substances salines terreuses, sur-tout de chaux & de magnésie, & quelquefois de matières métalliques, dont la plus fréquente est le fer. Il ne faut, pour se convaincre de la vérité de cette dernière assertion, que jeter les yeux sur l'ouvrage de M. Monnet, dans lequel ce chimiste range les pierres d'après leurs parties constituantes; projet sans doute très-louable, mais qui, en présentant tous les avantages que la lithologie doit attendre de la chimie, montre en même-temps combien l'on est encore éloigné de pouvoir faire des divisions exactes & sûres des pierres, d'après leurs propriétés chimiques. Au reste, cet objet sera discuté plus au long dans les chapitres suivans.

SECONDE PARTIE.

RÈGNE MINÉRAL ; MINÉRALOGIE.

PREMIÈRE SECTION.

Terres et Pierres.

CHAPITRE PREMIER.

Généralités sur la Minéralogie ; divisions des minéraux en général, & des terres & pierres en particulier ; leurs différens caractères.

L'HISTOIRE naturelle a pour objet la connoissance de tous les corps qui constituent notre globe. Elle est grande & sublime, lorsqu'on la prend dans son ensemble ; elle est immense, lorsqu'on considère les détails. Elle comprend depuis les phénomènes météoriques de l'atmosphère, jusqu'aux changemens qu'éprouvent les matières déposées dans les diverses couches de notre globe. Tous les corps qui en recouvrent la surface, les mers, les lacs, les fleuves, les rivières, les montagnes, les collines, les vallées; les plaines, les cavernes, sont autant d'objets dont l'Histoire naturelle s'occupe. Elle traite également des substances inertes, qui sont les matériaux du globe terrestre, & des êtres animés qui en habitent les diverses surfaces. Il n'y a que le génie qui puisse en embrasser l'ensemble, & faire un tout de ce grand tableau; l'observation simple & scrupuleuse s'attache aux détails; elle sépare les diverses parties de ce grand tout, elle les isole, les considère à part, & constitue des branches multipliées & diverses de cette étude. Tel homme laborieux & infatigable a passé toute sa vie à observer & à décrire les manœuvres de quelques insectes, & il n'a point encore épuisé ce sujet.

L'étude de l'histoire naturelle seroit donc effrayante, & faite pour rebuter, si ceux qui s'y sont appliqués n'en avoient applani les difficultés, en cherchant les moyens de soulager la mémoire, & de la reposer sur quelques points fixes. Ces moyens sont ce qu'on appelle les méthodes; elles consistent dans une disposition des corps naturels, telle qu'on les rapproche les uns des autres par des propriétés communes, ou qu'on les éloigne plus ou moins, à l'aide des propriétés différentes qu'ils présentent. La classification qui en résulte doit être fondée sur des caractères frappans, faciles à saisir & constans.

Une des plus importantes & des plus marquées comprend la division de tous les corps naturels en trois grands ordres, qu'on a appelés règnes ; le règne minéral, le règne végétal & le règne animal. Quoique les deux derniers semblent se rapprocher par quelques grandes propriétés, ils sont cependant assez distincts par leur forme & leur organisation extérieures, pour devoir être séparés dans l'étude.

Les minéraux forment la masse du globe, ou plutôt la croûte extérieure que les hommes ont sillonnée. Ils n'augmentent de volume & de dimension que par la juxte-position des parties, & par la force de l'attraction. Ils n'éprouvent de variations & de changemens que ceux qui dépendent de l'action chimique des matières les unes sur les autres ; on les appelle à cause de cela, corps inorganiques, bruts, inanimés.

Les végétaux croissent au contraire par une force intérieure ; ils ont des organes qui élaborent les sucs qu'ils puisent dans la terre & dans l'air ; ils suivent toutes les modifications de la vie ; ils croissent, vivent & meurent ; ils reproduifent leurs femblables par une véritable génération ; enfin, les organes des animaux font plus compliqués que ceux des végétaux ; leurs changemens font auffi plus rapides, & ils font foumis avec beaucoup plus de force aux influences des corps environnans, à raifon de la locomobilité dont ils jouiffent, & de la fenfibilité qui les anime.

On donne le nom de minéralogie à cette partie de l'hiftoire naturelle qui s'occupe de la defcription des minéraux. Les premiers naturaliftes méthodiftes partageoient les fubftances minérales en un grand nombre de claffes ; ils admettoient dans leur dénombrement méthodique les eaux, les terres, les fables, les pierres tendres, les pierres dures, les pierres précieufes, les pierres figurées, les fels, les foufres, les pyrites, les minéraux, les métaux, &c. Si l'on veut connoître les progrès que la minéralogie a faits depuis Henckel, l'un des premiers qui ait écrit d'une manière méthodique fur cette partie, jufqu'à M. Daubenton, dont la claffification eft un chef-d'œuvre de précifion & d'exactitude, il faut confulter les fyftêmes qui fe font fuccédés, & qui ont été recueillis par M. Mongez le jeune (1).

(1) *Manuel du Minéralogifte*, ou *Sciagraphie du regne minéral, diftribué d'après l'analyfe chimique par*

On y suivra les époques de cette science, marquées par les travaux successifs de MM. Bromel, Cramer, Henckel, Wolsterdoff, Gellert, Cartheuser, Justi, Lethman, Wallerius, Linneus, Vogel, Scopoli, Romé de Lille, Cronstedt, de Borne, Monnet, Bergman, Werner, Sage, & enfin par ceux de M. Daubenton, après lesquels il ne reste presque plus rien à désirer.

Pour reconnoître le grand nombre de minéraux qui composent le globe, il faut d'abord les partager en plusieurs classes distinguées par des caractères bien tranchans, & opposés les uns aux autres. Nous les divisons en conséquence en trois sections; nous rangeons dans la première les terres & les pierres qui n'ont point de saveur, qui ne se dissolvent point dans l'eau, & qui ne brûlent point quand on les chauffe avec le contact de l'air; dans la seconde, les matières salines, qui ont plus ou moins de saveur, qui se fondent dans l'eau, & qui ne brûlent point; & dans la troisième, les substances combustibles, qui, en général, ne se dissolvent point dans l'eau, & qui brûlent avec une flamme plus

---

M. german, traduite & augmentée de notes, par M. Mongez. Paris, Cuchet, 1784, 1 vol. in-8. Introduction, p. 13, jusqu'à la page 80.

ou moins marquée, quand on les expose au feu avec le contact de l'air.

Les terres & les pierres qui sont bien distinctes des sels & des corps inflammables, par leur insipidité, leur insolubilité & leur incombustibilité, forment la plus grande partie de la masse connue de notre globe. Leur arrangement régulier, par couches ou lits successifs, constitue les montagnes, les collines, les plaines; dans les premières, elles sont en grosses masses informes & à nud, ou en dépôts horisontaux, inclinés; dans les plaines, elles sont disposées par lits horisontaux, & recouvertes d'une couche de terre propre à la végétation, & produite par les débris des corps organiques qui habitent la surface du globe; souvent au lieu de former des masses aussi étendues, elles sont distribuées sous une forme régulière & crystalline, dans des fentes ou des cavités souterraines. L'eau, qui paroît en avoir formé la plus grande partie, les divise, les atténue continuellement, les transporte d'un lieu dans un autre, & leur fait éprouver en général un grand nombre de changemens. Leur histoire naturelle constitue la *géologie* & la *lithologie*; la première signifie traité des terres, & la seconde traité des pierres; mais ces deux corps doivent être réunis dans la même classe, parce que les terres, si l'on en excepte le terreau, formé par le résidu des substances organiques putréfiées, ne sont que des pierres dont l'agrégation est détruite, & parce que les pierres sont formées par la réunion & le rapprochement des matières terreuses.

Le nombre des diverses sortes de terres & de pierres étant très-multiplié, & leur connoissance étant importante pour la science, ainsi que pour les utilités que les hommes peuvent en retirer, les savans ont cherché à les distinguer les unes des autres, & à donner des moyens sûrs & faciles de les reconnoître. Les anciens naturalistes n'avoient point eu l'idée de leur assigner des caractères distinctifs; ils se contentoient d'en décrire les propriétés générales, & ils en faisoient l'histoire, d'après les usages auxquels on les employoit, & sur-tout d'après le prix qu'on y attachoit. Aussi ne peut-on retrouver aujourd'hui la plûpart des pierres dont Pline a fait mention dans son ouvrage. Les naturalistes modernes, qui ont senti l'inconvénient de cette manière de décrire les pierres, ont pris une autre route pour les faire bien distinguer, & pour que leurs descriptions pussent être entendues dans tous les temps. C'est à l'aide des propriétés extérieures & sensibles de ces substances, qu'ils les ont partagées en ordres, en genres & en sortes, & qu'ils ont rendu leur étude plus facile & plus avantageuse.

Les caractères extérieurs & sensibles qui distinguent les terres & les pierres, & qui constituent les méthodes lithologiques, sont fondés sur leur forme, leur dureté, leur tissu intérieur ou l'aspect de leur cassure, & leur couleur. Plusieurs naturalistes y ont réuni quelques-unes de leurs propriétés chimiques, & spécialement la manière dont elles se comportent au feu, & leur altération par les acides. Nous devons considérer ici chacune de ces propriétés, pour faire bien connoître l'application de ces principes généraux de la lithologie à l'histoire particulière de chaque genre de pierre.

§. I. *De la forme considérée comme caractère des pierres.*

On entend par forme des pierres l'ordre & l'arrangement respectif de leurs surfaces extérieures entre elles. Un coup-d'œil jeté sur une collection de pierres dans un cabinet, apprend que les unes offrent une forme régulière & géométrique, & que les autres sont en masses irrégulières; que la régularité est quelquefois accompagnée de la transparence, & dans d'autres jointe à l'opacité. L'observation a démontré que quelques espèces de pierres affectent en effet une cryſtalliſation régulière, & que d'autres ne préſentent jamais que des rudimens informes de cryſtaux. Pluſieurs naturaliſtes penſent que toutes les matières pierreuſes ont la propriété de prendre une forme cryſtalline, qu'elle eſt plus marquée & plus conſtante dans les unes que dans les autres, mais que toutes en ont une particulière ſenſible juſques dans leurs dernières molécules viſibles. Telle eſt l'opinion de M. Romé de Lille, qui a fait l'hiſtoire détaillée & fort exacte de toutes les ſubſtances minérales, relativement à leur diverſe cryſtalliſation (1). Ce ſavant diſtingue les formes qu'affectent les pierres & tous les autres corps minéraux, ſous les trois dénomination de cryſtalliſation déterminée, de cryſtalliſation indéterminée, & de cryſtalliſation confuſe, & il fait obſerver qu'il n'y a pas une ſubſtance minérale qui ne ſe préſente dans l'un ou l'autre de ces états. A la vérité, comme beaucoup d'entre elles affectent la ſeconde & la troiſième eſpèce de cryſtalliſation, qui eſt irrégulière, & ne peut

(1) Voyez ſon ouvrage qui a pour titre : *Cryſtallographie*, ou *Deſcription des formes propres à tous les corps du règne minéral, &c. ſeconde édition. Paris. 1783, de l'imprimerie* de P. Didot.

pas être facilement reconnue, on ne sauroit tirer un assez grand partie de la forme crystalline des pierres pour leur donner d'après elle des caractères positifs & déterminés. Plusieurs minéralogistes ont cependant établi des systêmes de lithologie & de minéralogie entière sur la forme régulière des pierres & des minéraux. Linnéus est le premier qui ait adopté ce plan; & s'il n'a pas rempli entièrement l'objet qu'on se propose dans l'établissement des divisions méthodiques, il a au moins excité l'attention des observateurs sur les formes crystallines, & il a mis sur la voix de toutes les découvertes qui ont été faites depuis.

Tel est donc aujourd'hui l'état des opinions relatives à l'influence de la crystallographie, sur l'étude des pierres & des minéraux; elle est très-utile pour éclairer sur la formation de ces substances; elle fournit quelquefois de grandes lumières sur leur nature; elle peut même souvent servir à les faire reconnoître & distinguer les unes des autres; mais elle ne paroît pas suffire pour établir une méthode entière, un systême complet de minéralogie; & elle ne constitue, relativement à cet objet, qu'un seul des moyens qu'il faut employer réunis pour parvenir à cette méthode. M. Romé de Lille, ce savant distingué, auquel on doit tant de travaux sur les formes propres à tous les minéraux, ne s'est pas uniquement servi de la crystallisation pour diviser ces corps; & au lieu de prendre la forme comme la première base de ses divisions, il l'a seulement examinée & décrite dans les substances minérales, classées suivant leur nature saline, pierreuse ou métallique, & d'après leurs diverses combinaisons.

§. II. *De la dureté considérée comme caractère des pierres.*

L'agrégation des molécules qui composent les pierres, présente un grand nombre de variétés, dont les lithologistes se sont servis avec avantage pour les distinguer les unes des autres. Les unes ont une agrégation si forte, & une telle dureté, qu'elles ne se laissent point entamer par l'acier le plus trempé; telles sont les pierres précieuses ou pierres gemmes. D'autres cèdent difficilement à l'action des instrumens, & on peut les tailler avec peine; tels sont les quartz, les cailloux, les agathes, le grès dur, le porphyre, le granit. Toutes ces pierres, frappées brusquement contre une lame d'acier, produisent un grand nombre d'étincelles, ce qui les a fait appeler pierres scintillantes ou ignescentes; cette lumière est due aux petites paillettes détachées de l'acier par le choc des pierres, & enflammées subitement par la chaleur qui est la suite de la forte percussion qu'elles éprouvent. Cette chaleur est même si considérable, que les molécules de fer brisé sont ramollies & fondues, de sorte qu'en les rassemblant sur un papier blanc, & en les observant avec une bonne loupe, elles présentent des espèces de scories demi-calcinées & vitrifiées, semblables à celles qui sortent des forges, & que l'on connoît sous le nom de mâchefer. Les pierres étincelantes ayant différens degrés de densité, depuis l'excessive dureté des crystaux gemmes & du crystal de roche, jusqu'à celle des grès tendres & des brèches vitrifiables d'une formation moderne, on conçoit qu'elles doivent donner plus ou moins d'étincelles, suivant ces degrés.

Il existe un grand nombre d'autres pierres, dont l'agrégation est bien moins considérable, & qui sont assez tendres pour pouvoir être facilement entamées, & taillées par les instrumens d'acier; celles-ci ne font point feu avec le briquet, mais se brisent plus ou moins facilement lorsqu'on les frappe. Il y a aussi un grand nombre de degrés dans la dureté des pierres non scintillantes. Les unes, comme les marbres & l'albâtre, sont susceptibles de recevoir un poli assez beau & uniforme ; les autres ne prennent qu'un faux poli, & ont toujours un aspect gras & brut, comme la plûpart des pierres argileuses ; on juge facilement de cette dureté moyenne & de l'espèce de poli que ces pierres sont susceptibles de prendre, en mouillant leur surface ; on leur donne par ce procédé simple un poli momentané qui se dissipe à mesure que l'humidité qui les enduit s'évapore.

Il faut observer que plusieurs pierres peuvent présenter une véritable scintillation, lorsqu'on les frappe avec l'acier, quoiqu'elles ne soient point dans la classe des pierres ignescentes. Ces étincelles dépendent de ce que ces pierres sont mélangées, & de ce qu'elles contiennent quelques fragmens de celles qui jouissent de cette propriété. C'est ainsi que quelques marbres & plusieurs brèches calcaires donnent des étincelles avec l'acier, parce que ces pierres contiennent des molécules de quartz ou de cailloux, mêlées & implantées dans leur pâte calcaire.

De la densité des pierres suit nécessairement leur pesanteur. Quelques naturalistes ont considéré cette dernière propriété comme fort importante pour la classification des matières pierreuses. Buffon fait un très-grand cas de la pesanteur spécifique, pour reconnoître la nature des pierres ; mais ce caractère important pour

trouver

trouver l'ordre naturel & la nature générale de ces substances, exige des expériences délicates, & ne peut servir qu'auxiliairement dans les méthodes lithologiques, dans lesquelles la facilité & la simplicité sont des conditions nécessaires pour guider les premières études dans cette partie de l'histoire naturelle.

§. III. *De la cassure considérée comme caractère des pierres.*

Lorsqu'on casse toutes les pierres, on observe dans les surfaces découvertes un arrangement particulier de leurs molécules intégrantes, une espèce de tissu distinct dans chacune d'elles. C'est cet aspect que les lithologistes désignent sous le nom de cassure ; il fournit des caractères fort utiles pour distinguer les pierres les unes d'avec les autres. En comparant toutes les observations faites sur la forme & l'aspect de l'intérieur de toutes les pierres connues, on voit qu'il est possible de réduire à certains chefs les différentes espèces de cassures que ces matières présentent. En effet, les unes offrent, comme le verre, des surfaces lisses, polies & formées d'ondes dans leur fracture. Ce caractère constitue la *cassure vitreuse* ; on la trouve très-marquée dans le crystal de roche, le quartz, &c.

D'autres présentent une surface à moitié nette & polie dans leur cassure, mais qui n'est point égale dans tous les lieux séparés par la fracture ; elle est formée de portions successivement arrondies & concaves, & les deux morceaux rapprochés se recouvrent réciproquement à la manière de petites calottes ; on appelle cette apparence *cassure écailleuse ;* ces espèces d'écailles concaves & convexes sont tantôt larges & grandes, tantôt étroites, arrondies, alongées, superficielles, creuses, &c. On les rencontre dans les diverses sortes de cailloux, de jaspe, d'agathe, de petrosilex.

Il est une autre classe de pierres qui, lorsqu'on les casse en fragmens, montrent dans les surfaces nouvellement découvertes un ensemble de petits points saillans & arrondis, semblables à des grains de sable usés par les eaux. Cette forme est appelée *cassure grenue*; on peut l'observer très-facilement dans le grès. La grosseur, la finesse, la surface variées de ces grains donnent encore un assez grand nombre de différences qui peuvent être utiles pour servir de caractères distinctifs entre plusieurs pierres. C'est en raison de cette espèce de cassure qu'on donne quelquefois le nom figuré de *mie* ou *pâte* à l'intérieur des matières pierreuses ; on les désigne aussi quelquefois sous le nom de grain.

Enfin il y a un grand nombre de pierres dont les surfaces brisées offrent des lames polies, chatoyantes, posées à recouvrement les unes sur les autres. Comme la plupart ont porté le nom de spaths, on a appelé cette forme *cassure spathique.* Ces lames diffèrent les unes des autres par leur étendue, leur grandeur, leur épaisseur, leur transparence ou leur opacité, leur position horizontale ou oblique, relativement à l'axe ou au diamètre des pierres cristallisées; car elles annoncent une vraie cristallisation, lorsqu'elles sont brillantes; si elles n'ont point d'aspect chatoyant, la cassure qu'elles forment est simplement *lamelleuse.* C'est la disposition respective de ces lames, si variées dans les pierres gemmes, les spaths calcaires, vitreux, pesans, qui donne toujours naissance à l'aspect brillant ou chatoyant que l'on observe dans le talc, le feld-spath & ses diverses sortes, telles que l'œil de poisson, l'avanturine naturelle, la pierre de Labrador, &c.

Quelques auteurs se sont servis de la forme générale combinée avec la cassure, pour diviser les pierres. Cartheuser a donné, en 1755, un systême de minéralogie, dans lequel il distingue les pierres en lamelleuses, fibreuses, solides & grenues; mais la cassure seule ne peut point servir à l'établissement d'une méthode lithologique complète, & il faut qu'elle soit réunie avec tous les autres caractères que nous examinons dans ce chapitre (1).

§. IV. *De la couleur considérée comme caractère des pierres.*

Les couleurs diverses que l'on trouve dans un grand nombre de pierres dépendent de plusieurs substances combustibles ou métalliques qui leur sont intimement combinées. Tantôt cette couleur est uniformément répandue, tantôt elle n'existe que dans quelques points des matières terreuses ou pierreuses. En général, la partie colorante des pierres est une sorte d'accident inconstant & qui varie suivant un grand nombre de circonstances. Il y a, à la vérité, quelques pierres qui sont toujours colorées d'une manière assez constante, comme on l'observe dans les crystaux gemmes, dans les schorls, les tourmalines, & alors la couleur peut servir de caractère ; mais ce caractère ne peut jamais être employé que pour distinguer quelques sortes, & sur-tout les variétés ; aussi les lithologistes n'en ont-ils fait que peu de cas pour l'établissement de leurs méthodes.

---

(1) Voyez *l'Introduction à la Sciagraphie de Bergman, par M. Mongez le jeune, page 21.*

On doit distinguer dans les couleurs des pierres qui servent à désigner leurs sortes & leurs variétés, celles qui sont uniformes, également répandues dans toutes les parties de la substance pierreuse, accompagnées de la transparence ou de l'opacité, de celles qui y sont distribuées inégalement, par taches irrégulières, par veines, par points, par bandes; il faut aussi faire attention à la quantité des couleurs, qui quelquefois se trouvent au nombre de six ou sept dans les pierres, telles que les marbres. C'est d'après le nombre & la disposition des couleurs dans ces substances naturelles, qu'on distingue les pierres d'une seule couleur, de deux, trois ou quatre couleurs, les pierres variées, tachées, veinées, marbrées, nuancées, ponctuées, fleuries, figurées, herborisées, &c.

§. V. *De l'altération produite par le feu, considérée comme caractère des pierres.*

Quelques minéralogistes ne se sont pas contentés d'examiner les pierres par leurs qualités extérieures & sensibles, ils ont encore cherché dans leurs propriétés chimiques des moyens de les distinguer les unes des autres. L'action du feu & l'altération diverse qu'elles sont susceptibles d'éprouver par cet agent, ont été regardées par plusieurs lithologistes comme un très-bon moyen d'en reconnoître la nature & d'en apprécier les différences. Ils ont remarqué, par les premiers essais, que les unes perdoient leur transparence & leur dureté par l'action du feu, mais sans changer de nature, comme le quartz; que d'autres n'étoient altérées ni dans leur densité ni dans leur transparence, comme le crystal de roche; qu'il y en avoit qui se fondoient & se changeoient plus ou moins facilement en verre de différente couleur, comme les schorls, la zéolite, l'asbeste, l'amiante, les grenats; qu'enfin plusieurs perdoient de leur poids, de leur consistance sans se fondre, & acquéroient la propriété de se dissoudre dans l'eau, comme toutes les pierres calcaires. D'autres expériences plus multipliées & faites avec plus de soin ont démontré que certaines pierres perdoient leur couleur au feu, & que, dans quelques-unes, la couleur prenoit plus d'intensité. Tel est le résultat général des travaux faits par MM. Pott, d'Arcet, & par plusieurs autres chimistes.

Ces diverses espèces d'altérations sont nécessaires à connoître pour rendre l'histoire des pierres plus complète, & pour éclairer sur leur nature; elles apprennent qu'en général les pierres simples sont celles dont le feu change le moins les propriétés, & que plus elles sont composées, plus elles éprouvent de changemens de la part de cet agent ; mais elles ne peuvent point avoir un grand degré d'utilité pour les méthodes lithologiques, puisqu'elles exigent des expériences longues & difficiles à faire, tandis que les caractères avantageux pour la classification des pierres doivent être faciles à saisir, & fondés sur des propriétés que l'œil puisse appercevoir, ou qui puissent être reconnues par des essais simples & prompts.

A la vérité, on peut quelquefois se servir avec avantage de l'altération produite par le feu sur les pierres, lorsque les propriétés extérieures ne suffisent pas pour en assurer la nature, au moyen du chalumeau imaginé par Bergman ; mais quelque simple que soit cette ingénieuse méthode, elle entraîne avec elle la nécessité d'un appareil embarrassant dans les voyages, & ce sera toujours un procédé fait pour être pratiqué dans un laboratoire, plutôt que dans des courses lithologiques (1).

(1) Voyez *le Mémoire sur le Chalumeau & sur son usage, &c. par M. Bergman. Journal de Physique, tome XVIII, 1781, pages 207 & 467.*

§. VI. *De l'action des acides considérée comme caractère des pierres.*

Les acides sont les dissolvans les plus fréquens que l'on emploie en chimie. Quoique nous n'ayons point encore parlé de ces espèces de sels, il est nécessaire que nous disions ici quelques mots sur les phénomènes que les pierres présentent, lorsqu'on les met en contact avec quelques acides. La plupart ne sont en aucune manière altérées par ces sels; mais il en est quelques-unes qui offrent un mouvement très-sensible, & une agitation semblable à une légère ébullition, lorsqu'on met sur leur surface une goutte d'acide nitrique, à l'aide d'un petit tube de verre. Ce phénomène porte le nom d'effervescence; le dégagement d'un grand nombre de petites bulles qui soulèvent la goutte d'acide en est le caractère principal, & il est dû à un fluide aériforme séparé de la substance pierreuse par l'action de l'acide. Ce fluide élastique est lui-même un acide particulier dégagé par l'acide plus actif que l'on verse sur la pierre, & il est le produit d'une véritable décomposition. Toutes les pierres calcaires présentent cette effervescence par le contact des acides, & surtout de celui du nitre qu'on a coutume d'employer pour ces essais. Ce dégagement d'un acide aériforme indique, à la vérité, que la matière d'où il s'échappe est une combinaison saline ; mais comme cette combinaison n'a pas de saveur ni de dissolubilité marquées ; comme d'ailleurs elle forme une grande partie des couches extérieures du globe terrestre, les naturalistes l'ont toujours regardée comme une substance pierreuse.

On distingue donc toutes les pierres en effervescentes & non-effervescentes. Un petit flacon rempli d'acide nitrique devient en conséquence nécessaire dans les voyages & les courses où l'on se propose d'examiner & de ramasser les pierres ; il constitue avec la loupe & le briquet les seuls instrumens nécessaires aux lithologistes.

Depuis que Bergman a proposé l'examen des pierres par le feu, à l'aide du chalumeau, on les essaie aussi par la soude, par le borax & par le sel fusible, qui agissent sur ces matières d'une manière différente suivant leur nature, et présentent en général une fusion plus ou moins complette & accompagnée de phénomènes variés. Nous ferons une mention plus détaillée de ce moyen d'analyser les pierres, dans le chapitre où nous nous occuperons en détail de cette analyse.

CHAPITRE II.

Exposé de la méthode lithologique de M. Daubenton, extraite de son Tableau de Minéralogie.

DE tous les minéralogistes qui se sont occupés de la distribution méthodique des pierres, il n'en est aucun qui ait donné des divisions plus exactes, plus claires, plus faciles à saisir, que M. Daubenton. L'art avec lequel ce naturaliste, si justement célèbre, a fait contraster les caractères de ces substances, rend sa méthode beaucoup plus exacte & plus utile que toutes celles qui ont été proposées jusqu'ici. Les propriétés qu'il a prises pour bases de ces caractères sont toutes constantes & faciles à appercevoir. Elles consistent spécialement dans la forme régulière ou irrégulière ; la transparence plus ou moins grande, ou l'opacité ; la consistance ou la dureté ; le poli que les pierres sont susceptibles de prendre ; la forme des molécules intégrantes, ou leur arrangement respectif qui constitue les cassures vitreuse, écailleuse, grenue, lamelleuse, spathique ; les couleurs, quand elles ne sont point accidentelles ; la surface terne, brillante ou chatoyante. Comme il seroit impossible de rien ajouter à la précision & à la clarté du système de M. Daubenton, nous nous faisons un devoir de présenter ici ses divisions des terres & des pierres, telles qu'il les a données au public dans son Tableau méthodique des minéraux (1).

(1) *Tableau méthodique des Minéraux, suivant leurs différentes natures, & avec des caractères distinctifs, apparens ou faciles à reconnoître ; par M. Daubenton, &c. Paris, chez Demonville, Pierres, Debure, Didot l'aîné, &c.* 1784, in-8°. de 36 pages.

PREMIER ORDRE DES MINÉRAUX.

SABLES, TERRES ET PIERRES (1).

Ces ſubſtances ne ſondent pas dans l'eau comme les ſels, ne brûlent pas comme les ſubſtances combuſtibles, & n'ont pas l'éclat des matières métalliques.

PREMIÈRE CLASSE.

Pierres qui étincèlent par le choc du briquet.

Genre I. Quartz,

ſubſtance cryſtalline, caſſure vitreuſe non-lamelleuſe.

Sorte I. Quartz opaque ou demi-tranſparent.

Variétés.
1 gras.
2 grenu.
3 laiteux.
4 feuilleté.
5 cryſtalliſé.

---

(1) En donnant ici la méthode lithologique de M. Daubenton, nous ne prenons qu'une partie de ſon tableau. Nous ferons connoître dans l'hiſtoire des ſels &

Sorte II. Quartz transparent, CRYSTAL DE ROCHE, *deux pyramides à 6 faces, avec ou sans prisme à 6 pans.*

Variétés.	1 crystallisé.
	2 brut.
	3 blanc.
	4 rouge. *RUBIS DE BOHÊME.*
	5 jaune. *TOPAZE OCCIDENTALE.*
	6 roux ou noirâtre. *TOPAZE ENFUMÉE.*
	7 verd.
	8 bleu. *SAPHIR D'EAU.*
	9 violet. AMÉTHYSTE.
	10 irisé.

des corps combustibles, les divisions de ce savant relatives à ces substances. Comme nous avons eu soin de copier exactement ce tableau, jusqu'à la forme des caractères dans lesquels ses diverses parties sont imprimées, nous croyons devoir joindre ici le commencement de l'avertissement donné par M. Daubenton, relativement aux divisions méthodiques des pierres. C'est ce célèbre naturaliste qui parle.

« Ce tableau a été exposé en manuscrit dès l'année » 1779, dans la salle du collége royal, pendant mes le- » çons : on en a tiré beaucoup de copies. J'y ai fait des » changemens à mesure qu'il m'est parvenu ou que j'ai » acquis de nouvelles connoissances en minéralogie. J'ai » même renoncé pour le présent à exposer sur mon ta- » bleau les résultats de l'analyse chimique des différens » minéraux, comme j'avois commencé de le faire, parce » qu'ils n'ont pas encore été analysés en assez grand

Sorte III. Quartz en fragmens agglutinés, GRÈS, *cassure grenue.*

Variétés.
1 grès dur.
2 tendre.
3 du levant. *Grain tres-fin.*
4 à filtrer. *Poreux.*
5 luisant.
6 veiné.
7 herborisé.
8 à gros grains.

» nombre. Mon objet principal, en faisant le tableau » dont il s'agit, a été de faciliter l'étude de la minéralo- » gie. Le meilleur moyen de répandre les sciences, c'est » de simplifier leurs élémens. Les divisions méthodiques » concourent à ce but : quoiqu'il ne soit pas possible de » mettre leurs caractères parfaitement d'accord avec ceux » des productions de la nature, cependant elles sont » utiles, commodes & même nécessaires. En donnant » une application détaillée de mon tableau, dans le pre- » mier volume de mes Leçons d'Histoire naturelle, qui » est sous presse, j'exposerai les avantages & les défauts » de ma distribution méthodique des minéraux. Je fais » seulement observer ici que les minéraux sont distribués » sur ce tableau par ordres, par classes, par sortes & par » variétés. Les caractères distinctifs de chaque article de » ces divisions méthodiques sont écrits en lettres italiques.

» Il y a des noms en majuscules romaines & d'autres » en majuscules italiques; les premiers sont ceux que je » crois les plus convenables pour les choses qu'ils doi- » vent signifier; les autres sont des synonymes dont l'u-

Sorte IV. Quartz en grains détachés, SABLES,

surface vitreuse.

Variétés.
- 1 anguleux.
- 2 arrondi.
- 3 mouvant.
- 4 fluide.

Sorte V. Quartz en concrétion,

Brèche sablonneuse & quartzeuse.

Genre II. Pierres demi-transparentes,

cassure vitreuse, quelquefois écailleuse.

Sorte I. Agathes,

toutes couleurs, excepté le blanc laiteux, le beau rouge, l'orangé & le verd.

Variétés.
- 1 nuées.
- 2 ponctuées.
- 3 tachées.
- 4 veinées.
- 5 onix.
- 6 irisées.
- 7 herborisées.
- 8 mousseuses.

» sage seroit sujet à des inconvéniens, & que je ne rap-
» porte que pour faire mieux entendre l'application des
» noms que j'ai préférés ».

Sorte II. Calcédoines,

transparence laiteuse.

Variétés.
1 rougeâtres.
2 bleuâtres.
3 veinées.
4 onix.
5 irisées. OPALES.
6 arrondies & solides. GIRASOLS.
7 arrondies & creuses. ENHYDRES.
8 en stalactites.
9 en sédiment.
10 hydrophanes.

Sorte III. Cornalines,

beau rouge.

Variétés.
1 pâles.
2 ponctuées.
3 onix.
4 herborisées.
5 en stalactites.

Sorte IV. Sardoines,

orangé.

Variétés.
1 pâles.
2 veinées.
3 onix.
4 herborisées.
5 noirâtres.

Sorte V. Pierres à fusil,
grises, blondes, rousses, noirâtres.

Variétés. { 1 tuberculeuses.
2 par lits.

Sorte VI. Prases,
vertes.

Variétés. { 1 vertes.
2 nuées.
3 tachées.

Sorte VII. Jades,
polis gras.

Variétés. { 1 blanchâtres.
2 olivâtres.
3 verts.

Sorte VIII. Pétrosilex,
transparence de cire, cassure écailleuse.

Variétés. { 1 blanc.
2 rougeâtre.
3 veiné.

Genre III. Pierres opaques,
cassure vitreuse, quelquefois écailleuse ou terne.

Sorte I. Pierre meulière,
plus ou moins poreuse.

Variétés. { 1 poreuse.
2 pleine.

Sorte II. Cailloux,

couches concentriques.

Variétés.

1 tachés.
2 veinés.
3 onix.
4 œillés,
5 herborisés.
6 réunis en brèche. POUDINGS.

Sorte III. Jaspes,

cassure vitreuse, souvent terne, sans couches concentriques.

Variétés.

1 verts.
2 rouges.
3 jaunes.
4 bruns.
5 violets.
6 noirs.
7 gris.
8 blancs.
9 nués.
10 tachés.
11 veinés.
12 onix.
13 fleuris.
14 universels.
15 par fragmens réunis en brèche.

Genre IV. Spath étincelant, *FELD-SPATH.*

Sorte I. Feld-ſpath criſtalliſé régulièrement.

Variétés.
1 en priſme oblique à 4 pans.
2 en priſme à 6 pans avec des ſommets à 2 faces.
3 en priſme à 10 pans avec des ſommets à 2 faces & 4 facettes.

Sorte II. Feld-ſapth criſtalliſé confuſément.

Variétés.
1 blanc.
2 gris de perle. ŒIL DE POISSON.
3 rouge.
4 rouge à paillettes brillantes. AVANTURINE NATURELLE.
5 vert.
6 bleu.
7 violet.
8 à reflets colorés en vert & en bleu. *PIERRE DE LABRADOR.*
9 à reflets diverſement colorés. ŒIL DE CHAT.

Genre V. Criſtaux gemmes,
tranſparens & lamelleux, non-électriques par chaleur ſans frottement.

Sorte I. Rouges.

Variété.
1 Grenats,
criſtalliſé à 12, 24 ou 36 faces. Il y a auſſi des Grenats jaunes, bruns, &c.

2 Rubis-balais.

Variété. *couleur de rose, cristallisés en octaèdre.*

Sorte II. Rouges & orangés.

Variétés.

3 Rubis spinelles,
couleur de feu, cristallisés comme le rubis-balais.

4 vermeilles,
cristallisées comme le grenat.

5 Hyacinthe-la-belle,
cristallisée à 4 pans exagones, avec des sommets à 4 faces rhomboïdales.

Sorte III. Orangés.

6 Hyacinthes,

Variété. *cristallisées comme l'hyacinthe-la-belle.*

Sorte IV. Jaunes.

Variétés.

7 Topases d'orient,
cristallisées à 2 pyramides à 6 faces.

8 Topases de Saxe,
cristallisées à 8 pans, avec des sommets à 13 faces.

Sorte V. Jaunes & verts.

9 Péridots, CHRYSOLITES, cristallisées en prisme à 16 pans, avec des pyramides à 6 faces.

Variété.

Sorte VI. Verts.

Variété. 10 Emeraudes du Pérou,
cristallisées en prisme à 6 pans.

Sorte VII. Verts & bleus.

Variété. 11 Aigue-marine,
cristallisée comme de la Topase de Saxe.

Sorte VIII. Bleus.

Variété. 12 Saphirs d'orient,
cristallisés comme la Topase d'orient.

Sorte IX. Indigos.

Variété. 13 Saphirs indigos,
cristallisés comme la Topase & le Saphir d'orient.

Sorte X. Rouges & violets (1).

Variétés. { 14 Grenats Syriens,
cristallisés comme le grenat.
15 Rubis d'orient,
cristallisés comme la topase & le saphir d'orient.

---

(1) Les pierres gemmes qui ont été formées sans matière colorante, sont blanches. *Note de M. Daubenton.*

Genre VI. Criſtaux gemmes Tourmalines,

compoſés de lames perpendiculaires à l'axe du criſtal, électriques par la ſeule chaleur ſans frottement.

Variétés.

1 Rubis du Bréſil, *rouge en priſme à 4 pans, avec des pyramides à faces.*

2 Topaſe du Bréſil, *jaune, criſtalliſée comme le rubis du Bréſil.*

Genre VII. Tourmalines.

électriques par la chaleur ſeule ſans frottement, point de lames perpendiculaires à l'axe du criſtal.

Variétés.

1 Tourmalines de Ceylan, *tranſparentes, orangées, peu cannelées.*

2 Tourmalines d'Eſpagne, *tranſparentes à une grande lumière, orangées, tres-cannelées.*

3 Tourmalines du Tyrol, *félures tranſverſales dans le priſme.*

4 Tourmalines de Madagaſcar, SCHORLS DE MADAGASCAR, *opaques, noires.*

5 Tourmalines lenticulaires.

6 Péridots de Ceylan, *jaunes & verts, très-cannelés.*

7 Péridots du Bréſil, *jaunes & verts, très-cannelés.*

Variétés. { 8 Emeraudes du Brésil, *vertes*.
9 Saphir du Brésil, *bleu* (1).

Genre VIII. Schorls,

non-électriques par chaleur sans frottement, cristaux opaques, ou longues aiguilles vertes demi-transparentes.

Sorte I. Schorls cristallisés.

Variétés. {
1 en prisme oblique à 4 pans.
2 en prisme à 6 pans.
PIERRE DE CROIX.
3 en prisme à 6 pans, avec des sommets à 2 faces, ou des pyramides à 3 ou 4 faces.
4 en prisme à 8 pans, avec des sommets à 2 faces.

Sorte II. En fragmens articulés.

Variétés. {
1 Schorl spathique, *des stries avec des reflets spathiques.*
2 en masse, PATE DE SCHORL, *cassure à points brillans.*

Genre IX. Pierres d'azur,

opaque & bleue.

Variétés. { 1 bleue pourprée.
2 bleue.

---

(1) Toutes ces tourmalines, excepté la tourmaline lenticulaire, sont cristallisées en prisme à 9 pans, avec des sommets à 3 ou 6 faces. *Note de M. Daubenton.*

SECONDE CLASSE.

Terres & Pierres qui n'étincèlent pas sous le briquet, & qui ne font point d'effervescence avec les acides.

Genre I. Argiles,

molles, elles sont ductiles ; sèches, elles se polissent sous le doigt.

Sorte I. Argiles absolument infusibles.

Variétés.
1 pour les pots de verreries.
2 pour les pipes à fumer.

Sorte II. Argiles en parties fusibles.

Variétés.
1 pour la porcelaine.
2 pour la poterie d'Angleterre.
3 pour la poterie de grès.

Sorte III. Argiles entièrement fusibles.

Variétés.
1 pour la poterie commune.
2 pour la faïence.
3 pour les carreaux.
4. pour la tuile.
5 pour la brique.

Genre II. Schites,

cassure feuilletée & argileuse.

Variétés.
- 1 Pierre noire.
- 2 Schites communs.
- 3 Ardoise.
- 4 Pierre à polir.
- 5 Pierre verte.
- 6 Pierre à rasoir.
- 7 par fragmens réunis en brèche.

Genre III. Talc,

lames polies & luisantes, sans cassure spathique.

Sorte I. Talc en grandes feuilles.

Variété. Talc de Moscovie.

Sorte II. En petites feuilles.

Variété. Mica.

Genre IV. Stéatites,

douces au toucher comme le suif.

Sorte I. Stéatites par couches.

Variétés.
- 1 Craie de Briançon fine.
- 2 Craie de Briançon grossière.

Sorte II. Stéatites compactes.

Variétés.
- 1 Pierre de lard.
- 2 Craie d'Espagne.

Sorte III. Pierres ollaires.

Variétés.
- 1 Pierre de Côme.
- 2 Pierre ollaire feuilletée.

Genre V. Serpentines,

le poli & les couleurs du marbre.

Sorte I. Serpentines opaques.

Variétés. { 1 tachées.
2 fibreuſes.

Sorte II. Serpentines demi-tranſparentes.

Variétés. { 1 grenues.
2 fibreuſes.

Genre VI. Amiante,

filamens non-calcinables, feuillets plus légers que l'eau.

Sorte I. Amiante en filets doux.

Variétés. { 1 Amiante longue.
2 Amiante courte.

Sorte II. Amiante en filamens durs.

Variétés. { 1 Asbeſte mûr.
2 Asbeſte non-mûr.

Sorte III. Amiante en feuillets.

Variétés. { 1 Cuir foſſile.
2 Liége foſſile.

Genre VII. Zéolites,

en rayons divergens, ou ſolubles en gelée par les acides.

Sorte I. Zéolite criſtalliſée.

Sorte II. Zéolite compacte.

Variétés. { 1 blanche.
2 bleue.
3 rouge.

Genre VIII. Spath-fluor,

fragmens à faces triangulaires, toutes inclinées les unes sur les autres.

Sorte I. Spath-fluor en cristaux.

Variétés.
1. octaèdres.
2. octaèdres cunéiformes.
3. à 14 faces.
4. cubiques.

Sorte II. Spath-fluor en masses informes.

Genre IX. Spath pesant,

fragmens rhomboïdaux, faces latérales perpendiculaires sur la base.

Sorte I. Spath pesant cristallisé.

Variétés.
1. en lames rhomboïdales.
2. en octaèdres à sommets aigus.
3. en octaèdres à sommets obtus.
4. en lames exagones à sommets aigus.
5. en lames exagones à sommets obtus.
6. en tables.
7. en crête de coq.

Sorte II. Spath pesant cristallisé confusément.

PIERRE DE BOLOGNE.

Genre X. Pierre pesante, *TUNGSTEN*,

semblable au spath-fluor par la forme de ses fragmens, mais beaucoup plus pesante; elle jaunit dans les acides.

TROISIÈME CLASSE.

Terres & Pierres qui font effervefcence avec les acides (1).

Genre I. Terres calcaires,
effervefcence avec les acides.

Sorte I. Compactes.
Variété. Craie.

Sorte II. Spongieufes.
Variété. Moëlle de Pierre.

Sorte III. En poudre.
Variété. Farine foffile.

Sorte IV. En bouillie.
Variété. Lait de lune.

Sorte V. Figurées.
Variété. En congellation.

(1) Quoique ces fubftances foient regardées aujourd'hui par les chimiftes comme des fels neutres, formés par l'union de la chaux & de l'acide carbonique, nous croyons devoir les préfenter ici à la fuite des matières terreufes, pour faire connoître l'enfemble de la méthode de M. Daubenton. Les naturaliftes qui n'emploient dans leurs diftributions méthodiques que des caractères extérieurs & frappans, doivent regarder ces fubftances comme de véritables terres; on les trouvera confidérées fous un autre point de vue dans l'hiftoire des matières falines.

Genre II. Pierres calcaires,

mauvaises couleurs & mauvais poli.

Sorte I. A gros grains.

EXEMPLE.

La pierre d'Arcueil.

Sorte II. A grain fin.

EXEMPLE.

La pierre de Tonnerre.

Genre III. Marbres,

cassure grenue, belles couleurs, beau poli.

Sorte I. Marbres de six couleurs.

Variétés. { blanc, gris, vert, jaune, rouge & noir.

EXEMPLE.

Marbre de Wirtemberg.

Sorte II. Marbres de deux couleurs.

Variétés. { Suivant les 15 combinaisons, 2 à 2 des 6 couleurs.

EXEMPLE.

blanc & gris.

Marbre de Carrare.

Sorte III. Marbres de trois couleurs.

Variétés. { Suivant les 20 combinaisons, 3 à 3 des 6 couleurs.

EXEMPLE.

gris, jaune & noir.

Lumachelle.

Sorte IV. Marbres de quatre couleurs.

Variétés.
- Suivant les 15 combinaisons, 4 à 4 des 6 couleurs.

EXEMPLE.

blanc, gris, jaune & rouge.
Brocatelle d'Espagne.

Sorte V. Marbres de cinq couleurs.

Variétés.
- Suivant les 6 combinaisons, 5 à 6 des 6 couleurs.

EXEMPLE.

blanc, gris, jaune, rouge & noir.
Brèche de la vieille Castille.

Genre IV. Spath calcaire,

forme régulière, cassure spathique.

Sorte I. Spath calcaire en cristal.

Variétés.

1 rhomboïdal obtus.

SPATH D'ISLANDE.

2 rhomboïdal lenticulaire.
3 rhomboïdal lenticulaire, avec 6 faces triangulaires.
4 rhomboïdal aigu.
5 à 12 faces pentagonales.
6 à 3 faces triangulaires.
7 en prisme à 6 pans.
8 à 6 pans rhomboïdaux & à 6 faces en losange.
9 à 12 faces triangulaires scalènes.

Variétés.
- 10 à 12 faces à 4 ou 5 côtés, & 6 facettes quadrilatères.
- 11 à 6 faces exagones, & 12 facettes à 4 côtés.

Sorte II. Spath calcaire en ſtries.

Variétés.
- 1 à ſtries parallèles.
- 2 à ſtries divergentes.

Genre V. Concrétions,

couches ſucceſſives.

Sorte I. Concrétions par ſtalactites.

Variétés.
- 1 colonnes.
- 2 en nappes.
- 3 façonnées en albâtre.

Sorte II. Concrétions par incruſtations.

Sorte III. Concrétions par ſédimens.

Variétés.
- 1 par ſédimens horiſontaux.
- 2 par ſédimens arrondis.

QUATRIÈME CLASSE.

Terres & Pierres mélangées.

Terres mélangées.

Genre I. Sablon & argile.

Sorte I. Sablon des fondeurs.

Variété. Sablon de Fontenai-aux-Roſes.

Genre II. Sable & terre calcaire.

Genre III. Argile & terre calcaire.

Sorte I. Marne.

Variétés.
1 Marne, bol d'Arménie.
2 Marne, terre sigillée.
3 Pierre à détacher.
4 Terre à foulon.
5 Terre à porcelaine.
6 Terre à pipe.
7 Terre à faïance.
8 Marne blanche.
9 Marne feuilletée.
10 Marne d'engrais.

Pierres mélangées.

DEUX GENRES.

Quartz & Spath étincelant.	Granitin.
Quartz & Schorl.	Granitelle.
Quartz & Stéatite.	Stéatite quartzeuse.
Quartz & Mica.	Quartz micacé.
Quartz transparent & Mica.	Cristal micacé.
Quartz en grès & Pierre gemme	1 Grenat sur du grès. 2 Grenat dans du grès.
Quartz en grès & Mica. . .	Grès micacé.
Quartz en grès & substance calcaire.	1 Grès cristallisé. 2 Grès en stalactites.

Quartz

Quartz en ſablon & Pierre opaque.	Brèche ſablonneuſe & ſilicée.
Quartz en ſablon & Schite.	Schite étincelant. *PIERRE DE CORNE. TRAP.*
Quartz en ſablon & Zéolite.	Zéolite étincelante.
Spath étincelant & pâte de Schorl.	Ophite.
Pierre demi-tranſparente & Pierre opaque.	Agate jaſpée, ou Jaſpe agaté.
Schorl & Mica.	Schorl ſpatique micacé.
Schite & Mica.	Schite micacé.
Schite & Marbre.	Pierre de Florence.
Serpentine & Marbre. . .	1 Marbre vert d'Egypte. 2 Marbre vert de mer. 3 Marbre vert antiq. 4 Marbre vert de Suze. 5 Marbre vert de Varalte.
Spath peſant & matière calcaire.	Spath peſant alcalin.

DE TROIS GENRES.

Quartz en ſablon, Schite & Mica.	Pierre à faulx.
Quartz, Pierre gemme & Mica.	Roche granatique.

Pâte quartzeuse, Spath étincelant en petits fragmens, & Schorl.	Porphyre.
Pâte quartzeuse, Spath étincelant en gros fragmens, & Schorl.	Serpentin. SERPENTINE DURE.
Quartz, Schorl & Stéatite.	Roche tuberculeuse.
Quartz, Spath étincelant, & Schorl.	Granit.

DE QUATRE GENRES.

Quartz, Spath étincelant, Schorl & Mica.	Granit.

D'UN NOMBRE PLUS OU MOINS GRAND DE GENRES RÉUNIS EN BRÈCHES.	Brèches universelles.

DOUBLES BRÈCHES.

Variétés.
1 Fragmens de Porphyre & pâte de Porphyre.
2 Fragmens de Granit & pâte de Schorl.

PRODUITS DES VOLCANS (1).

Genre I. Laves ou matières volcaniques, c'est-à-dire, formées par des Volcans.

Sorte I. Scories poreuses.

Variétés.
- 1 en masses informes.
- 2 en masses cordées.
- 3 en forme de stalactites.
- 4 en fragmens, LAPILLO.
- 5 en petits fragmens, POUZZOLANE.
- 6 en poussière. CENDRE DES VOLCANS.

Sorte II. Basalte,

compacte & étincelant, cassure noirâtre-cendrée, &c. avec des points brillans, sans feuillets, comme ceux du Schiste étincelant.

Variétés.
- 1 en masses informes.
- 2 en boules.
- 3 en tables.
- 4 en prismes à 3, 4, 5, 6, 7, 8 ou 9 pans.
- 5 en prismes articulés.

(1) M. Daubenton place à la suite des minéraux les produits des volcans, sans les ranger dans aucun des quatre ordres qui constituent sa méthode. Comme on a coutume d'en étudier l'histoire avec celle des pierres, j'ai cru devoir les réunir à ces substances.

Sorte III. Verre.

Variétés.
1 en filets détachés,
FIEL DE VERRE.
2 en filets agglutinés,
PIERRE PONCE.
3 en masse compacte.
LATTIER DES VOLCANS.
PIERRE OBSIDIENNE.

Genre II. Matières volcanisées, c'est-à-dire, altérées par la chaleur des Volcans, *indices de cuisson, de calcination, de fonte ou de vitrification.*

Sorte I. Granit.
II. Grenat.
III. Hyacinthe.
IV. Mica.
V. Peridot.
VI. Quartz.
VII. Schorl.
VIII. Spath étincelant.
IX. Substances calcaires.
X. Terres cuites, Tripoli.

PIERRES dont on ne connoît pas assez la nature pour les classer.

Jargon de Ceylan,

crystaux en prismes rectangles, avec des pyramides à quatre faces triangulaires.

Il paroît que l'on donne le nom de Jargon à plusieurs pierres dont la structure n'est pas encore connue.

Macles,

en prismes carrés ou cylindriques, dont la coupe transversale présente une croix bleue.

On a regardé le macle comme un Schorl; mais cette opinion n'est pas prouvée.

Crystaux blancs,

en prismes comprimés à dix pans, avec deux sommets à quatre faces, dont l'un forme un angle rentrant, & l'autre un angle saillant.

Crystaux violets ou verts,

rhomboïdaux avec deux facettes à la place de deux arrêtes opposées.

On donne à ces crystaux blancs, violets & verts, le nom de Schorl, quoiqu'ils ne paroissent pas être de même nature que les Schorls.

CHAPITRE III.

De la qualification des Terres & des Pierres, d'après leurs propriétés chimiques.

LES chimiſtes qui ſe ſont occupés de l'examen des minéraux ont penſé qu'il étoit important d'établir entr'eux des rapports ou des différences, d'après leur nature & leurs propriétés chimiques. Quoique leurs travaux n'aient point encore été aſſez multipliés ſur les terres & ſur les pierres, pour conſtituer des diviſions très-exactes de ces corps, d'après l'ordre de leur compoſition, & d'après leur nature intime, il eſt cependant eſſentiel de ſavoir quel eſt l'état actuel des connoiſſances chimiques ſur ces ſubſtances, & leur influence ſur la manière de les claſſer.

Parmi tous les ſavans qui depuis Cronſtedt ont adopté les propriétés chimiques pour claſſer les ſubſtances terreuſes & pierreuſes, MM. Bucquet, Bergman & Kirwan ſont ceux qui s'en ſont ſervis avec le plus d'avantage, & qui ont donné les ſyſtêmes les plus complets de lithologie conſidérée chimiquement. L'ordre ſuivi par ces trois chimiſtes n'étant pas le même, & chacun d'eux préſentant cependant des avantages marqués, nous croyons devoir faire connoître leurs ſyſtêmes, en indiquant en même-temps les objets qui manquent encore à leurs méthodes.

§. I. *De la diviſion chimique des terres & des pierres, propoſée par Bucquet.*

Bucquet, après avoir long-temps cherché à réunir les caractères donnés par les naturaliſtes pour diſtinguer les terres & les pierres, avec ceux que la chimie fournit ſur ces matières, avoit enfin adopté un ordre compoſé qu'il ſe propoſoit de ſuivre dans ſes cours lorſque la mort l'enleva aux ſciences. J'ai recueilli dans ſes converſations, pendant la maladie lente à laquelle il a ſuccombé, tous les détails relatifs à cette méthode lithologique ; & c'eſt le fruit de ſes entretiens éclairés que j'ai déjà communiqué au public dans la première édition de cet Ouvrage. Je donnerai cette méthode telle que je l'ai déjà expoſée, & j'y ajouterai des notes devenues néceſſaires par les travaux des ſavans qui ſe ſont occupés de cet objet depuis 1779.

Suivant Bucquet, les terres & les pierres doivent être diviſées en trois ſections ; il comprend dans la première les terres & les pierres ſimples ; dans la ſeconde, les terres & les pierres composées ; & dans la troisième, les terres & les pierres mélangées.

Les terres & pierres simples & bien pures sont insipides, sèches, dures, indissolubles & infusibles. Si quelques-unes d'entr'elles paroissent s'éloigner de ces caractères, & sur-tout avoir une sorte de fusibilité, ce n'est jamais qu'au mélange de quelques matières étrangères qu'elles la doivent. L'analyse chimique ne peut séparer celles qui sont bien pures en plusieurs substances; mais le nombre de ces pierres est bien moins étendu que ne le croyoit Bucquet.

Les terres & pierres composées doivent être regardées comme des combinaisons de différentes terres simples avec des substances salines & des métaux. Ces combinaisons ont été faites dans le grand laboratoire de la nature par l'eau ou par le feu ; leurs caractères chimiques sont d'être très-fusibles, de donner des verres différens par l'action du feu, & de pouvoir être séparées en plusieurs substances simples, par l'action des dissolvans, & sur-tout des acides.

Les terres & pierres mélangées se reconnoissent à l'œil; elles paroissent formées par l'assemblage irrégulier des différentes pierres ou terres simples & composées. On conçoit que pour en faire l'analyse, il faut en séparer les matières diverses mêlées irrégulièrement, & examiner séparément les unes & les autres de ces ſubſtances. Alors les expériences chimiques peuvent indiquer leur nature d'une manière certaine.

SECTION I.

Terres & Pierres ſimples.

On les diviſe en quatre Ordres.

ORDRE I. *Pierres vitreuſes.*

Elles ſont d'une dureté extrême, d'une tranſparence parfaite ; leur caſſure eſt vitreuſe ; elles ſont feu avec le briquet ; la chaleur n'en altère ni la tranſparence, ni la dureté.

Ce premier ordre contient deux genres, le criſtal de roche & les pierres précieuſes vitreuſes.

Genre I. CRYSTAL DE ROCHE.

Le cryſtal de roche préſente tous les caractères des pierres vitreuſes dans le degré le plus marqué. Il ſe diſtingue du genre ſuivant par ſa caſſure, ſemblable à celle du verre.

On peut diviſer ces différentes ſortes,

1°. Quant à la forme.

Sorte.

1. Cryſtaux iſolés hexaèdres, avec deux pyramides hexaèdres ; ils opèrent une réfraction double, ſuivant M. l'abbé Rochon.

Sortes.

2. Cryſtaux hexaèdres réunis, à une ou à deux pointes.

3. Cryſtaux en priſmes tétraèdres, dodécaèdres aplatis, &c. Ce ſont toujours des hexaèdres dont les faces ſont variées & irrégulières.

4. Cryſtal de roche en maſſe, de Madagaſcar; il opère une réfraction double comme le premier.

2°. Quant à la couleur.

5. Cryſtal de roche rougeâtre.

6. Cryſtaux enfumés.

7. Cryſtaux noirs.

8. Cryſtaux jaunes.

9. Cryſtaux bleus.

10. Cryſtaux verts.

3°. Quant aux accidens.

11. Cryſtal de roche creux.

12. Avec de l'eau.

13. Cryſtaux emboîtés.

14. Cryſtaux roulés, cailloux du Rhin.

15. Cryſtaux encroûtés de chaux métalliques.

16. Cryſtaux en géodes.

17. Cryſtaux contenant de l'amiante.

Sortes.

18. Cryſtaux contenant du ſchorl.

19. Cryſtaux encroûtés de pyrites.

Leur formation par l'eau eſt prouvée,

1°. Par leur tranſparence.

2°. Par la forme des petits cryſtaux.

3°. Par deux cryſtaux enfermés.

4°. Par les matières altérables au feu qu'ils contiennent.

On les taille pour en faire des vaſes & des bijoux.

Genre II. *Pierres précieuses, vitreuses.*

Les pierres précieuſes que nous plaçons ici, ont tous les caractères du cryſtal de roche, & ſur-tout ſa parfaite inaltérabilité au feu. Quoique cela ſemble intervertir l'ordre naturel, & quoique Bergman aſſure avoir trouvé dans ces pierres pluſieurs matières combinées, leur dureté, leur tranſparence, la manière dont elles ſe comportent au feu, les rapproche du cryſtal de roche. Elles en diffèrent cependant par une dureté plus conſidérable, une couleur plus vive & plus nette, & par une caſſure lamelleuſe. La différence qui exiſte entre toutes les pierres précieuſes, ſur-tout relativement à leur manière d'être altérées par le feu, a engagé Bucquet à les ſéparer les unes des autres, & à les rapprocher des ordres des pierres avec lesquels chacune d'elles paroît avoir le plus de rapport.

Les quatre pierres précieuses que nous distinguons des autres par le nom de vitreuses, sont :

Sortes.

1. La topaze orientale.
2. L'hyacinthe.
3. Le saphir oriental.
4. L'améthyste.

M. Daubenton a toujours regardé cette dernière comme un cristal de quartz.

ORDRE II. *Pierres quartzeuses.*

Elles ont moins de dureté & de transparence que les premières ; leur cassure est vitreuse, elles font feu avec le briquet. La chaleur leur fait perdre leur dureté & leur transparence, & les réduit en une terre blanche & opaque (1) ; nous rangeons quatre genres de pierre dans cet ordre.

(1) C'est en raison de cette altérabilité par le feu, que Bucquet avoit cru devoir distinguer le quartz du crystal de roche, & en faire un genre particulier. Il avoit aussi remarqué que cette pierre trempée dans l'eau, après avoir été rougie au feu plusieurs fois de suite, donnoit à ce fluide un caractère acide. Les expériences ultérieures apprendront si cette distinction est bien fondée.

Genre I. *Quartz.*

Il réunit tous ces caractères.

Sortes.

1. Quartz transparent, cryſtalliſé en pyramides hexagones, ſans priſmes bien marqués, ou avec des priſmes très-courts.
2. Quartz transparent en maſſe.
3. Quartz opaque, ou laiteux.
4. Quartz gras.
5. Quartz carié.
6. Quartz coloré en vert, en bleu, en violet; prime d'améthyſte.
7. Quartz jaune à caſſure lamelleuſe.

Topaſe { de Saxe. / du Bréſil.

Ces topaſes ont tous les caractères du quartz.

Genre II. *Caillou, Agate.*

Les cailloux & les agates forment de petites maſſes roulées, le plus ſouvent opaques, quelquefois demi-tranſparentes, creuſes ou ſolides, diverſement colorées & diſpoſées par lits dans la craie, comme les cailloux, ou dans l'argile, comme les agates. Leur caſſure eſt quelquefois écailleuſe.

Sortes.

1. Caillou gr.
2. Caillou jaune.
3. Caillou rouge.
4. Caillou corné, pierre à fusil.
5. Caillou brun d'Egypte.
6. Caillou transparent nuancé, agate d'Allemagne.
7. Agate rouge, cornaline.
8. Agate rouge pâle, carnéole.
9. Agate brune ou jaune, sardoine.
10. Agate-onyx disposée par couches concentriques.
11. Agate Camée disposée par couches horisontales; l'une & l'autre de ces dispositions dépend du sens dans lequel on les scie.
12. Agates figurées. { Dendrites; agates herborisées (1). Antropomorphites. Zoomorphites. Uranomorphites.
13. Agate persillée, marquée de petits points verdâtres; souvent dus à des mousses.
14. Agate de quatre couleurs; agate élémentaire.

---

(1) M. Daubenton a démontré dans un mémoire qu'il a lu à l'académie, que les pierres herborisées contiennent des mousses très-fines, ou de petits grains de mines de fer noir.

Sortes.

15. Agate grise, Chalcédoine grise.

16. Agate blanche laiteuse, chalcédoine. par couches; en stalactites; roulée, cacholong.

17. Agate blanche à reflets chatoyans. { Chatoyante des lapidaires. Œil de chat. Œil du monde, ou hydrophane. Opale. Girasol.

18. Agate brune à points brillans, & dorés, avanturine.

19. Agate orientale.

20. Agate renfermant de l'eau, Enhydre.

La formation du quartz, des agates & des cailloux est due à l'eau, comme le prouvent

1°. Leur forme.

2°. Leurs couches.

3°. Leurs masses.

4°. L'eau qu'elles contiennent.

5°. Les matières organiques qui y sont mêlées; comme dans les agates mousseuses ou persillées.

L'histoire des géodes prouve encore cette formation; ce sont des boîtes pierreuses, remplies de crystaux; on y trouve du silex & du quartz disposés par couches concentriques.

Genre III. *MATIÈRES ORGANIQUES, SILICIFIÉES ET AGATIFIÉES*

La forme organique encore reconnoiſſable, jointe aux caractères des pierres quartzeuſes, les diſtingue de tous les autres genres de cet ordre (1).

Sortes.

1. Bois pétrifié, encore fibreux & ſuſceptible de poli.
2. Bois dont l'eſpèce eſt reconnoiſſable à cauſe de ſon tiſſu. — Sapin.
3. Ourſins & madrépores ſilicifiés.
4. Coquilles agatifiées.
5. Carpolites; on les a fauſſement regardées comme des fruits pétrifiés ; ce ſont de petits *ludus Helmontii* ſilicifiés.
6. Entrochites.
7. Pierre frumentaire ſiliceuſe.
   Elle fait feu avec le briquet, nulle effervescence avec les acides; elle paroît formée de cornes d'Ammon, caſſées perpendiculairement ſur leurs volutes.

(1) Il ſeroit peut-être beaucoup plus dans l'ordre naturel de faire une claſſe particulière des ſubſtances animales & végétales altérées par leur ſéjour dans la terre. Cette claſſe pourroit porter le nom de *foſſiles*, & devroit être miſe à la ſuite du règne organique.

Il

Il y a deux opinions ſur la pétrification. Les uns croient que les matières organiſées ont été entièrement changées en pierre ; d'autres penſent que les vides laiſſés dans les terres molles par les ſubſtances animales, ou les intervalles du tiſſu fibreux des végétaux, ont été remplis par la matière terreuſe qui s'y eſt dépoſée peu-à-peu ; il n'y a rien de bien certain ſur la cauſe de ce phénomène. On obſerve que les matières végétales deviennent preſque toujours quartzeuſes, tandis que les matières animales deviennent le plus ſouvent calcaires, rarement ſilicées, & que preſque jamais les végétaux ne paſſent avec leur tiſſu à l'état calcaire (1). Cette obſervation ſuffit pour faire concevoir qu'il n'y a point de pétrification proprement dite, ou de changement des ſubſtances organiques en pierre ; puiſque, 1°. les coquilles & les madrépores ne font que perdre leur mucilage ou gluten animal par la putréfaction, & ſont réduits à leur

(1) Depuis la découverte du gaz acide fluorifique, qui a la propriété de dépoſer de la terre ſilicée, quelques naturaliſtes ont penſé que la pétrification étoit due à un phénomène analogue ; mais cette opinion ne doit être regardée que comme une hypothèſe, juſqu'à ce qu'on ait démontré l'exiſtence d'un acide tenant en diſſolution de la terre ſilicée dans l'intérieur du globe.

squelette calcaire, qui existoit tout entier pendant la vie de leurs habitans; 2°. les bois prétendus pétrifiés ne sont que des dépôts de la terre vitrifiable dans les moules laissés par les végétaux putréfiés; à mesure que chaque fibrille se pourrit, la terre silicée est déposée par l'eau dans la cavité qui retient la forme d'un tissu organique, & il ne reste rien de la matière végètale dans ces bois pétrifiés.

Genre IV. *JASPE.*

Le jaspe a tous les caractères des pierre quartzeuses. Il n'est pas fusible, il perd son agrégation au feu. C'est une pierre très-dure, susceptible d'un beau poli, opaque, variée de différentes couleurs. Sa cassure est vitreuse & terne. On le trouve rarement rangé par couches; le plus souvent il forme des masses considérables ou des veines dans les rochers. Il se rencontre aussi en petites masses roulées. La plûpart des échantillons de jaspe sont mélangés de quartz & de chalcédoine. Quelques-uns contiennent du spath calcaire.

Les sortes de jaspe ont été très-multipliées par les naturalistes. On peut les réduire aux suivantes :

Sortes.

1. Jaspe blanc.

Sortes.

2. Jaſpe gris.
3. Jaſpe jaune.
4. Jaſpe rouge.
5. Jaſpe brun.
6. Jaſpe vert.
7. Jaſpe veiné.
8. Jaſpe taché.
9. Jaſpe vert, avec des points rouges. Jaſpe ſanguin.
10. Jaſpe fleuri.

On fait des bijoux, & ſur-tout des coupes & des cachets avec le jaſpe. Pluſieurs gravures antiques ſont faites ſur des pierres de cette nature.

Genre V. *GRÈS*

Le grès eſt opaque, d'une caſſure grenue; beaucoup moins dur que le quartz & le caillou; il eſt en maſſes énormes, plus ou moins dures, d'un grain plus ou moins fin & ſerré.

Sortes.

1. Grès cryſtalliſé en rhombes : M. de Laſſone a démontré que leur forme n'eſt due qu'à la craie qui leur eſt unie (1).
2. Grès en choux-fleurs, en boules &c.
3. Grès en ſtalagmites.

---

(1) *Mémoire de l'Académie*, *année* 1777.

Sortes.

4. Grès blanc.
5. Grès gris.
6. Grès rouge.
7. Grès noir ou brun.
8. Grès veiné.
9. Grès figuré ou herborisé.
10. Grès dont l'agrégation est détruite ; sable.

Le sable présente les variétés suivantes.

Variétés.

1. Sable mouvant.
2. Sable anguleux.
3. Sable arrondi par l'eau.
4. Sable pur & blanc.
5. Sable micacé, *glarea*.
6. Sable jaunâtre & argileux, sable des Fondeurs.
7. Sable ferrugineux jaune.
8. Sable ferrugineux noir.
9. Sable bleu cuivreux.
10. Sable d'étain violet.
11. Sable aurifère.

ORDRE III. *Terres & Pierres argileuses.*

Elles sont grasses, liantes, adhérentes à la langue, feuilletées, souvent colorées, disposées en grandes masses & par couches.

Leur agrégation est moins forte que celle des pierres quartzeuses; elles ont plus de force de combinaison ; aussi les trouve-t-on souvent altérées. La chaleur leur donne de la retraite, & une telle dureté, qu'elles imitent les pierres quartzeuses, & deviennent susceptibles de faire comme elles feu avec le briquet. L'eau les réduit en pâte, les divise, les purifie; elles s'y unissent & la retiennent si fort, qu'on ne peut leur en enlever les dernières portions.

Une partie de leur substance se combine avec les acides. Quelques chimistes ont pensé que l'argile n'étoit que la terre silicée, altérée par l'acide sulfurique; mais cette opinion n'a point encore de preuves directes.

Plusieurs naturalistes ont cru que les terres vitrifiables exposées pendant long-temps aux agens extérieurs; l'eau, l'air, la chaleur, se divisoient peu-à-peu, se réduisoient en molécules fines & douces au toucher, devenoient susceptibles de s'unir à l'eau, & passoient enfin a l'état d'argiles. Cette théorie, fondée sur quelques observations exactes, paroît mériter plus de confiance que la première; mais ni l'une ni l'autre ne sont encore entièrement démontrées.

C'est sur les deux propriétés de faire une pâte ductile avec l'eau, & de se durcir par la chaleur, que sont fondés les arts de la tuilerie, de la briqueterie, de la poterie, de la faïencerie & de la porcelaine, dont les détails appartiennent à l'histoire de ces terres.

Les naturalistes ont décrit un très-grand nombre d'espèces de ces pierres; ils ont confondu avec elles beaucoup de fausses argiles, ainsi que des pierres composées, comme la serpentine, la zéolite, le trap, &c.

On ne doit donner le nom d'argile qu'aux terres qui durcissent au feu, peuvent se délayer dans l'eau, & forment de l'alun avec l'acide sulfurique.

Macquer, qui en a examiné un grand nombre (1), n'en a pas trouvé d'absolument pures; c'est au mélange de différentes substances combustibles & métalliques que sont dues la couleur & la fusibilité de plusieurs d'entr'elles.

Bucquet en distinguoit quatre genres.

Genre I. *ARGILES MOLLES ET DUCTILES.*

On peut les pêtrir lorsqu'elles sortent des carrières, elles se dessèchent à l'air.

Sortes.

1. Argile blanche, terre à pipe.
2. Argile sableuse.

---

(1) *Académie des Sciences*, 1758.

Sortes.

3. Argile liante, noirâtre, pour les poteries blanches.

4. Argile avec mica, *kaolin*, en partie fusible, pour la porcelaine.

5. Argile métallique, fusible; terre sigillée, bol d'Arménie.

6. Argile pyriteuse, fusible; bleue, verte, marbrée, pour les poteries communes.

Genre II. *ARGILES SÈCHES FRIABLES. TRIPOLIS.*

Toutes les argiles que Bucquet rangeoit parmi les tripolis, sont seches dans l'intérieur de la terre. Toutes sont formées par lits ou couches successives, souvent très-minces. Toutes s'usent sous les doigts, & se réduisent en poussière; elles absorbent l'eau avec avidité; elles happent à la langue.

Sortes.

1. Argile sèche, grise, feuilletée, terre à foulon.

2. Tripoli rouge. Quelques personnes le regardent comme un produit de volcan.

3. Tripoli gris.

4. Tripoli noir.

5. Pierre pourrie, d'un gris olivâtre.

Genre III. *Schiste.*

Les schistes sont des pierres feuilletées qui s'enlèvent par lames ; elles sont très-mélangées & fusibles ; elles forment de grands blocs, placés plus ou moins obliquement dans l'intérieur du globe. Presque toutes leurs carrières offrent à leur surface & dans leurs premiers bancs des impressions de plantes de la classe des joncs, des fougères, &c. de coquilles, de poissons, d'insectes, &c.

Sortes.

1. Schiste noire, tendre, ampelite.
2. Schiste fissile, ardoise.
3. Schiste noire, dure, ardoise de table.
4. Schiste rouge, brune, &c.
5. Schiste avec impressions végétales & animales.
6. Schiste très-dure, pierre naxienne, pierre à rasoir.

Genre IV. *Feld-Spath.*

Il est formé par lames rhomboïdales; sa cassure est spathique, il donne des étincelles avec le briquet; on l'a appelé à cause de cela, *spath étincelant*. Il est plus dur que les schistes, & il est fusible. Bucquet le regardoit comme une pierre argileuse colorée par du fer. M. Monnet dit qu'il est composé de quartz, d'argile, de magnésie, & d'un peu de terre calcaire. La différence des opinions sur la nature du feld-spath, vient de ce qu'il n'est pas bien connu. Un examen ultérieur fixera mieux sa place (1).

Sortes.

1. Feld-spath prismatique (2).
2. Feld-spath blanc.
3. Feld-spath rouge.
4. Feld-spath vert.
5. Feld-spath bleu.

ORDRE IV. *Fausses Argiles.*

Elles n'ont des argiles que le tissu feuilleté, l'aspect gras; quelques-unes durcissent au feu.

---

(1) Le père Pini, naturaliste italien, est le premier qui ait fait connoître le feld-spath crystallisé. Depuis lui on en a trouvé dans beaucoup d'endroits en France; il y en a de très-réguliers à Roanne en Forez. J'ai décrit en détail celui qui se trouve dans les granits d'Alençon, & qui est un des plus beaux & des plus réguliers que je connoisse. *Voyez mes Mémoires de Chimie.*

(2) M. Daubenton l'a placé parmi les pierres scintillantes. Trois caractères le distinguent de toute autre espèce de pierres; son tissu est spathique, il est chatoyant & fait feu avec le briquet. D'après ces caractères, ce genre doit contenir plus de sortes que Bucquet ne lui en attribuoit. M. Daubenton y réunit l'œil de poisson, l'aventurine, la pierre de Labrador, &c. *Voyez son Tableau.*

Elles en diffèrent, en ce qu'elles ne font pas de pâte avec l'eau, en ce que la plûpart fondent au feu. Elles donnent avec l'acide sulfurique un sel en aiguilles, qui ne s'altère point à l'air, qui est dissoluble dans quatre à cinq parties d'eau, & qui ne se boursouffle point sur le feu; en un mot, qui n'est point de l'alun. Ces caractères ont été donnés par Bucquet, qui avoit examiné plusieurs de ces pierres : au reste, comme elles ne sont encore que très-peu connues, on peut les ranger à côté des argiles (1).

Genre I. *PIERRES OLLAIRES DURES.*

Leur tissu est peu feuilleté, leur aspect est gras, elles ne prennent qu'un mauvais poli.

Sortes.

1. Pierre ollaire grise de Suède.
2. Pierre ollaire verdâtre, colubrine de Suède.
3. Pierre ollaire jaunâtre, pierre de lard de la Chine.

---

(1) M. l'abbé Monges, dans son Introduction à la Sciagraphie de Bergman, observe que ces pierres seroient peut-être mieux appelées *pierres magnésiennes*; je suis très porté à admettre cette nomenclature; mais je crois qu'il faut encore des travaux plus multipliés sur ces substances pierreuses, pour que ce nom soit irrévocablement fixé.

Sortes.

4. Pierre ollaire verte, brillante, jade. La pierre néphrétique, & celle d'Otaïti, étoient, ſuivant Bucquet, des variétés de jade. Nous obſerverons que le jade eſt très-dur, & fait feu avec le briquet. C'eſt ſans doute d'après Pott, que Bucquet le plaçoit parmi les pierres ollaires.

5. Pierre ollaire verte ſale, pierre colubrine.

6. Serpentine. Pierre d'une couleur verte foncée, & comme noirâtre, ſemée de taches ou de veines noires, comme la peau des ſerpens; nous l'avons miſe à la ſuite des pierres ollaires, à cauſe de ſon aſpect; cependant elle paroît être compoſée.

Genre II. *PIERRES OLLAIRES TENDRES.*

STÉATITES OU SMECTITES.

Elles ſont plus ſavonneuſes que les premières. Elles ſe laiſſent couper très-facilement, elles mouſſent avec l'eau; quelques-unes ont une reſſemblance extérieure frappante avec le ſavon.

Sortes.

1. Stéatite blanche, compacte; craie de Briançon.

Sortes.

2. Craie de Briançon brillante. Talc de Venise chez les droguistes.
3. Stéatite blanche, de Norwège.
4. Stéatite marbrée rouge, de Norwège.
5. Stéatite rougeâtre, de Norwège.
6. Stéatite verte compacte, de Norwège.
7. Stéatite verte & rouge, de Norwège.
8. Stéatite verte, feuilletée; colubrine tendre de Norwège.
9. Stéatite noire; pierre des Tailleurs.
10. Stéatite grise & brillante. Plombagine Molybdène, & très-improprement mine de plomb. On réduit la plombagine commune en poudre; on en forme une pâte liquide avec une dissolution de colle de poisson; on coule cette pâte dans des petits cylindres de bois creux, que l'on taille par une extrémité, pour en faire des crayons (1). On sait que les crayons anglois sont faits avec des morceaux entiers de plombagine.

(1) Depuis Bucquet, MM. Schéele, Gahn & Hielm ont fait de belles recherches sur la plombagine; cette substance est, suivant eux, une espèce de soufre formé par la combinaison de l'acide carbonique avec le phlogistique. Nous en ferons l'histoire dans celle du fer. Les mêmes chimistes, & sur-tout Schéele, ont bien distingué la molybdène de la plom-

Genre III. *Talc*.

Il eſt formé de lames polies & luiſantes, d'une tranſparence gélatineuſe, qui ſont appliquées les unes ſur les autres, comme les feuillets. Ces lames ſont preſque toujours cryſtalliſées en hexagones, ou tranches de priſmes à 6 faces. Il ſe fond à un feu violent en un verre coloré.

Sortes.

1. Talc en grandes paillettes tranſparentes; verre de Moſcovie.
2. Talc en très-petites paillettes argentées; *argent de chat*.
3. Talc en très-petites paillettes dorées; *or de chat*. Ces deux ſortes ſont employées pour ſécher l'écriture, ſous le nom de poudre d'or ou d'argent.
4. Talc roulé en galets.
5. Talc en paillettes noires.
6. Talc en paillettes mêlées, brillantes.

---

bagine, que les naturaliſtes avoient toujours confondues enſemble. La molybdène eſt regardée par Schéele comme un compoſé de ſoufre & d'un acide particulier, qu'il appelle *molybdénique*; (*voyez l'Hiſtoire des Métaux*). C'eſt avec la plombagine que l'on fait des crayons.

Genre IV. *Amiante, Asbeste.*

Ce genre de pierres eſt formé de fibres, ou de filets poſés parallèlement les uns à côté des autres, ou entrelacés à la manière d'un tiſſu; ces filets ſont roides ou flexibles; ils different par la groſſeur, la longueur, la couleur. Les anciens les filoient, & en faiſoient une toile nommée *lin incombuſtible*, dans laquelle ils brûloient les morts, & recueilloient leurs cendres.

L'amiante ſe fond facilement à un feu violent, en un verre coloré & opaque.

Sortes.

1. Asbeſte dur & gris, à filets parallèles, asbeſte ligneux.
2. Asbeſte dur & vert, à filets parallèles.
3. Asbeſte dur & vert à fibre en faiſceaux.
4. Asbeſte à fibres étoilées.
5. Asbeſte à fibres molles.
6. Amiante dure, à fibres parallèles & verdâtres.
7. Amiante dure, à fibres parallèles & blanches.
8. Amiante en faiſceaux blancs brillans.
9. Amiante en faiſceaux durs, jaunâtres; amiante non-mûre.
10. Amiante blanche, flexible; amiante mûre.

Sortes.

11. Amiante grise.
12. Chair de montagne.
13. Cuir de montagne.
14. Liège de montagne.

SECTION II.

Terres & Pierres composées.

L'œil ne peut pas les distinguer de celles de la première section. Quant à leur caractère de composition, elles sont formées d'une matière homogène, presque toujours colorée, souvent opaque, quelquefois transparente ; la plûpart sont crystallisées régulièrement. Leur forme, leur couleur servent à distinguer les genres. Toutes sont très-fusibles, & donnent des verres de différente nature. Leur cassure est tantôt vitreuse, tantôt écailleuse. Ce sont des substances dans lesquelles la nature à combiné ensemble des terres, des sels & des métaux.

Bucquet divisoit ces pierres en deux ordres ; il comprenoit dans le premier les terres & les pierres composées par l'eau, auxquelles il donnoit les caractères propres aux produits de cet élément. Il rangeoit dans cet ordre deux genres, savoir les ochres & la zéolite. Il plaçoit dans le second le schorl, les macles, le trap, la pierre d'azur, les pierres précieuses fusibles, les crystaux de volcans, les verres de volcans, les ponces ; il regardoit ces huit genres de pierres comme formés par l'action du feu. Nous nous sommes fait un devoir de faire connoître les idées que ce chimiste célèbre s'étoit formées sur la nature & la division des pierres ; mais comme le caractère distinctif de ces deux ordres n'est pas encore fondé sur des preuves nombreuses & concluantes ; comme Bucquet lui-même ne les avoit proposées que sous le titre d'apperçus, nous ferons ici l'histoire des genres les uns après les autres, sans suivre cette division.

Genre I. *Ochres.*

Les ochres se délayent moins dans l'eau que les argiles ; elles sont friables, & salissent les doigts ; elles sont colorées par des matières métalliques, & presque toujours par le fer. Lorsqu'on les pousse au feu, leur couleur prend de l'intensité ; elles se fondent à une chaleur violente. On les emploie dans la peinture.

Sortes.

1. Ochre jaune, ochre de rüe.
2. Ochre rouge, sanguine, crayon rouge.
3. Ochre verte, terre de Vérone.
4. Ochre brune, terre d'Ombre.

Genre

Genre II. *ZÉOLITE.*

La zéolite, décrite pour la première fois par M. Cronstedt, est une pierre crystallisée en aiguilles divergentes, ou même en crystaux détachés. Elle ne fait point feu avec le briquet, ni effervescence avec les acides; exposée au feu, elle se boursouffle & donne un verre blanc opaque, semblable à de l'émail. Si on la distille dans une cornue, on en obtient beaucoup d'eau. Le résidu contient, suivant Bergman, de la terre silicée, de la terre alumineuse & de la terre calcaire. Bucquet, qui en a fait l'analyse, dit y avoir trouvé très-peu de terre silicée, & une terre particulière, qui n'est ni alumineuse ni calcaire, qui forme avec l'acide sulfurique un sel crystallisable en petites paillettes brillantes, semblable à l'acide boracide, & qu'il a cru devoir appeler terre zéoliteuse : ces deux terres sont crystallisées ensemble à l'aide de l'eau, qui en fait plus du huitième, puisque Bucquet a retiré un gros & demi d'eau d'une once de zéolite blanche de l'île de Feroë (1). La propriété de faire une gelée avec les différens acides ne lui

(1) Voyez *les Mémoires des Savans étrangers, tome IX, page 576.*

eſt pas particulière, puiſqu'elle ſe trouve dans la pierre d'azur, l'étain, pluſieurs mines de fer (1), &c. On ne connoît pas ſon origine & ſa formation ; on la rencontre abondamment dans les produits de volcans. Elle eſt très-abondante dans l'île de Feroë. Nous en connoiſſons cinq ſortes.

Sortes.

1. Zéolite blanche, en faiſceaux tranſparens.
2. Zéolite blanche, en faiſceaux compactes.
3. Zéolite rouge.
4. Zéolite verte.
5. Zéolite blanche.

La rouge, la verte & la bleue n'ont pas été examinées.

Genre III. *Schorl*.

Le ſchorl eſt une pierre plus ou moins foncée en couleur, cryſtalliſée & variant dans ſa forme,

(1) M. Pelletier, pharmacien, éleve de M. d'Arcet, a donné dans le Journal de Phyſique (*année 1782, tome XX, page* 420) un mémoire ſur l'analyſe de la zéolite de Feroë. Des expériences très-exactes lui ont démontré que 100 grains de cette pierre contiennent 20 grains d'alumine, 8 grains de chaux, 50 grains de terre ſilicée & 22 grains d'eau. *Conſultez ce Mémoire.*

assez fragile, & qui fait feu avec le briquet. Il se fond facilement en un verre noir & opaque; il contient, suivant Bucquet, de l'alumine & du fer combinés. On a trouvé dans l'intérieur des schorls, des bulles semblables à celles que l'on observe dans les laitiers des verreries.

On ne connoît pas bien son origine. Quelques personnes le regardent comme un produit des volcans, parce qu'on le rencontre fréquemment dans les lieux qui ont été brûlés; mais on le trouve aussi parmi des matières travaillées par les eaux.

Sortes.

1. Schorl violet, crystallisé en rhomboïdes aplatis.
2. Schorl violet, en masses fibreuses.
3. Schorl noir, prismatique à quatre, six, huit ou neuf pans, avec des pyramides à deux, trois ou quatre faces.
4. Schorl noir en masses.
5. Schorl vert en masses lamelleuses.
6. Schorl blanc, bleuâtre.
7. Schorl électrique, d'un jaune rougeâtre; tourmaline.

Genre IV. *MACLES.*

Nous entendons par ce nom des pierres prismatiques, opaques, d'une couleur ſale, d'une forme ſouvent régulière, que leur analyſe, faite par Bucquet, rapproche des ſchorls, & qui ſont un composé d'alumine & de fer.

Sortes.

1. Macle tétraèdre, dont la coupe porte la figure de croix. Elle ſe trouve dans une eſpèce de ſchite dur & bleu foncé de Bretagne; elle y eſt très-adhérente; cette pierre eſt très-fragile; lorſqu'on la caſſe, on apperçoit ſur ſa coupe tranſverſale deux lignes bleuâtres qui ſe coupent dans le milieu, & forment une croix. Quelquefois le milieu du priſme paroît rempli d'une matière ſemblable à la gangue.
2. Pierres de croix, priſmes hexaèdres, articulés & croiſés dans leur milieu comme des branches d'une croix; on les trouve dans des feuilles de mica jaune; les deux branches ſe croiſent ſouvent à l'angle droit.

Genre V. *Trap*.

Le trap eſt une pierre dure, d'un grain fin, d'une caſſure feuilletée, & angulaire comme les marches d'un eſcalier; il eſt d'une couleur verte foncée, tirant ſur le noir, ſouvent ochracée; il eſt très-peſant, fait feu avec le briquet; il ſe fond en un verre noirâtre; il eſt toujours recouvert d'une eſpèce d'écorce moins dûre que ſa propre ſubſtance; il eſt formé d'alumine & de fer, qui, ſuivant Bucquet, y eſt dans la proportion de vingt-cinq livres par quintal, de ſorte qu'il pourroit être rangé parmi les mines de fer. M. Daubenton le regarde comme un ſchite, contenant du quartz en ſablon. Nous ne connoiſſons qu'une ſorte de trap que nous venons de décrire.

Genre VI. *PIERRE D'AZUR, LAPIS LAZULI.*

Sa couleur, la fineſſe de ſon grain, l'analyſe qui a démontré du fer dans cette pierre, la font ranger à la ſuite des précédentes; il y en a trois ſortes.

Sortes.

1. Pierre d'azur orientale.
2. Pierre d'azur d'un bleu pâle & ſouvent purpurin.
3. Pierre d'Arménie, nuancée de blanc & de bleu pâle.

C'eſt avec cette pierre que l'on prépare le beau bleu d'azur, qui eſt employé dans la peinture, & dont la couleur eſt une des plus fixes & des moins altérables que l'on connoiſſe.

Genre VII. CRYSTAUX-GEMMES FUSIBLES.

Les différences chimiques qui se rencontrent entre les diverses espèces de pierres précieuses ou de pierres gemmes, avoient engagé Bucquet à les séparer le unes des autres, & à rapporter chacune aux sections & aux ordres auxquels elles paroissent appartenir : celles que nous plaçons ici sont manifestement composées. Bergman y a trouvé plusieurs substances, telles que de la terre silicée, de l'alumine, de la chaux & du fer; toutes ces pierres sont fusibles & composées de lames; leur fracture est lamelleuse.

Sortes.

1. Aigue-marine.
2. Emeraude.
3. Chrysolite.
4. Rubis.
5. Vermeille.
6. Grenat.

Genre VIII. CRYSTAUX DE VOLCANS.

Bucquet réunissoit dans ce genre toutes les pierres régulières, transparentes, colorées, & semblables aux crystaux-gemmes, mais qui ne paroissent point en avoir la dureté & le brillant.

On les trouve dans des cavités formées par la réunion de petites particules brillantes, de même nature, agglutinées. Elles se rencontrent dans le voisinage des volcans. Nous en admettons trois sortes.

Sortes.

1. Chrysolite de volcan, crystaux polyèdres, d'un vert doré.
2. Hyacinte de volcan, crystaux polyèdres, d'un jaune orangé.
3. Grenats de volcan ; ils ressemblent beaucoup aux grenats isolés, mais ils sont irréguliers, & semés dans des pierres brillantes, ou espèces de laves, avec les deux précédentes.

Genre IX. *PIERRES-PONCES.*

La plûpart des pierres-ponces paroissent être un assemblage de filets vitreux, entortillés à-peu-près comme des fils sur peloton. C'est une véritable combinaison de différentes substances fondues par le feu des volcans.

On peut distinguer quatre sortes de pierres-ponces, dont chacune présente un grand nombre de variétés.

Sortes.

1. Pierre-ponce fibreuse blanche.
2. Pierre-ponce fibreuse colorée.

Sortes.

3. Pierre-ponce cellulaire & légère.
4. Pierre-ponce cellulaire & compacte.

Genre X. *Verre de Volcans.*

Les verres fondus & rejetés par les volcans, sont formés par des matières terreuses & salines, colorées par du fer ou quelqu'autre substance métallique ; ce sont de véritables combinaisons chimiques naturelles, faites par la voie sèche.

Sortes.

1. Verre verdâtre cellulaire.
2. Verre noirâtre cellulaire ou en filets agglutinés.
3. Verre noir très-beau & transparent, agathe d'Islande, pierre *obsidienne* des anciens.

SECTION III.

Pierres & Terres mélangées.

Le caractère des pierres de cette section est facile à saisir. La seule inspection fait reconnoître le mélange des différentes matières dont elles sont formées, sur-tout lorsqu'on les compare avec celles des deux sections précédentes. Nous avons déjà remarqué plus haut que, pour en faire l'analyse, il est indispensable de séparer par le marteau les diverses substances qui les composent ; alors on y trouve des pierres simples liées avec des pierres composées. Si l'on expose ces pierres entières à l'action du feu, elles se fondent toutes plus ou moins facilement en un verre de différentes couleurs, suivant le mélange plus ou moins parfait, & la nature des matières qui constituent ce mélange.

Il paroît qu'elles ont été formées par le rapprochement des diverses substances qu'on y rencontre, & que ce rapprochement a été fait, ou par l'eau ou par le feu. Telle est la raison qui a engagé Bucquet à diviser cette troisième section en deux ordres, comme la précédente ; le premier ordre comprend les pierres mélangées par l'eau ; & le second, les pierres mélangées par le feu. Cette division étant fondée sur beaucoup plus de faits que celle de la seconde section, nous l'admettons avec plus de confiance.

ORDRE I. *Terres & pierres mélangées par l'eau.*

Genre I. *PÉTRO-SILEX*, ou *PIERRE DE ROCHE.*

Les naturalistes entendent par ce nom une pierre d'une dureté moyenne entre celle des pierres tendres & du silex. M. Daubenton l'a placée parmi les pierres vitreuses, parce qu'elle donne des étincelles par le choc du briquet, & parce que sa cassure est vitreuse, quelquefois un peu écailleuse. Le pétro-silex a une demi-transparence semblable à celle de la cire ; il est terne & sans aucun brillant ; il a même un peu l'aspect du suif ; son grain est fin & très-serré : on le trouve en très-grandes masses ; il offre souvent des couches de différentes nuances, appliquées les unes sur les autres. Bucquet lui donnoit pour caractère chimique de se fondre au feu en un verre opaque ; son mélange n'est pas, à beaucoup près, aussi apparent que celui des genres suivans ; il semble tenir des caractères des pierres composées (1). Voilà pourquoi nous le

(1) Il est nécessaire d'observer que ces caractères tirés de l'action du feu sur les pierres sont fondés sur des expériences faites par Bucquet & par M. le duc de la Rochefoucauld, dans un excellent fourneau de fusion, construit exprès dans le laboratoire que cet amateur distingué destine à des recherches sur tous les objets les plus propres à avancer la chimie. J'ai examiné la plus grande partie des résultats de ce travail, dont le public savant aura sans doute quelque jour communication ; il confirmera la suite d'expériences, faites par M. d'Arcet, & y ajoutera plusieurs faits qui serviront de preuves aux caractères chimiques qui avoient été proposés par Bucquet, pour classer les pierres.

plaçons à la tête de la troisième section ; il sert, pour ainsi dire, de passage entre ces deux divisions.

La forme de ses couches, les matières qu'il contient souvent, & sur-tout les masses qu'il offre dans l'intérieur de la terre, annoncent qu'il doit sa naissance au travail de l'eau.

Sortes.

1. Pétro-silex gris.
2. Pétro-silex rougeâtre.
3. Pétro-silex verdâtre.
4. Pétro-silex brun.
5. Pétro-silex noir.
6. Pétro-silex taché.
7. Pétro-silex veiné.

Genre II. *POUDING.*

Le pouding est un mélange de cailloux, liés par un ciment de différente nature. Ce ciment est ou de la nature du grès, ou argileux, ou ochracé ; il est quelquefois dur & semblable au silex.

Sa formation n'est point équivoque ; elle est due à l'eau ; on le trouve constamment sur les rivages de la mer, ou dans des lieux qui ont été recouverts par les eaux, qu'elles ont abandonnés depuis quelque temps.

Sortes.

1. Pouding ſableux.
2. Pouding ochracé.
3. Pouding argileux.
4. Pouding ſiliceux.
5. Pouding agathé, ſuſceptible du plus beau poli.

Genre III. *GRANIT.*

Le granit eſt formé de trois matières pierreuſes en fragmens plus ou moins gros; liés les uns aux autres. Ces trois ſubſtances ſont du quartz, du feld-ſpath & du mica.

Il fait feu avec le briquet, à cauſe du quartz & du feld-ſpath qu'il contient; ſa caſſure eſt irrégulière & à gros grains; il eſt fuſible, mais dans différens degrés, ſuivant la quantité reſpective des trois matières qui le forment. Il eſt ſuſceptible de prendre un poli plus ou moins vif, ſuivant la fineſſe de ſon grain & la dureté de ſes principes; quelques ſortes s'altèrent & ſe dégradent à l'air. Ce dernier phénomène a fait diſtinguer les granits antiques des granits modernes. On a beaucoup multiplié les ſortes de granits. Nous les réduiſons aux ſuivantes (1).

(1) Les naturaliſtes modernes ont beaucoup étudié l'hiſtoire du granit : M. de Sauſſure a donné des détails

Sortes.

1. Granit blanc.
2. Granit gris.
3. Granit rouge.
4. Granit brun.
5. Granit vert.
6. Granit noir.
7. Granit terne & friable ; il a été altéré par l'air.

Genre IV. *PORPHYRE.*

Le porphyre est une pierre parsemée de taches sur un fond rouge ou d'une autre couleur ; il fait beaucoup de feu avec le briquet.

Il diffère du granit par sa dureté plus grande, & parce qu'il est susceptible de prendre un poli beaucoup plus vif; il paroît formé de feld-spath & de schorl, réunis par un ciment quartzeux.

La pâte qui forme le fond du porphyre est d'un grain très-fin & très-serré. Les différens

---

neufs & importans sur cet objet dans son voyage des Alpes. Tous les granits ne sont pas formés exactement du mélange de ces trois pierres. Il en est qui, au lieu de mica, contiennent du schorl ; d'autres renferment du schorl & du mica en même temps. La pierre mélangée de quartz & de feld spath seulement constitue le *granitin ;* celle qui est formée par le mélange de quartz & de schorl s'appelle *granitelle*. Voyez pour les détails *le voyage de M. de Saussure dans les Alpes.*

fragmens qui y sont semés sont en général beaucoup plus petits que ceux du granit. Cette pierre est fusible, & donne un verre coloré; on peut réduire toutes les sortes de porphyre aux sept suivantes.

Sortes.

1. Porphyre rouge à grandes taches.
2. Porphyre rouge à petites taches.
3. Porphyre vert à grandes taches.
4. Porphyre vert à petites taches.
5. Porphyre noir à grandes taches.
6. Porphyre noir à petites taches.
7. Porphyre grossier, d'un rouge sale, presque sans taches, écaille de mer : il approche de la nature du grès.

Genre V. *OPHITE* ou *SERPENTIN*.

Pline donnoit le nom d'*ophites* à des pierres tachées comme la peau des serpens. Bucquet les regardoit comme des sortes de porphyre, mais plus dures, plus antiques & d'un mélange beaucoup plus intime. On leur a donné le nom de serpentin ou serpentine dure. En comparant cette pierre au porphyre, on reconnoît que le serpentin est formé comme ce dernier d'une pâte quartzeuse, de feld-spath & de schorl; mais que le feld-spath y est semé en gros fragmens rhomboïdaux, tandis qu'il est très-petit dans le porphyre.

Le ſerpentin fait feu avec le briquet, ſa caſſure eſt fine & demi-écailleuſe; il ſe fond au feu.

Voici les principales ſortes de ſerpentin que nous avons eu occaſion de voir.

Sortes.

1. Ophite d'un vert foncé, avec de grandes taches blanches.
2. Ophite d'un vert foncé, avec des taches oblongues d'un vert pâle.
3. Ophite ſemblable à la précédente, dont les taches ſont très-petites, peu apparentes; pluſieurs peuples ſauvages la taillent en coins: on lui a donné le nom de *pierre de foudre.*
4. Ophite brune, à taches irrégulières & oblongues, d'un blanc roſé.

L'origine des ophites eſt fort obſcure. On ne ſait pas bien ſi elles ſont dues à l'action de l'eau ou à celle du feu; comme elles ont de l'analogie avec le porphyre, nous les avons placées à la ſuite de cette pierre.

ORDRE II. *Terres & Pierres mélangées par le feu.*

Suite des produits volcaniques.

On ne peut douter de l'origine des ſubſtances qui compoſent cet ordre, puiſqu'on ne les trouve jamais qu'aux environs des volcans, ou que dans des lieux qui ont été autrefois brûlés. D'ailleurs elles offrent tous les caractères des produits du feu. En joignant les genres que cet ordre renferme à ceux qui ont été décrits parmi les pierres composées, on aura une suite complète de tous les produits volcaniques.

Nous ne comprenons pas sous ce nom toutes les matières qui se trouvent dans les environs des volcans, & qui ne sont point altérées par le feu ; comme la plûpart des pierres que nous avons déjà décrites, sur-tout le granit, les argiles, &c: ainsi que plusieurs substances salines, calcinées, fondues, sublimées, vitrifiées ; elles ne présentent rien de particulier, & ce seroit s'exposer à des redites inutiles, que de placer ici leur histoire. Nous ferons mention ailleurs de leur existence dans le voisinage des volcans, & de leurs altérations par les feux souterrains.

Genre I. *CENDRES DE VOLCAN*.

On a donné le nom impropre de cendres de volcan à des matières terreuses, pulvérulentes, de diverses couleurs, qui se rencontrent aux environs des volcans. Il paroît qu'elles doivent leur origine ou à des substances mêlées & rejetées par les volcans, ou à des laves

altérées

altérées par le contact de l'air & de l'eau. Bucquet les regardoit comme des combinaisons d'argile & de fer. Elles sont souvent attirables à l'aimant. Nous en connoissons deux sortes.

Sortes.

1. Lapillo, matière pulvérulente, d'un gris noirâtre, qui se trouve aux environs des craters.

Le Lapillo contient des grenats & des schorls dont la forme est reconnoissable, & dont les angles ont été ramollis & encroûtés, à ce qu'il paroît, par une matière en fusion.

2. Pouzzolane : cette substance qui a reçu son nom de la ville de Pouzzole, où elle a été employée très anciennement, est une terre argileuse, chargée de fer, & de différentes couleurs, suivant l'état de ce métal. Il y a de la pouzzolane grise, de la jaune, de la rouge, de la brune, de la noire; elle se fond en un émail noir; elle est très-utile pour faire une espèce de mortier qui a la propriété de durcir dans l'eau. M. Faujas de Saint-Fond en a trouvé dans le Vivarais. Il pense que ces terres sont formées par l'altération & le détritus des laves poreuses, & même des

Sortes.

basaltes. Cet observateur a détaillé, dans ses Recherches sur la pouzzolane, les procédés pour construire dans l'eau & à l'air, avec cette substance.

Genre II. *LAVES.*

On donne ce nom à des matières fondues, & demi-vitrifiées par les volcans. Elles sont le plus souvent rejetées sur les côtes des montagnes dont l'intérieur est embrâsé. Ces matières forment des fleuves brûlans qui coulent quelquefois à une très-grande étendue, & qui ravagent & détruisent tous les lieux sur lesquels ils passent. Leur chaleur & leur volume sont si considérables, qu'elles ne se refroidissent que très-lentement, & au bout de plusieurs années. En se refroidissant, elles se fendent, & se séparent en masses, qui quelquefois présentent des formes régulières; telle paroît être l'origine des basaltes, les cabinets offrent un grand nombre de variétés de ces pierres. Elles sont en général composées d'une pâte d'un gris plus ou moins foncé, d'un grain & d'une dureté très-variés, dans laquelle sont semés des crystaux, ou des fragmens irréguliers de schorl, de grenat, de verre, de zéolite, &c. ce qui constitue un véritable mélange. Il eſt impoſſible de fixer les caractères généraux des laves, puiſqu'elles diffèrent toutes par leur grain, leur cohérence, leur dureté, leur couleur, leurs mélanges, &c. En général, elles ſont toutes très-fuſibles, & donnent une ſorte d'émail noirâtre ſemblable au verre des volcans. M. Cadet y a trouvé de l'alumine, du fer, du cuivre & de la ſilice. Bergman les croit compoſées des terres ſilicée, alumineuſe, calcaire & de fer. Pluſieurs laves, ſur-tout les compactes, ont la propriété d'agir ſur l'aiguille aimantée.

Sortes.

1. Lave tendre, de diverſes couleurs, avec des cryſtaux de ſchorl noir.
2. Lave tendre, de diverſes couleurs, avec des cryſtaux de ſchorl vert.
3. Lave tendre, de diverſes couleurs, avec des cryſtaux de ſchorl blanc.
4. Lave rougeâtre, avec des cryſtaux noirâtres.
5. Lave jaunâtre & ſaline.
6. Lave tendre, avec des cryſtaux de grenat.
7. Lave chatoyante & poreuſe.
8. Lave poreuſe, griſe, pierre de Volvic.
9. Lave tendre, noirâtre, avec des cryſtaux blancs,

Sortes.

10. Lave grise, un peu compacte, semée de crystaux dodécaèdres opaques, ou de grenats altérés par le feu.

11. Lave antique, très-compacte, d'un gris noirâtre, semée de taches plus foncées.

Genre III. *Basalte.*

Rien n'est moins exact dans les livres des naturalistes, que ce qu'ils ont écrit sur le basalte. Plusieurs d'entre eux ont confondu, sous ce nom, les schorls, les grenats avec les véritables basaltes. On ne trouve nulle part une bonne définition de ce mot. Les uns les ont regardés comme des produits de volcans, les autres ont cru qu'ils étoient formés par l'eau. Nous croyons, d'après les belles observations de MM. Desmarets & Faujas de Saint-Fond, devoir adopter la première opinion.

On peut donner pour caractère distinctif des basaltes une forme régulière, une opacité parfaite, une dureté considérable, & telle, qu'ils font feu avec le briquet; une couleur grise, cendrée, tirant un peu sur le noir, & un mélange manifeste de schorl, ou de petits fragmens vitrifiés, ordinairement plus colorés que la pâte. Les basaltes sont fusibles.

Il y a dans ce genre des pierres d'un volume énorme, & rassemblées en masses très-considérables, dont la formation paroît remonter à la plus haute antiquité. 1°. Tels sont ceux qui forment la chaussée des Géans dans le comté d'Antrim en Irlande ; 2°. le rocher de Pereneire, près Saint-Sandoux en Auvergne, très-bien décrit par M. Desmarets. Il y en a d'autres régulièrement crystallisées en petits prismes ; à 3, à 4, ou à 5 faces, &c. Rien n'est plus varié que leur forme, leur grandeur & leur disposition.

En général, ces pierres sont rangées symétriquement les unes à côté des autres. Leur analyse n'a point encore été faite assez exactement, pour qu'on puisse rien dire de certain sur leur nature. Il semble qu'ils ne soient que des laves crystallisées en apparence, en raison des fentes formées dans toutes sortes de sens, pendant leur refroidissement. Les variétés singulières qu'ils présentent, & leur arrangement, semblent donner beaucoup de force à cette opinion ; il paroît aussi que l'eau s'est insinuée dans ces fentes, y a déposé encore différentes terres, & a altéré les surfaces correspondantes des basaltes; telle est, à ce qu'il paroît, l'origine des croûtes jaunes ou brunes qui semblent les envelopper.

Sortes.

1. Basalte en prismes polygones très-alongés, & sans pyramide régulière.

2. Basalte en prismes courts & tronqués, à trois, quatre, cinq ou sept faces.

3. Basalte en prismes courts polygones, terminés par une concavité supérieure & par une convexité inférieure; basaltes articulés.

4. Petits basaltes quadrangulaires, triangulaires, &c. formés par les fractures des grands, & groupés avec eux (1).

Genre IV. SCORIES DE LAVES.

La matière fondue qui constitue les laves, est un mélange formé de plusieurs substances hétérogènes, de densité & de pesanteur différentes. Son refroidissement lent donne lieu à la séparation de ces substances, suivant l'ordre de leur pesanteur : telle est l'origine de la formation des scories de laves. Ce sont des corps souvent spongieux, qui n'ont pas éprouvé une fusion aussi complète que la lave, & qui se sont

---

(1) *Voyez, pour l'histoire de ces pierres, & pour tous les produits des volcans, l'excellent ouvrage de M. Faujas de Saint-Fond, intitulé* Minéralogie des volcans, *1 vol. in-8. Cuchet, 1784.*

élevés au-dessus d'elle par leur légèreté. Au reste, elles paroissent être de la même nature, & ne différer que par un mélange moins parfait. On y trouve des crystaux de schorl & des grenats, comme dans les laves.

Sortes.

1. Scories volcaniques pesantes, d'un tissu compacte.
2. Scories volcaniques noires & cellulaires.
3. Scories volcaniques noires & spongieuses.
4. Scories volcaniques noires contournées en corde.
5. Scories volcaniques jaunes & ochracées.
6. Scories volcaniques rougeâtres.

Ces deux dernières ont été manifestement altérées par le contact de l'air, de l'eau & des vapeurs acides.

Telle étoit la manière dont Bucquet avoit cru devoir classer les terres & les pierres en 1777 & 1778. La chimie minéralogique a fait de très-grands progrès depuis cette époque. On s'est occupé de l'analyse des pierres dans presque tous les laboratoires. MM. Bayen, d'Arcet, Monnet, de Morveau, Sage, Mongès, Pelletier, en France; Schéele & Bergman, en Suède; MM. Achard, Bindheim & Hupsch, à Berlin; de Saussure, en Suisse; Woulse, Withering & Kirwan, en Angleterre, ont examiné un grand nombre de pierres & de terres, & il est résulté de ces analyses multipliées, que la classification de ces corps a dû éprouver de grandes révolutions; aussi deux de ces chimistes ont-ils cru devoir publier des systêmes de minéralogie, fondés sur la nature des principes des minéraux; mais ils ont suivi une toute autre route que Bucquet, dont le but étoit d'associer les caractères extérieurs avec les propriétés chimiques. MM. Bergman & Kirwan n'ont eu aucun égard aux qualités physiques, pour classer les terres & les pierres; la nature, la quantité & la proportion de leurs principes constituans les ont déterminés dans leurs distributions méthodiques. Leur systême, quoique très-utile pour l'avancement des connoissances chimiques, ne peut point servir à faire distinguer les pierres par leur aspect & leur caractères sensibles; il étoit donc essentiel de faire précéder l'examen de ces systêmes lithologiques, par une méthode naturelle, comme nous l'avons fait, dans l'intention que l'un de ces moyens pût éclairer l'autre, & qu'ils fussent tous les deux également avantageux pour guider la marche de ceux qui se livrent à l'étude des minéraux.

§. II. *De la distribution chimique des terres & des pierres, suivant Bergman* (1).

Après avoir fait voir que les caractères extérieurs & superficiels ne peuvent pas suffire pour bien distinguer les minéraux les uns des autres, quoique, bien choisis, ils puissent être d'un grand secours; Bergman établit ses principales divisions de classes & de genres sur la composition & les caractères intérieurs de ces corps. Le principe le plus abondant ou le plus actif d'un minéral, est ce qui le guide dans ses distributions. Il partage tous les minéraux ou tous les fossiles en quatre classes; savoir, les sels, les terres, les bitumes & les métaux. Nous ne ferons mention ici que des terres.

Bergman reconnoît cinq terres simples & différentes les unes des autres; savoir, la terre

(1) Ce paragraphe est extrait de l'Ouvrage de Bergman, publié en françois par M. Mongez, sous le titre de *Manuel du minéralogiste*, ou *Sciagraphie du règne minéral*, in-8. *Paris*, *Cuchet*, 1784.

pesante, la chaux, la magnésie, l'argile & la terre siliceuse (1).

Il examine d'abord chacune de ces terres pures, quoiqu'on ne les trouve jamais telles dans la nature ; il remarque que ces cinq terres, combinées ensemble, peuvent donner vingt espèces; savoir dix doubles, six triples, trois quadruples, & une seule formée de la réunion de toutes les cinq. Mais comme il range parmi les terres celles de leurs combinaisons avec les acides qui ne peuvent pas se dissoudre dans mille fois leur poids d'eau bouillante, leurs espèces sont plus multipliées. D'ailleurs deux composés terreux, semblables par leurs principes de composition, peuvent différer beaucoup par la proportion de ces principes, & constituer ainsi des corps réellement distincts. Telles sont les bases des distinctions d'espèces admises par Bergman, & par son commentateur, M. l'abbé

(1) Parmi ces cinq terres, trois ont des propriétés salines marquées; ce sont la terre pesante ou baryte, la magnésie & la chaux ; c'est pour cela que nous en ferons l'histoire dans la seconde partie de cet ouvrage. Bergman dont l'intention a été de diviser les pierres d'après leurs principes, a dû les regarder comme des terres, parce qu'elles sont souvent unies avec les autres. Au reste, beaucoup de substances que cet illustre chimiste a rangées parmi les pierres sont des sels dans notre méthode.

Mongèz, qui a beaucoup ajouté aux travaux du chimiste Suédois. Voici, d'après cette méthode, les espèces qui appartiennent à chacune des cinq terres primitives.

Terre pesante (1).

Espèce I. Terre pesante pure. Elle n'existe point dans la nature ; on l'obtient en décomposant le spath pesant, comme nous le verrons plus bas.

Espèce II. Terre pesante aérée. Combinaison de la terre pesante avec l'acide aérien ; on n'a pas encore trouvé ce composé dans la nature. Bergman pense qu'on pourra le rencontrer dissous dans les eaux (2).

Espèce III. Terre pesante vitriolée ; spath pesant ; combinaison de la terre pesante avec

---

(1) Nous suivons dans ces détails les dénominations données par Bergman ; il sera aisé de rapporter les noms anciens, soit pour les bases terreuses, soit pour les acides qui leur sont unis, aux dénominations nouvelles & méthodiques que nous donnerons à ces corps dans l'histoire des matières salines. Voyez la fin de ce volume & le second.

(2) On a trouvé ce composé naturel en Angleterre, depuis la mort de Bergman. Voyez l'extrait de la Minéralogie de M. Kirwan, page 358.

l'acide vitriolique. Cette substance se trouve abondamment dans les mines. La pierre de Bologne en est une vérité.

Espèce IV. Terre pesante vitriolée, pénétrée de pétrole, mêlée de sélénite, d'alun & de terre siliceuse; pierre hépatique de Cronstedt. Cette substance est spathique brillante, jaune, brune ou noire; son odeur est très-forte; elle ne fait point d'effervescence avec les acides. Un quintal de ce composé naturel contient, d'après l'analyse de Bergman, 33 parties de terre siliceuse, 29 de terre pesante pure, 5 d'argile; outre la chaux, l'eau & l'acide vitriolique (1).

Chaux.

Espèce I. Chaux pure ou chaux vive; Bergman n'en connoissoit pas l'existence dans la nature.

Espèce II. Chaux aérée; craie ou terre calcaire, combinaison de la chaux avec l'acide aérien; elle est rarement pure; elle contient souvent du sel marin de magnésie, du sel marin calcaire, de l'argile, de la terre siliceuse, ou du fer. Elle constitue dans la terre, ou à sa sur-

(1) Ces substances rangées parmi les terres par Bergman, appartiennent aux matières salines, d'après nos divisions chimiques.

face, le lait de lune, les congellations, les pierres calcaires, les marbres, les ſpaths calcaires, les concrétions ou ſtalactites, &c.

Eſpèce III. Chaux aérée bitumineuſe, ou imprégnée de pétrole; pierre de porc: on la trouve en France à Villers-Cotterets, à Plombières, à Ingrande en Anjou, à Rattwik en Dalécarlie, à Kinekulle dans la Weſtrogothie, à Kraſnaſelo en Ingermanie, en Portugal, en Suède, &c. Elle répand une odeur fétide, quand on la frotte, ou quand on la chauffe; quelquefois cette odeur reſſemble à celle d'urine de chat; auſſi quelques auteurs ont-ils appelé cette pierre *lapis felinus*. Elle fait effervescence avec les acides, elle décrépite, perd ſon odeur & ſa couleur au feu; diſtillée en grande quantité, elle donne, 1°. une liqueur fétide qui verdit le ſyrop de violettes, & fait effervescence avec les acides; 2°. une huile noire très-odorante, ſemblable à celle du charbon de terre; 3°. de l'alkali volatil concret. Le réſidu contient un peu de ſel marin; cette ſubſtance doit ſes propriétés au bitume qui y eſt mêlé.

Eſpèce IV. Chaux fluorée; fluor minéral, ou ſpath vitreux: combinaiſon de la chaux avec l'acide ſpathique ou fluorique, mêlée d'argile, de terre ſiliceuſe, & d'un peu d'acide marin.

Espèce V. Chaux saturée d'un acide particulier, peut-être métallique; pierre pesante, *Tungsten* des Suédois. Cette pierre est la plus pesante de toutes. On l'a trouvée en petits grains jaunes ou rouges, dans les mines de Bastnaès, près Ritterhutte en Westmanie; elle est spathique, brillante & blanchâtre à Marienberg & à Altemberg en Saxe. On la confond souvent avec la mine d'étain blanche. Elle résiste au feu, & ne se vitrifie qu'à sa surface; elle n'est point dissoluble dans l'eau bouillante; l'acide vitriolique en sépare la chaux; sa dissolution dans l'alkali volatil, précipité par l'acide nitreux, fournit une poudre blanche, qui est l'acide particulier découvert par Schéele. Pour la reconnoître, & la distinguer de toutes les autres pierres connues, il faut la réduire eu poudre, & verser dessus de l'acide nitreux ou de l'acide marin. Ce mélange chauffé légèrement devient d'un beau jaune (1). *Voyez le Journal de Physique* 1783, *tome XXII.*)

Espèce VI. Chaux aérée souillée (1) par un

---

(1) Le mot souillé, *inquinatus*, est employé par Bergman pour désigner un simple mélange de deux ou plusieurs terres, sans véritable combinaison. Aussi nous y substituerons quelquefois le mot mêlé.

peu de magnésie muriatique, ou sel marin de magnésie.

Espèce VII. Chaux aérée souillée par l'argile; fausse marne.

Espèce VIII. Chaux aérée souillée par la terre siliceuse. On trouve des pierres de taille & des marbres qui font feu avec le briquet, en raison des fragmens de silex ou de quartz qui y sont mêlés.

Espèce IX. Chaux aérée souillée par la terre argileuse & siliceuse; marne parfaite.

Espèce X. Chaux aérée souillée par le fer & la manganèse; fausse mine de fer, blanche, pulvérulente noire, ou dure, rouge ou blanchâtre. Les mines d'Hallefors offrent ces variétés (1).

Magnésie.

Espèce I. Magnésie pure; elle est toujours un produit de l'art.

Espèce II. Magnésie aérée; elle est dissoute dans les eaux chargées d'acide aérien.

Espèce III. Magnésie aérée mêlée de terre siliceuse. Elle est scintillante & effervescente.

Espèce IV. Magnésie intimement combinée avec

(1) Toutes ces espèces sont des substances salines dont nous ferons mention dans l'histoire des sels.

la terre ſiliceuſe & l'argile; ſtéatite, craie de Briançon, pierre de lard, pierres ollaires, ſerpentine, pierre néphrétique.

Eſpèce V. Magnéſie unie, à une portion conſidérable de terre ſiliceuſe, & à une moindre de calcaire & d'argileuſe, & ſouillée de chaux de fer. Asbeſte, liége de montagne; cuir de montagne; amiante. Bergman a trouvé dans un quintal d'amiante 64 parties de terre ſiliceuſe, 18 parties & $\frac{3}{5}$ de magnéſie, 6 parties & $\frac{9}{10}$ de chaux, 6 parties de terre peſante vitriolée, 3 parties & $\frac{3}{10}$ d'argile, une partie & $\frac{1}{5}$ de chaux de fer; un quintal d'asbeſte lui a donné 67 de terre ſiliceuſe, 16 & $\frac{4}{5}$ de magnéſie, 6 d'argile, 6 de chaux, & 4 $\frac{1}{5}$ de chaux de fer.

Eſpèce VI. Magnéſie mêlée de terre argileuſe, ſiliceuſe & de pyrite, eſpèce de mine d'alun, décrite & analyſée par M. Monnet. (*Syſt. de Minéralogie*, *genre* 6, *page* 161.)

Eſpèce VII. Magnéſie mêlée de terre argileuſe, ſiliceuſe, de pyrite & de pétrole. Schiſte alumineux magnéſien.

Argile.

Eſpèce I. Argile pure; on la précipite dans l'alun par l'alkali volatil aéré.

Eſpèce

Espèce II. Argile mêlée de terre siliceuse. Terre à porcelaine; Kaolin des chinois. Argile solide de Saint-Iriez en Limosin, du Japon, de Saxe. Argile pulvérulente de Westmanie, de Boserap, de la Chine. Ces terres sont souvent mêlées de mica. Les argiles pour les poteries & les fayences sont plus grossières; mais de nature semblable.

Espèce III. Argile mêlée de terre siliceuse & de fer. Bols ou terres bolaires, grises, jaunes, rouges, brunes & noires. On les lave pour en faire des terres sigillées. Les argiles communes & colorées en vert, en bleu & en rouge, sont de cette espèce.

Espèce IV. Argile mêlée de terre siliceuse & calcaire. Marne argileuse; terre à pipe, agaric minéral ou fossile.

Espèce V. Argile mêlée de terre siliceuse & magnésienne. Terre de Lemnos; terres à foulon; pierre savonneuse, smectite. Bergman a retiré de la terre de Lemnos, de l'argile d'Hampshire, et de la terre à foulon d'Angleterre, beaucoup de terre siliceuse, environ $\frac{1}{5}$ d'argile et autant de chaux aérée, $\frac{1}{20}$ de magnésie aérée et autant d'oxide de fer. Il donne à ces terres le nom générique de *lithomarga*.

Espèce VI. Argile souillée de soufre, & d'alkali végétal; Mine d'alun de la Tolfa et de la Solfatare. Oergman la regarde comme un produit volcanique.

Espèce VII. Argile mêlée de terre siliceuse, de pyrite & de pétrole; schiste alumineux: on le trouve en Italie, dans le pays de Liège, en Suède, dans le Jemteland. Les crayons noirs, celui de Bechel près de Séez en Normandie, les ampelithes sont de cette espèce; les tripolis appartiennent au schiste alumineux plus ou moins chauffé. Tels sont ceux de Poligné en Normandie, et de Ménat en Auvergne.

M. Mongèz réunit à cette espèce les schistes qui contiennent l'argile en grande quantité, & plus ou moins de terre siliceuse & de bitume. La plûpart sont encore mêles de terre calcaire & font effervessence avec les acides. La proportion de ces principes varie beaucoup dans les différens schistes. Il en est qui sont si bitumineux, qu'ils brûlent avec flamme; d'autres sont remplis de pyrites & s'effleurissent à l'air; quelques-uns sont très-durs & font feu avec le briquet. M. Mongèz en admet cinq variétés. 1°. Le schiste dur argileux, ou l'ardoise de table; 2°. le schiste tendre argileux, ou ardoise de toît; 3°. le schiste tendre siliceux, ou pierre à polir les métaux; 4°. le schiste dur siliceux, pierre à rasoir, pierre à faulx; 5°. le schiste dur calcaire, qui fait une mauvaise chaux, comme celui d'Allevard en Dauphiné.

Eſpèce VIII. Argile combinée à la moitié moins de ſon poids de terre ſiliceuſe, à un peu de chaux aérée & d'oxide de fer; cryſtaux gemmes. Les belles recherches de Bergman ſur les pierres gemmes, dont l'exceſſive dureté & l'inaltérabilité apparente ſembloient ſe refuſer à l'analyſe chimique, ont été confirmées par les travaux de MM. Margraf, Gerhard & Achar. Voici le résultat de l'analyſe de Bergman ſur les cinq criſtaux gemmes, qui ſont des variétes de l'eſpèce dont nous nous occupons.

	argile.	t. ſilic.	chaux.	fer.	
Emeraude orient. contient	60	24	8	6	par 100
Saphir oriental	58	35	5	2	
Topaze de Saxe.	46	39	8	6	
Hyacinthe orientale.	40	25	20	13	
Rubis oriental.	40	39	9	10	

Les moyens que ce célèbre chimiſte a mis en uſage pour reconnoître les principes de ces pierres sont très-ingénieux, et cependant très-ſimples. (*Voyez le Journal de Phyſique*, 1779, *tome XIV*, *pag.* 268, *tome XXI*, *pag.* 56 & 101.)

Eſpèce IX. Argile combinée à la terre ſiliceuſe, faiſant la moitié & plus du poids total, à très-peu de chaux aérée et de fer. Grenat, ſchorl, tourmaline; la proportion du fer varie dans ſes pierres. (*Voyez l'analyse de la tourmaline du Tyrol, par M. Muller, Journal de Phyſique, tom. XV, page 182, ann. 1780.*)

Eſpèce X. Argile unie légèrement à la terre ſiliceuſe faiſant la moitié du poids, & quelquefois davantage, & à un peu de chaux; Zéolite. M. Mongèz regarde la pierre d'azur, *lapis lazuli*, comme une zéolite. M. Margraf a trouvé un peu de gyps tout formé dans le *lapis*.

Eſpèce XI. Argile unie à beaucoup de terre ſiliceuſe & à un peu de magnéſie; talc, mica. On n'a pas encore reconnu exactement la proportion des principes qui conſtituent cette pierre.

Genre V. *Terre Siliceuse.*

Eſpèce I. Terre ſiliceuse pure. On la prépare en fondant du quartz blanc avec quatre parties d'alkali fixe, en diſſolvant le tout dans l'eau diſtillée, & en précipitant la terre par un acide. On lave & on deſsèche bien cette terre.

Eſpèce II. Terre ſiliceuſe unie à l'argileuſe & à

la calcaire en très-petite quantité. Cristal de roche avec ses variétés ; quartz & ses variétés ; grès & ses variétés.

Espèce III. Terre siliceuse unie à l'argileuse. Calcédoine hydrophane ou *oculus mundi ;* celle-ci contient plus d'argile que de terre siliceuse, suivant M. Gerhard de Berlin. Opale ; M. Mongèz regarde comme autant de variétés de cette pierre, l'œil de chat, l'œil de poisson, le girasol ; il ajoute à ces trois sortes de pierres l'agate et ses variétés, la cacholong, la cornaline, la sardoine, la pierre à fusil, le jade. Leur analyse n'a point encore été faite avec beaucoup d'exactitude.

Espèce IV. Terre siliceuse unie à l'argile très-martiale, jaspe. M. Mongèz ajoute le sinople comme variété du jaspe.

Espèce V. Terre siliceuse rendue pesante par la terre martial, faux jaspe. M. Mongèz appelle cette pierre quartz métallique ; il en distingue de noir, coloré par le fer, & de rouge coloré par le cuivre.

Espèce VI. Terre siliceuse unie à l'argileuse & à un peu de chaux ; pétrosilex. Cette pierre fait quelquefois feu avec le briquet, et effervescence avec les acides ; elle fond à un grand feu.

Eſpèce VII. Terre ſiliceuſe unie, à de l'argile & à un peu de magnéſie; feld-ſpath. Il change de couleur au feu, & il s'y fond. Il ne ſe décompoſe point à l'air; il fait feu avec le briquet, & ſe briſe à chaque coup.

Eſpèce VIII. Terre ſiliceuſe unie, à la magnéſie, à la chaux aérée & fluorée, à de l'oxide de cuivre & de fer; Praſe, Chryſopraſe. C'eſt d'après l'analyſe faite par M. Achard, que Bergman annonce la compoſition de cette pierre.

I. APPENDICE.

Bergman traite dans un premier appendice des ſubſtances minérales, réunies ou mélangées mécaniquement les unes aux autres, de ſorte que leurs mélanges peuvent être reconnus à l'œil. Nous ne ferons mention ici que des terres mêlées entre elles. Telles ſont les pierres qu'on appelle Roche, *saxa*. M. Mongez, qui a beaucoup ajouté au travail de Bergman, ſur cet objet, diſtingue ces pierres ou roches en deux genres; 1°. Il conſidère celles dont les parties ne ſont point réunies par un ciment, mais adhèrent ſimplement entre elles par juxta-poſition; ces pierres ſont formées par différens fragmens agglutinés; il en diſtingue de trois ſortes, le granit, le gneis des saxons, & la roche de corne; 2°. il examine dans le second genre, les pierres mélangées, dont les parties sont incrustées dans un ciment commun, comme cela a lieu dans quatre sortes, le porphyre, l'ophite ou serpentin, la brèche & le pouding. Nous exposerons ici les variétés de ses pierres, admises par ce naturaliste.

I. GRANIT. Il est formé de quartz, de feld-spath, de mica, de schorl & de steatite, mêlés en différentes proportions, deux à deux, trois à trois, quatre à quatre; le quartz en fait toujours la base.

Var. 1. Granit de deux substances. Granitin.

(A) Quartz & feld-spath.

(B) Quartz & schorl.

(C) Quartz & mica.

(D) Quartz & stéatite.

Var. II. Granit de trois substances.

(A) Quartz, feld-spath & mica; c'est le plus commun, le plus abondant & le plus varié.

(B) Quartz, mica & schorl.

(C) Quartz, schorl & stéatite.

Var. III. Granit de quatre substances.

(A) Quartz, feld-spath, schorl & mica. Il est commun en France.

(B) Quartz, feld-spath, schorl & stéatite.

II. Gneis. Le gneis est un mélange de quartz grenu & de mica, plus ou moins abondant, avec beaucoup d'argile ou de stéatite, qui en fait la base. Cette pierre est feuilletée comme le schiste; elle s'altère & se délite facilement à l'air, en raison de l'humidité que l'argile absorbe; les Alpes dauphinoises contiennent beaucoup de variétés de gneis.

III. Roche de Corne. C'est une pierre compacte, composée de parties très-fines, qui a l'aspect terreux, & dans laquelle on distingue des points brillans de mica. Elle a l'odeur d'argile, lorsqu'on la mouille ou qu'on la frappe. Elle durcit au feu comme les argiles; elle se fond en une scorie noirâtre, ou en un verre noir, à un grand feu. Ses couleurs sont fort variées. M. Mongèz regarde le *trapp* des suédois comme une variété de la roche de corne.

IV. Porphyre. Il paroît être formé par une pâte dure & fine de la nature du jaspe rouge, qui enveloppe des grains informes ou cristallins de quartz, de feld-spath blanc ou rougeâtre, & quelquefois de schorl vert ou noir.

V. Ophite. L'ophite ou serpentin dur, est une espèce de porphyre dont la pâte est verte & les taches d'un blanc verdâtres. Celles-ci communément sont alongées dans l'ophite, tandis qu'elles sont carrées ou rhomboïdales dans le porphyre.

La pierre de foudre est une variété de cette pierre.

VI. BRÈCHE, du mot italien *briccia*, miette, fragment. C'est une pierre mélangée, d'une origine fort postérieure aux précédentes, formée par le détritus des montagnes primitives, & par des fragmens informes & usés de silex, &c. réunis dans un ciment commun. M. Mongez confond les poudings avec les brêches; il donne à ces derniers un nom mixte, qui indique la nature de leurs fragmens et de leur ciment. Il distingue huit variétés, la brèche calcareo-calcaire, qui est la brèche proprement dite & la Lumachelle; la brèche silico-siliceuse, ou le pouding (1); la brèche à ciment calcaire & à fragmens calcaires & siliceux; la brèche à ciment siliceux & à fragmens calcaires & siliceux; la brèche arenario-siliceuse, telle que le grison de Chartres; la brèche à ciment & à fragmens de jaspe; la brèche à ciment & à fragmens de porphyre, & la brèche volcanique.

II. APPENDICE,

Produits volcanique.

M. Mongez divise les produits volcaniques,

---

(1) Suivant cette nomenclature, le premier nom de la

d'après Bergman, en ceux qui ont été formés par le feu, & ceux qui doivent leur origine à l'eau. Ces derniers ne ſont que des matières terreuſes diſſoutes, ou ſuſpendues dans l'eau, qui les a dépoſées dans le voiſinage & parmi les produits des volcans, telles ſont les incruſtations calcaires & ſiliceuſes, ainſi que les zéolites qu'on rencontre fréquemment dans les ſubſtances volcaniſées.

M. Mongèz diſtingue les véritables produits volcaniques en trois ordres; 1°. les ſubſtances terreuſes peu altérées par le feu, telles que les matières calcaires, les argiles, les grenats, les hyacinthes, les ſchorls & le mica; 2°. les ſubſtances terreuſes calcinées & brûlées, comme les cendres volcaniques, ou le lapillo et la pouzzolane, les tufs ou tufa, le peperino des Italiens, la pierre-ponce, la terre blanche qui recouvre la ſolfatare; 3°. les ſubſtances terreuſes fondues, ou les laves, dont il admet pluſieurs eſpèces; la lave ſpongieuſe, la compacte, la lave en ſtalactites, les verres des volcans. Il ajoute à ces diviſions les produits volcaniques terreux, d'origine incertaine; il range particulièrement dans cet ordre les grenats, les ſchorls des volcans, &

---

brèche exprime la nature de son ciment, & le ſecond celle de ſes fragmens.

ſur-tout les baſaltes, qu'il croit être des maſſes de trapp, amollies par les vapeurs humides des volcans, et deſſéchées lentement après la ceſſation de ces vapeurs.

§. III. *Claſſification chimique des terres et des pierres, par M. Kirwan.*

M. Kirwan, célèbre chimiſte de Londres, a publié en 1784, un Ouvrage de minéralogie, dans lequel il claſſe tous les minéraux, d'après leurs propriétés ou leurs combinaiſons chimiques. Il range les terres & les pierres dans la première partie; après avoir donné pour caractères de ces ſubſtances, l'inſipidité, la ſécheresse, la fragilité, l'incombuſtibilité, & l'indiſſolubilité dans moins de mille fois leur poids d'eau. Il diſtingue, comme Bergman, cinq genres de terres ſimples, la terre calcaire, la terre peſante ou baryte, la magnéſie, ou terre muriatique, la terre argileuſe et la terre ſiliceuſe. C'eſt ſous ces cinq genres qu'il range, d'après l'analyſe chimique, toutes les terres & pierres connues.

GENRE CALCAIRE.

Il en admet douze eſpèces.

Eſpèce I. Terre calcaire, ſans combinaiſon avec

aucun acide ; chaux native des volcans. Falconer, *sur les eaux de Bath*, t. I, p. 156 & 157. Monnet, *Minéralog.* p. 515.

Espèce II. Terre calcaire combinée avec l'acide aérien. Les variétés rangées sous deux séries, sont le spath calcaire transparent, le spath opate, les stalactites, les tufs ou pores, les incrustations, les pétrifications, l'agaric minéral ou guhr, la craie, la pierre à chaux, & les marbres ; Bayen, *Journal de Phys.* t. II, p. 496.

Espèce III. Terre calcaire combiné avec l'acide vitriolique, gyps, sclénite ou plâtre (1) ; il en admet deux séries, les transparens & les opaques.

Espèce IV. Terre calcaire combinée avec l'acide spatique, spath-fluors, petuntzé de Margraf ; série I, spath-fluors transparens ; série II, spath-fluors opaques.

Espèce V. Terre calcaire combinée avec l'acide tungstenique. Tungsten, ou pierre pesante. Woulfe, *Trans. philos. an.* 1779, p. 26 ; Schéele, *Mém. de Suède*, 1781.

---

(1) On voit que M. Kirwan range beaucoup de sels terreux parmi les pierres, quoique la solubilité de la plûpart, & de celui-ci en particulier, soit moitié plus grande que celle de la plus dissoluble des pierres.

Eſpèce VI. Terre calcaire aérée, mêlée avec une quantité notable de magnéſie. Var. I. Spath composé, décrit par M. Woulfe. *Tranſ. philoſ. an.* 1779, *p.* 29. Var. II. Pierre de Creutzwald, analyſée par M. Bayen (1), *Journ. de phyſ.*, *t. XIII*, p. 56.

Eſpèce VII. Terre calcaire aérée, mêlée avec une quantité notable de glaiſe. Var. I. Marne calcaire. Var. II. Traveitino, margodes, marne pierreuſe, Ferber, *Voyage d'Italie*, *p.* 117, 119.

Eſpèce VIII. Terre calcaire aérée, mêlée avec une quantité notable de terre peſante; marne barytique du Derbyshire.

Eſpèce IX. Terre calcaire aérée, mêlée avec une portion notable de terre ſiliceuſe. Var. I. Spath étoilé. Var. II. Grès calcaire, moilon, pierre de liais. Monnet, *Minéralogie*, *p.* 116.

Eſpèce X. Terre calcaire aérée, mêlée avec une petite quantité de pétrole. Pierre puante, *lapis ſuillus*.

---

(1) Il ſeroit ſuperflu d'indiquer ici les proportions des différens principes de ces pierres, parce que nous en parlerons dans l'hiſtoire chimique des sels. Nous ne ferons mention de ces proportions que dans les eſpèces des deux derniers genres de M. Kirwan, que nous regardons comme de véritables terres.

Espèce XI. Terre calcaire aérée, mêlée avec une quantité notable de pyrites; pierre de Saint-Ambroix, analysée par M. le baron de Servières. *Journ. de phys. t. XXI, p.* 394.

Espèce XII. Terre calcaire mêlée avec une portion notable de fer. Var. I. Terre calcaire aérée avec du fer. Rinman. *Mém. de Stock.* 1754. Var. II. Tungstène avec du fer. Cronstedt, *Mém. de Stock.* 1751.

M. Kirwan ajoute à ces douze espèces du genre calcaire, six autres espèces de pierres composées, dans lesquelles le genre calcaire prédomine; 1°. les espèces simples calcaires, mêlées ensemble, comme la sélénite & la craie, le spath vitreux & la tungstène; 2°. les composés des espèces calcaires & barytiques; elle est une pierre jeaune du Derbyshire, formée de craie avec des noyaux de spath pesant; 3°. les composés d'espèces calcaires & magnésiennes; le marbre blanc mêlé de stéatite, le *pietra telchina*, le *verde antico*; 4°. les composés des espèces calcaires & argileuses, de craie & schiste, tels que le vert campan des Pyrénées, le campan rouge, le marbre de Florence, la griotte, l'amandola, le cipolin de Rome. (*Voy.* Bayen, *Journ. de Phys. t. XI, p.* 499, 801; *& t. XII, p.* 51, 56, 57), de craie & de mica, comme le marbre cipolin d'Autun, les *macigno pietra* *bigia*, *columbina* ou *turchina* des Italiens; 5°. les composés calcaires & siliceux, marbre étincelans, marbre avec la lave; 6°. enfin, les composés de terre calcaire avec deux ou plusieurs genres, comme le porphyre calcaire, et la terre à chaux mêlée de mica.

Genre Barytique.

Il en reconnoît six espèces.

Espèce I. Terre pesante combinée avec l'acide aérien. Pierre trouvée par le docteur Withering à Mooralston dans le Cumberland.

Espèce II. Baryte combinée avec l'acide vitriolique. Spath pesant.

Espèce III. Baryte combinée avec l'acide spatique; celle-ci n'existe point dans la nature, elle est un produit de l'art.

Espèce IV. Baryte combinée avec l'acide tungsténique; il en est de celle-ci comme de la précédente.

Espèce V. Barythe aérée, mêlée avec une quantité notable de silex & de fer. *Bindheim.*

Espèce VI. Spath pesant, mêlé de silex, d'huile minérale & de sels terreux. Pierre hépatique, blanche, grise, jaune, brune ou noire.

Genre Muriatique ou Magnésien.

M. Kirwan en compte huit espèces, en rangeant dans ce genre les terres ou pierres dans lesquelles la magnésie prédomine, & celles qui présentent les caractères du genre magnésien, quoiqu'elles contiennent plus de silex que de magnésie.

Espèce I. Magnésie combinée avec l'acide aérien ; & mêlée avec d'autres terres. Var. I. Mêlée avec le silex; *spuma maris*, terre à pipe de Turquie, Terre à chalumeau du Canada. Var. II. Mêlée avec la terre calcaire & le fer; terre olivâtre & bleuâtre, près de Thionville. Var. III. Mêlée avec la glaise, le talc & le fer; terre jaune verdâtre de Silésie.

Espèce II. Magnésie combinée avec l'acide aérien, avec plus de quatre parties de silex & un peu moins d'argile. Var. I. Stéatite, Var II. Pierre ollaire.

Espèce III. Magnésie aérée, combinée avec du silex, de la terre calcaire, & une petite portion d'argile & de fer. Var. I. Asbeste fibreux. Var. II. Asbeste coriace, liège de montagne.

Espèce IV. Magnésie aérée, combinée avec du silex, de la terre calcaire aérée, de la baryte, de l'argile & du fer. Amiante.

Espèce V. Magnésie pure, combinée avec plus que son poids de silex, le tiers d'argile, près d'un d'un tiers d'eau, & un ou deux dixièmes de fer. Serpentine, pierre néphrétique, gabro des Italiens.

Eſpèce VI. Magnéſie pure, combinée avec deux fois ſon poids de ſilex, & moins que ſon poids d'argile. Talc de Veniſe, talc de Moſcovie.

Eſpèce VII. Magnéſie combinée avec l'acide ſpathique. Elle n'a point été trouvée dans la nature.

Eſpèce VIII. Magnéſie combinée avec l'acide tungſténique. On ne la connoît point dans la nature.

M. Kirwan ajoute à ces huit eſpèces cinq autres compoſées, dans leſquelles la magnéſie prédomine. 1°. Les compoſés de pluſieurs eſpèces magnéſiennes entr'elles; ſtéatite & talc, craie de Briançon; ſerpentine avec la ſtéatite ou l'asbeſte. 2°. Les compoſés d'eſpèces magnéſiennes & d'eſpèces calcaires; ſerpentine rouge ou jaune avec des taches de ſpath calcaire blanc, *potzovera*; la noire eſt le *nero di prato*; & la verte, *verde di ſuza* des Italiens. 3°. Les compoſés magnéſiens & barytiques mêlés enſemble; ſerpentines avec des taches ou veines de ſpath peſant. 4°. Les compoſés magnéſiens et argileux mêlés; ſtéatites mêlées d'argile, de mica ou de ſchiſte. 5°. Les compoſés d'eſpèces magnéſiennes & ſiliceuſes;

ſerpentine veinée de quartz, de feld-ſpath ou de ſchorl.

GENRE ARGILEUX.

M. Kirwan diſtingue quatorze eſpèces dans ce genre.

Eſpèce I. Argile ſaturée d'acide aérien; lait de lune, d'après l'analyſe de M. Schreber.

Eſpèce II. Argile combinée avec l'acide aérien, & mêlée de ſilex & d'eau; glaiſe, terre à pipe, à porcelaine, &c.

Eſpèce III. Argile ſaturée avec l'acide vitriolique; alun embryon, en écailles comme le mica. Baumé.

Eſpèce IV. Argille ſaturée avec l'acide marin; alun embryon marin.

Eſpèce V. Argile combinée avec environ une partie et demie de ſilex, preſqu'une partie de magnéſie, & une demi-partie de fer déphlogiſtiqué; mica.

Eſpèces VI, VII, VIII, IX. Argile combinée avec la terre ſiliceuſe, la magnéſie, la terre calcaire, le fer, ou un bitume; ardoiſe, ſchiſte bleu, ſchiſte pyriteux, ſchiſte bitumineux, ſchiſte argileux.

Eſpèce X. Argile combinée avec un peu de ſilex, de magnéſie, de terre calcaire, & preſque ſon poids de chaux de fer ; pierre de corne, *Horn-Blende*.

Eſpèce XI. Argile combinée avec quatre fois ſon poids de ſilex, moitié de terre calcaire, & un peu plus de ſon poids de fer ; crapaudine.

Eſpèce XII. Argile unie à deux, à huit fois ſon poids de ſilex, moitié de chaux, une ou deux fois ſon poids d'eau ; zéolite.

Eſpèce XIII. Argile unie à quatre fois ſon poids de ſilex, & un tiers de fer ; pierre de poix, lave.

Eſpèce XIV. Argile mêlée avec une portion notable de chaux rouge de fer, & quelquefois de la ſtéatite ; craie rouge.

M. Kirwan ajoute ſix eſpèces compoſées, dans leſquelles le genre argileux prédomine.

GENRE SILICEUX.

Il admet vingt-ſix eſpèces du genre ſiliceux.

Eſpèce I. Terre ſiliceuſe preſque pure ; quartz, criſtal, ſable.

Eſpèce II. Terre ſiliceuſe avec $\frac{1}{4}$ d'argile, & $\frac{1}{40}$ de terre calcaire ; ſilex, pierre à fuſil. *Voyez* Wiegleb, *Act. nat. Curioſ. t. VI*, *p.* 408.

Eſpèce III. Terre ſiliceuſe avec $\frac{1}{4}$ à $\frac{1}{3}$ d'argile, $\frac{1}{12}$ à $\frac{1}{15}$ de terre calcaire ; pétro-ſilex.

Eſpèce IV. Terre ſiliceuſe avec $\frac{1}{3}$ d'argile, $\frac{1}{6}$ ou $\frac{1}{7}$ de chaux de fer. Jaſpe.

Espèce V. Terre siliceuse fine mêlée en diverses proportions avec d'autres terres & du fer ; agate, opale, calcédoine, onyx, cornaline, sardoine. Pierres précieuses du second ordre.

Espèce VI. Terre siliceuse avec partie égale & jusqu'à trois fois son poids d'argile, un sixième jusqu'à partie égale de terre calcaire, & $\frac{1}{18}$ jusqu'à partie égale de fer ; rubis, topaze, hyacinthe, émeraude, saphir. Pierres précieuses du premier ordre.

Espèce VII. Améthyste : sa composition n'est pas connue.

Espèce VIII. Terre siliceuse avec $\frac{1}{15}$ de terre calcaire, moins de magnésie, très-peu de fer, de cuivre & d'acide spathique ; chrysoprase.

Espèce IX. Terre siliceuse avec du spath-fluor bleu & un peu de gyps ; lapis lazuli. M. Margraf y a trouvé de la craie, du gyps, du silex & du fer. M. Rinman y a découvert l'acide spathique.

Espèce X. Jade. M. Kirwan soupçonne qu'il est formé de silex, de magnésie & de fer.

Espèce XI Terre siliceuse avec de l'argile, de la terre pesante & de la magnésie ; feld-spath, petuntzé, pierre de Labrador ; 100 parties de feld-spath blanc en contiennent 67 de silex, 14 d'argile, 11 de terre pesante, & 8 de magnésie.

Espèce XII. Zéolite siliceuse : on la trouve à Mœssiberg ; elle diffère de la véritable zéolite, en ce qu'elle fait feu avec l'acier, ce qui annonce la présence du silex.

Espèce XIII. Terre siliceuse avec plus du tiers de son poids d'argile, & $\frac{1}{9}$ de craie sans fer ; grenat blanc du Vésuve; 100 parties en contiennent, suivant Bergman, 55 de silex, 39 d'argile, & six de craie.

Espèce XIV. Terre siliceuse avec l'argile, la craie, & un dixième de fer ; grenat. Bergman dit que 100 parties de cette pierre sont formées de 48 parties de silex, 30 d'argile, 11 de terre calcaire, & 10 de fer.

Espèce XV. Terre siliceuse avec beaucoup d'argile, $\frac{1}{10}$ à-peu-près de craie, un peu de fer & de magnésie ; schorl.

Espèce XVI. Schorl en barre, *stangen-shoerl* des allemands, trouvé par M. Fichtel, dans les montagnes Carpathiènes. Il existe dans la pierre calcaire, il est prismatique & fait une légère effervescence avec les acides. M. Bindheim a retiré de 100 parties de ce schorl, 61 de silex, 21 de craie, 6 d'argile, 5 de magnésie, 1 de fer & 3 d'eau.

Espèce XVII. Tourmaline. Voici, d'après Bergman, la proportion des principes des tourmalines du Tyrol, de Ceylan & du Brésil.

		argile.	silex.	t. calc.	fer.
Il y a sur cent parties de	Tourmalines du Tyrol.	42	40	12	6
	de Ceylan.	39	37	15	9
	du Brésil.	50	34	11	5

Espèce XVIII. Basalt, trapp; 100 parties contiennent suivant Bergman, 52 de terre siliceuse, 15 d'argile, 8 de terre calcaire, 2 de magnésie & 15 de fer.

Espèce XIX. *Rowly Ragg*; pierre grise, grenue, qui devient attirable & se fond au feu, qui se couvre d'une croûte ochreuse à l'air; 100 parties, suivant Withering, contiennent 47,5 de terre siliceuse, 32,5 d'argile, 20 de fer.

Espèce XX. Silex, argile, fer & terre calcaire fondus ensemble par le feu des volcans.

1°. Laves cellulaires improprement appelées pierres-ponces; elles n'ont éprouvé que le moindre degré de fusion. Bergman y a trouvé $\frac{45}{100}$ à $\frac{50}{100}$ de silex, $\frac{15}{100}$ à $\frac{20}{100}$ de fer, $\frac{4}{100}$ ou $\frac{5}{100}$ de terre calcaire pure, & le reste d'argile.

2°. Laves compactes; elles ont subi le second degré de fusion, & n'ont que quelques cavités; elles rendent du son quand on les frappe.

3°. Laves vitreuses, ou fondues complettement en verre noir, verd, bleu, &c. M. de Saussure a imité les laves en fondant plus ou moins les roches de corne, la marne & les schistes. (*Voyage dans les Alpes*, *p.* 127.)

Espèce XXI. Terre siliceuse unie à environ un dixième de magnésie & très-peu de terre calcaire. Pierre-ponce.

Espèce XXII. Terre siliceuse unie avec moins que son poids de magnésie & de fer ; spath magnésien martial, pisolite trouvée à Sainte-Marie, par M. Maret.

Espèce XXIII. Terre siliceuse mêlée avec le tiers de son poids de terre calcaire aérée ; pierre de Turquie ; elle durcit avec l'huile.

Espèce XXIV. Terre siliceuse mêlée avec un peu de terre calcaire & de fer ; pierre à aiguiser.

Espèce XXV. Quartz consolidé avec moins que son poids de terre calcaire ou d'argile, & un peu de fer ; grès qui se réduit en sable par le choc. Var. I. Grès avec un ciment calcaire, de Fontainebleau ; il fait effervescence avec les acides. Var. II. avec un ciment argileux, il ne fait pas effervescence ; on s'en sert pour bâtir, pour aiguiser, pour filtrer l'eau, &c.

Espèce XXVI. Terre siliceuse consolidée par la chaux de fer demi-phlogistiquée ; pierre étincelante, brune ou noire, qui devient rouge & s'exfolie à l'air ; le fer à demi-déphlogistiqué agglutine les terres ; celui qui est très-calciné n'a pas le même pouvoir agglutinatif. Ce fait a été démontré par MM. Edouard King & Kadd.

M. Kirwan joint à ces 26 espèces du genre siliceux, 6 autres espèces dans lesquelles cette terre prédomine ; les variétés qu'il rapporte sous ces 6 espèces sont des composés que l'on trouve fréquemment dans les montagnes d'anciennes formations ; c'est sur-tout d'après les observations faites par M. de Saussure dans les Alpes, que le chimiste anglois établit l'ordre de ce supplément au genre siliceux. On trouve, parmi ces variétés, les différens granits, poudings, granitelles, granitins, le porphyre, le gneis, la variolite, &c.

CHAPITRE IV.

De l'analyse chimique des Terres & des Pierres.

QUOIQU'ON se soit beaucoup plus occupé depuis quelques années de l'examen chimique des terres & des pierres qu'on ne l'avoit jamais fait, il faut convenir qu'on est bien loin d'avoir encore sur cet objet des connoissances assez multipliées & assez exactes pour donner une division méthodique de ces substances. Telle est la raison pour laquelle les méthodes chimiques proposées jusqu'à présent sont si différentes les unes des autres, & telle est aussi celle qui nous a engagés à faire connoître en même-temps celles de trois chimistes célèbres, qui se sont succédées en assez peu de temps.

Ce qu'on a gagné aux travaux entrepris de toutes parts sur les terres & sur les pierres, c'est de trouver les moyens propres à en reconnoître la nature & les principes. La méthode analytique de ces substances est assez compliquée, & je ne me propose d'en donner que les généralités dans ce chapitre; en effet, excepté l'action du feu, de l'air & de l'eau, qui peut être facilement appréciée par ceux qui commencent l'étude de la chimie, & qui n'ont encore lu que la première partie de cet Ouvrage, dans laquelle les propriétés de ces corps ont été exposées, les matières salines que l'on emploie avec tant d'avantages pour séparer & reconnoître les différens principes constituans des terres & des pierres, leur étant absolument inconnues jusqu'ici, ce seroit risquer de n'être point entendu, & s'écarter en même-temps de l'ordre si nécessaire dans l'étude des sciences physiques, que de parler ici de l'usage de ces dissolvans pour l'analyse des pierres. Je renverrai donc les détails relatifs à la décomposition chimique exacte des substances terreuses par les acides & par les alkalis à une autre partie de cet Ouvrage (1), & je n'en exposerai ici que les principes généraux.

Lorsqu'on veut connoître la nature chimique d'une terre ou d'une pierre, on doit commencer par en examiner avec soin les propriétés physiques, la forme, la dureté, la pesanteur, la couleur, &c. On en sépare ensuite les corps étran-

(1) Voyez le Traité de *l'analyse des eaux*, à la fin de cet Ouvrage.

gers qui y ſont preſque toujours mélangés en plus ou moins grande quantité, & on fait en ſorte de l'avoir pure & ſans mélange par le triage, le lavage, &c. Une pierre doit être réduite en poudre, & pour ainſi dire à l'état de terre, pour être convenablement eſſayée. L'action du feu eſt une des premières tentatives que l'on fait ordinairement ſur ces ſubſtances. On les expoſe, à la doſe de quelques onces, dans des creuſets d'argile bien cuite, ou de porcelaine, au feu d'un fourneau qui tire bien, tel que celui de Macquer, & mieux encore à celui des fours de poterie, de porcelaine, ou de verrerie. Il faut obſerver à l'égard des creuſets que l'on emploie pour cette opération, que la terre argileuſe qui en fait la baſe, entre ſouvent pour beaucoup dans l'altération que la ſubſtance pierreuſe éprouve de la part de la chaleur; mais il n'y a point de moyen d'éviter cet inconvénient, qui d'ailleurs devient preſque nul, lorſqu'on compare enſemble les changemens produits dans beaucoup de pierres. On a imaginé, depuis quelques années, de ſe ſervir du chalumeau à ſouder pour traiter les matières minérales au feu, et l'on doit réunir ce ſecond moyen au premier, dans l'examen chimique d'une terre ou d'une pierre. On les expoſe au feu, ſoit ſeules, ſoit mêlées entr'elles ou avec quelques ſubſtances ſalines, que l'on connoîtra par la suite (1); enfin, on peut aussi les traiter avec la machine propre à verser l'air vital sur les charbons, dont j'ai donné la description dans mes Mémoires de Chimie, & qui excite assez fortement l'action du feu, pour pouvoir être comparée au foyer des lentilles de verre, telle que celle de l'académie. Ces expériences présentent ou une fusion plus ou moins avancée, ou un changement de couleur, de consistance, de forme, &c. que l'on décrit avec le plus grand soin. Il faut encore répéter cet essai dans des cornues de terre auxquelles on adapte un récipient & même un appareil pneumato-chimique (2), afin de recueillir l'eau & les fluides aériformes, s'il s'en dégage. Ces produits ne sont à la vérité fournis que par les matières salino-terreuses regardées comme des pierres par les naturalistes; mais comme celles-ci sont souvent mêlées avec de véritables terres, il est nécessaire de faire mention ici de ce moyen général de les examiner. L'action du feu indique

---

(1) Voyez le Mém. sur le chalumeau, par Bergman, & les notes de M. Mongez, *Manuel du Minéralogiste, ou Sciagraphie*, *Cuchet*, 1784.

(2) Voyez la description de ces appareils, à l'article *Gaz* du Dictionnaire de Chimie, dans l'Ouvrage sur les différens airs, de M. Sigaud de la Fond, &c. &c.

si la pierre est silicée, alumineuse ou mélangée; mais comme la plûpart sont de cette dernière espèce, & peuvent contenir plusieurs & même cinq à six substances différentes les unes des autres & dans des proportions variées, il faut avoir recours à d'autres procédés pour en déterminer la composition. Ces procédés consistent à les traiter par plusieurs dissolvans acides & alkalins dont l'application successive enlève & sépare les uns des autres chacun de leurs principes constituans.

L'action de l'air & de l'eau en vapeurs sur les substances terreuses & pierreuses peut jeter aussi quelque jour sur leur nature & leurs principes. Les unes n'éprouvent aucune altération par ces agens; d'autres se divisent, changent peu-à-peu de forme, de couleur, de consistance; ces phénomènes ont lieu sur-tout dans les pierres très-composées, & qui contiennent beaucoup de fer; enfin, leur lixiviation par l'eau froide & chaude y démontre la présence des matières salines, quoiqu'assez peu solubles, qui y sont très-souvent contenues.

C'est par ces différens moyens, que les chimistes modernes sont parvenus à déterminer la nature & la proportion des principes d'un assez grand nombre de terres & de pierres. Je n'ai fait qu'en indiquer ici l'administration la plus générale, & l'on trouvera dans l'histoire des matières salines tous les détails relatifs à cet objet, qu'il est beaucoup plus difficile de remplir convenablement qu'on ne doit & qu'on ne peut l'exposer ici.

SECONDE SECTION.

SUBSTANCES SALINES.

CHAPITRE PREMIER.

Des ſubſtances ſalines en général, de leurs caractères, de leur nature & de leur claſſification.

Les matières ſalines, dont le nombre eſt très-conſidérable, ont des caractères particuliers qui les diſtinguent de celles que nous avons examinées juſqu'à préſent. Les chimiſtes n'ont encore établi les caractères ſalins que d'après quelques propriétés qui laiſſent de l'incertitude ſur la vraie nature de ces matières. Les propriétés qu'ils ont indiquées ont beaucoup trop étendu la claſſe des ſels, parce qu'elles conviennent à un grand nombre de corps. La ſaveur & la diſſolubilité dans l'eau, qu'on a toujours données comme les caractères des ſubſtances ſalines, ſe rencontrent dans beaucoup de corps non ſalins, comme dans tous les mucilages doux & dans les matières animales ; d'un autre côté, ces deux propriétés ſont très-foibles dans plusieurs ſubſtances ſalines. Les naturaliſtes n'ont pas donné une définition plus exacte des ſels ; la forme criſtalline & la tranſparence que pluſieurs d'entr'eux leur ont aſſignées, appartiennent à beaucoup d'autres matières, & ſur-tout aux terres, & d'ailleurs manquent abſolument dans quelques ſels. C'eſt donc avec beaucoup de vérité que Macquer dit qu'on ne connoît pas les vraies limites qui ſéparent les matières ſalines d'avec celles qui ne le ſont point.

Cependant, comme il eſt néceſſaire de prendre un parti ſur cet objet, & de fixer ſes idées ſur les propriétés de ces matières, nous croyons devoir les examiner en général, avant de paſſer à l'hiſtoire particulière de chaque ſel.

Nous reconnoiſſons pour ſubſtances ſalines toutes celles qui ont pluſieurs des quatre propriétés ſuivantes ; 1°. une grande tendance à la combinaiſon, ou une affinité de compoſition très-forte ; 2°. une ſaveur plus ou moins vive ; 3°. une diſſolubilité plus ou moins marquée ; 4°. une incombuſtibilité parfaite. Avant d'examiner chacune de ces propriétés, il faut obſerver que plus un corps en réunira, & plus il ſera ſalin, & que la qualité ſaline ſera toujours d'autant plus évidente & marquée, que ces propriétés

ſeront

feront plus énergiques. Il ne faudroit cependant pas conclure de ce que ces propriétés paroissent presque nulles dans certaines matières, que ces matières ne sont point salines. On risqueroit souvent de se tromper, en admettant ce principe, car il peut se faire que deux sels qui n'ont les propriétés salines que très-foiblement, les aient encore plus foibles après leur combinaison. Dans ce cas, il faut avoir recours à l'analyse chimique, qui en séparant ces deux corps, mettra leurs qualités salines plus à découvert.

§. I. *De la tendance à la combinaison, considérée comme caractère des substances salines.*

La plupart des sels ont une tendance pour se combiner à beaucoup de substances différentes. C'est même parmi ces substances que l'on trouve les corps les plus actifs, capables de s'unir à un grand nombre d'autres corps, & de former le plus de combinaisons. C'est aussi de ces matières que les chimistes de tous les temps ont fait le plus d'usage; ce sont quelques-unes d'entre elles qu'ils ont décorées du nom de dissolvans & de *menstrues*; mais cette tendance à la combinaison n'est pas, à beaucoup près, la même chose dans tous les sels. Les uns en jouissent dans un degré si énergique, qu'ils rongent & détruisent, ou dissolvent tout ce qu'ils touchent, & que les pierres vitrifiables & quartzeuses elles-mêmes n'échappent point à leur action ; tels sont plusieurs des sels purs, appelés acides ou alkalis. D'autres, sans avoir une force de combinaison aussi vive, ne laissent pas de s'unir à plusieurs corps; enfin il en est chez lesquels cette force n'est que très-peu de chose, & qui semblent n'en avoir presque pas davantage que les matières terreuses; mais ce peu de tendance à la combinaison ne dépend le plus souvent dans ces derniers, que de ce qu'elle est déjà en grande partie satisfaite, comme on peut l'observer dans beaucoup de sels neutres. On ne sera donc point étonné, d'aprés cette propriété des sels, de ne les rencontrer presque jamais purs & isolés dans l'intérieur de la terre.

§. II. *De la saveur considérée comme caractère des substances salines.*

La saveur a été jusqu'aujourd'hui regardée comme tellement propre aux substances salines, que plusieurs philosophes ont cru que ces substances étoient les seules sapides, & le principe de toutes les saveurs. Quoique cette opinion ne soit pas entièrement démontrée, puisque beaucoup de corps qui ne sont nullement salins, comme les métaux, ont une saveur marquée; quoique l'on puisse lui opposer quelques matières salines qui n'ont presqu'aucune saveur, on ne peut cependant disconvenir que c'est dans plusieurs de ces substances que l'on trouve les substances les plus sapides; aussi a-t-on donné cette propriété comme un des grands caractères des matières salines. La saveur de ces matières varie, comme leurs autres propriétés, dans les différentes espèces de sels. Pour bien entendre d'où elle dépend, & sur-tout quelle est la cause de la diversité de son énergie, il est essentiel d'établir ce que c'est que cette qualité, & en quoi elle consiste. On entend communément par saveur, une impression faite sur l'organe du goût par le corps sapide, d'après laquelle on juge de la qualité utile ou nuisible de ces corps, & l'on se détermine à le garder ou à le rejetter. C'est donc une action particulière du corps sapide sur les nerfs de la langue & du palais des animaux, qui les avertit que tel être peut leur être avantageux, ou que le contact de tel autre leur sera nuisible. Mais cette propriété des corps ne peut-elle être sensible que sur les nerfs de la langue, & l'action dans laquelle consiste la saveur, ne peut-elle pas se passer également sur tous les organes des animaux, dont le tissu est formé en partie par les nerfs? Ceux qui connoissent les phénomènes de l'économie animale ne peuvent nier que l'action qui constitue la saveur, doit avoir son effet sur tous les autres nerfs, & qu'elle doit être toujours proportionnée à la sensibilité des sujets & des organes sur lesquels elle se porte. D'après cette manière de concevoir la saveur, on est naturellement conduit à croire, 1°. que son impression sera presque nulle sur les parties du corps qui contiennent peu de nerfs, ou dont les nerfs sont peu sensibles, parce qu'ils ne sont point à découvert, comme sur la peau dont le tissu réticulaire & l'épiderme couvrent, enveloppent les nerfs, & en émoussent la sensibilité; il faudra donc que la saveur d'un sel soit très-forte pour que son action puisse être sensible sur la peau; 2°. que cette impression se fera avec plus d'énergie sur les organes dont les nerfs seront plus gros, plus nombreux, d'une forme propre à recevoir un contact étendu, & un mouvement violent de la part des sels, & dont l'épiderme sera très-mince, & laissera les nerfs presque à nud. La surface supérieure de la langue, la voûte du palais, & en général tout l'intérieur de la bouche, sont susceptibles de percevoir la saveur d'un très-grand nombre de corps qui ne font aucune impression sur l'organe beaucoup moins sensible de la peau; 3°. que des corps qui n'ont point de saveur & point d'action sur la peau, pourront cependant en avoir une pour des organes plus délicats, & dont les nerfs seront plus sensibles, comme le sont l'estomac & les intestins.

Ces considérations, une fois admises, nous distinguerons trois classes de saveurs & de corps sapides, auxquels on pourra rapporter celles de toutes les matières salines que nous examinerons. La première classe comprend les sels dont la saveur est la plus forte, & dont l'action se porte vivement sur la peau. L'impression que cette action y excite est si forte, qu'elle fait éprouver une douleur très-vive, & que si elle continue à agir pendant quelque temps, elle détruit & désorganise entièrement le tissu de la peau. Cette saveur est la causticité, & les sels qui en jouissent, se nomment des caustiques. La seconde classe comprend ceux dont la saveur est moyenne, & ne se manifeste que sur les nerfs du goût. On a coutume de distinguer ces saveurs moyennes par différens noms qui caractérisent chacune d'elles, comme l'amertume, l'astriction, l'acidité, l'âcreté, la saveur urineuse, &c. Dans la troisième classe, nous rangeons les substances salines dont la saveur n'est sensible que dans l'estomac & les intestins; nous trouverons peu de sels de cette nature.

Il est important de faire quelques remarques

ſur le rapport de ces différentes claſſes de ſaveurs; il faut obſerver d'abord qu'il y a beaucoup de degrès & de nuances dans chacune d'elles, relativement à leur plus ou leur moins d'énergie : ainſi, il y a des cauſtiques beaucoup plus forts les uns que les autres; il y en a qui rongent & détruiſent ſur-le-champ les parties organiques, tandis que d'autres demandent beaucoup de temps pour les déſorganiſer. Il en eſt de même des ſels amers, aſtringens ou urineux, & de ceux dont la ſaveur n'agit que ſur les nerfs de l'eſtomac. En ſecond lieu, en réfléchiſſant ſur les nuances de ces diverſes ſaveurs, on eſt naturellement porté à croire qu'elles ne ſont que différens degrés les unes des autres, & que depuis le ſel le plus cauſtique, juſqu'à celui qui n'agit que ſur la membrane molle & ſenſible de l'eſtomac, c'eſt toujours la même propriété très-énergique, & extrême dans l'un & très-affoiblie, & à peine perceptible dans l'autre. Cette réflexion ſemble indiquer que toutes ces ſaveurs dépendent abſolument de la même cauſe & partent du même principe.

Pour rechercher quelle eſt la cauſe de la ſaveur, nous ne pouvons mieux faire que de conſidérer celle qui eſt la plus forte de toutes, afin de pouvoir en ſaiſir les phénomènes, & en concevoir l'action. C'est donc de la causticité que nous devons nous occuper. Cette propriété a de tout temps été l'objet des conjectures des chimistes. Lemery, observant d'une part, que les corps très-chauds étoient très-caustiques, & que d'une autre, les sels qui ont cette propriété, ont la plupart été chauffés fortement pour l'acquérir, attribua la causticité aux particules de feu, nichées dans les corps. M. Baumé a adopté entièrement cette opinion. Meyer, apothicaire d'Osnabruck, a fait des recherches suivies sur les sels caustiques, & a imaginé un systême brillant, auquel plusieurs chimistes ont été fort attaché, mais qui a perdu aujourd'hui toute la confiance qu'il s'étoit d'abord acquise. Ce savant attribuoit la causticité à un principe, qu'il regardoit comme composé du feu, & d'un acide particulier; il le nommoit *causticum*, ou *acidum pingue*, d'après les anciens chimistes. Il en suivit la marche & les combinaisons, comme Stahl l'a fait pour le phlogistique; mais ce systême a le même défaut que celui de Stahl; c'est que Meyer n'a pas mieux démontré la présence de son *causticum*, que Stahl n'a prouvé celle du *phlogistique*. Le docteur Blach, en faisant des recherches snr les mêmes matières que Meyer, a porté le plus grand coup à sa doctrine, en démontrant à la rigueur, que la causticité de la chaux & des alkalis, loin d'être due à l'addition d'un principe *acide gras*, comme le pensoit Meyer, provient au contraire de la soustraction d'un sel dont il sera question plus bas, sous le nom d'acide carbonique.

Macquer est sans contredit le chimiste qui s'est occupé avec le plus de succès de la cause de la causticité; la doctrine qu'il a exposée sur cet objet dans son dictionnaire de Chimie, est si claire & appuyée de faits si concluans, qu'il est impossible de ne point embrasser son opinion. Après avoir remarqué que les corps caustiques détruisent & corrodent nos organes, en se combinant avec les principes qui les constituent, il observe qu'à mesure que cette combinaison a lieu, le caustique perd peu-à-peu sa force, & que celle-ci devient absolument nulle, lorsque le corps très-sapide a dissout toute la matière animale qu'il pouvoit dissoudre: c'est ainsi que la pierre à cautère ou l'alkali fixe pur, *lapis causticus*, ronge & corrode la peau sur laquelle on l'applique, & perd sa force corrosive & dissolvante, lorsqu'il a cessé d'agir sur cet organe. C'est bien réellement par une force chimique que ce sel agit, puisqu'il exerce son action sur la peau insensible des cadavres, comme Poultier l'a démontré par des expériences exactes, & en général sur toutes les ſubſtances animales qu'il diſſout. C'eſt donc de la tendance à la combinaiſon que dépend la cauſticité; & l'énergie de cette force agiſſant ſur nos organes, n'eſt que le réſultat de la combinaiſon du cauſtique avec la matière conſtituante de ces mêmes organes ; de même un corps cauſtique perd ſa vertu en ſe combinant dans nos laboratoires avec une ſubſtance quelconque à laquelle il tend fortement à s'unir, & en un mot, la cauſticité eſt toujours en raiſon de la tendance à la combinaiſon; d'après cela, le ſel le moins ſapide ne doit cette propriété qu'à ce qu'il eſt déjà ſaturé d'une manière quelconque; & en le ſéparant de cette ſorte d'alliage, on lui donne une ſaveur plus ou moins forte, ſuivant que cette ſéparation eſt plus ou moins exacte. Tous les phénomènes qui conſtituent l'hiſtoire des matières ſalines, viennent à l'appui de cette aſſertion, comme on le verra plus bas.

§. III. *De la diſſolubilité conſidérée comme caractère des matières ſalines*

La diſſolubilité dans l'eau a été donnée par tous les chimiſtes, comme un des grands caractères des matières ſalines; cependant il en eſt de cette propriété comme de la ſaveur & de la tendance à la combinaiſon ; elle préſente les mêmes variétés que celles-ci. Elle eſt ſi conſidérable & ſi forte dans quelques sels, qu'on ne peut leur enlever les dernières portions d'eau qu'ils contiennent, que par des procédés très-longs & très-recherchés. D'autres ne jouissent de la dissolubilité que dans des degrés moyens, & que l'on peut calculer avec beaucoup d'exactitude, comme on l'a fait pour la plupart des sels neutres. Enfin, il est quelques matières salines dans lesquelles on ne trouve qu'une solubilité si foible & si peu marquée, qu'elle semble s'éloigner absolument des premières, & qu'elles paroissent appartenir à la classe des substances terreuses ou pierreuses. Aussi tous les sels qui sont dans ce cas ont-ils été regardés comme des terres ou comme des pierres, par la plupart des naturalistes. Les limites entre ces deux classes de corps minéraux sont fort difficiles à bien déterminer, & les chimistes n'ont point encore pris de parti fixe à cet égard. M. Kirwan paroît adopter dans sa minéralogie l'opinion de Bergman, qui pense qu'on doit regarder comme terre toutes les substances, qui exigent plus de mille parties d'eau pour être tenues en dissolution, & qu'il faut ranger parmi les matières salines toutes celles qui peuvent être dissoutes dans une quantité d'eau moindre jusqu'à mille parties. Si cette proposition est reçue par tous les chimistes, comme je crois qu'il mérite de l'être, on évitera ces diverſités d'opinions & de langage, qui les ont partagés juſqu'ici, & qui ne ſont propres qu'à rendre la ſcience plus difficile & plus obſcure pour ceux qui en commencent l'étude.

Le rapport que j'ai indiqué entre la ſaveur & la diſſolubilité des ſels eſt abſolument le même que celui qui exiſte entre la première de ces propriétés, & la tendance à la combinaiſon; & l'on concevra aiſément la cauſe de ces rapports, en obſervant que la diſſolubilité dans l'eau eſt une véritable union chimique du ſel avec ce fluide; elle doit donc ſuivre abſolument les mêmes loix que la tendance à la combinaiſon & la ſaveur; & en effet, plus un ſel a de ſaveur & de qualité diſſolvante, & plus il ſe diſſout dans l'eau. Cette loi eſt invariable pour toutes les matières ſalines, & elle tient à leur nature même ou à leur eſſence.

§. IV. *De l'incombuſtibilité conſidérée comme caractère des ſubſtances ſalines.*

Il eſt plus difficile de ſaiſir ce quatrième caractère des matières ſalines, que les trois premiers. Aucun chimiſte n'a encore conſidéré ces ſubſtances ſous ce point de vue; pluſieurs même ont cru que quelques sels, entre autres le nitre, jouissoient d'une véritable combustibilité.

Pour bien concevoir qu'on s'est trompé sur ce point, & que toutes les matières salines minérales sont parfaitement incombustibles, il faudroit être beaucoup plus avancé dans l'histoire des propriétés de ces substances. Cependant, comme nous croyons que ce caractère est un des plus marqués, & des plus essentiels à connoître dans les sels, il est bon de présenter ici un court extrait de la doctrine que nous proposons sur cet objet, & qui sera très-éclaircie & mise absolument hors de doute dans les détails que nous donnerons sur les substances salines en particulier.

Il est démontré, par les belles expériences de M. Lavoisier, que plusieurs matières combustibles forment par leur combustion des acides d'une nature particulière, suivant chacune d'elles. La combustion n'est autre chose, comme nous l'avons expliqué plus haut, qu'une combinaison de la base de l'air vital ou oxigène, avec les corps combustibles. Tout corps qui a brûlé complètetement, c'est-à-dire, qui s'est combiné avec l'oxigène en quantité suffisante pour en être saturé, rentre dans la classe des corps incombustibles, ou, ce qui est la même chose, sa tendance à se combiner avec l'oxigène est satisfaite, & il n'est plus susceptible de s'y unir de nouveau, & d'en absorber davantage. Ces principes étant une fois démontrés, si, d'une part on trouve que plusieurs sels sont les résidus de différentes matières combustibles brûlées; & si, d'une autre part, une classe entière de ces sels paroît contenir l'oxigène, & présente les caractères des substances qui ont éprouvé la combustion, on conçoit comment ils ne pourront plus être combustibles. Ces assertions sont fondées sur un grand nombre de faits, comme on le verra plus bas; elles prouvent que les sels sont des êtres composés, & la plupart formés par l'union de certains corps combustibles avec l'oxigène. Il est très-facile d'entendre, d'après cela, comment ce caractère d'incombustibilité pourroit être regardé comme le plus certain & le plus constant des matières salines. Quant à la démonstration de ces importantes vérités, nous espérons qu'elle sera complette pour la classe des sels acides, par les détails qui constitueront l'histoire particulière de ces substances.

Il existe cependant une classe de sels qui paroissent évidemment composés, & qui ne contiennent point d'oxigène; tels sont les alkalis en général; mais ou ils sont des composés de matières incombustibles par elles-mêmes, ou s'ils contiennent quelque matière combustible, comme on verra dans l'ammoniac ou *alkali volatil*, elle y est unie à une substance évidemment incombustible, & qui empêche absolument cette propriété d'être sensible dans la première matière.

§. V. *De la nature & de la composition des matières salines en général.*

Stahl, qui s'est beaucoup occupé de la nature des sels, avoit pensé qu'ils étoient en général formés d'eau & de terre. Il avoit rassemblé tout ce que les faits chimiques pouvoient fournir pour éclairer cette grande théorie; mais depuis qu'à cette brillante époque de la chimie, il en a succédé une plus brillante encore par la multiplicité des expériences, & par la grandeur des découvertes sur l'influence de l'air dans tous les phénomènes de la chimie, la théorie des matières salines de Stahl, que l'on trouve si clairement exposée dans les ouvrages de Macquer, ne suffit plus pour bien concevoir la nature & la composition des sels. On ne se contente plus de ces analogies éloignées qui rassembloient les faits les plus disparates, & qui ne laissoient appercevoir que des lueurs trompeuses; enfin, l'on aime mieux convenir qu'on ignore, que d'avancer des théories hasardées, tôt ou tard démenties par l'expérience.

Quoique la nature chimique des matières ſalines ne ſoit pas encore entièrement connue, & que les faits s'oppoſent à ce qu'on admette un ſeul principe ſalin pour la baſe & l'origine de tous les autres ſels, comme pluſieurs ſavans du premier ordre l'avoient penſé; on a cependant un peu plus de lumières qu'autrefois ſur les principes qui entrent dans la compoſition de ces ſubſtances ſi multipliées & ſi ſingulières. On ſait qu'elles contiennent, pour la plupart, une très-grande quantité d'oxigène, & que ce fluide y eſt fixé à une matière combuſtible d'une nature diverſe, ſuivant les différens ſels. Cette compoſition eſt très-bien démontrée pour pluſieurs acides, & une forte analogie indique qu'il en eſt de même pour la plupart de cette claſſe de ſels. L'eau, ſans être un des principes immédiats des ſels, s'y trouve ſouvent unie, & y adhère par une attraction très-forte. Quant à la matière du feu, conſidérée comme phlogiſtique, que de très-grands chimiſtes ont admiſe dans les ſels, il y a trop d'incertitude aujourd'hui ſur la nature & ſur l'exiſtence de cette matière, pour qu'on puiſſe adopter encore une opinion à cet égard. Il n'en eſt pas de même du calorique, qui paroît former un des principes des ſels, ou plutôt exiſter dans la plupart en plus grande quantité que dans d'autres ; telle est la cause générale de la fluidité, de la fusibilité, & de la volatilité d'un grand nombre de matières salines.

Aucune expérience positive ne démontre la présence d'une terre dans la plupart des sels; on sait seulement que tous ceux que la nature présente, sont mêlés à une quantité plus ou moins grande de diverses substances terreuses; mais celles-ci ne leur appartiennent point, elles n'entrent point, à proprement parler, dans leur composition, & elles n'y sont, pour ainsi dire, qu'accessoires. On ne connoît donc aujourd'hui comme principes des matières salines en général, que plusieurs corps combustibles, l'oxigène, quelques matières incombustibles, & le calorique. On sait que la plupart des acides sont des résidus de corps brûlés, & qu'ils peuvent contenir des proportions différentes de corps combustibles & d'oxigène : de sorte qu'ils sont dans des états fort différens, suivant la quantité de ces matières constituantes. Tout ce qu'on a dit de plus sur la composition des sels en général, dans les traités de chimie, ne renferme que des hypothéses plus ou moinn ingénieuses, mais aussi plus ou moins éloignées de la vérité.

§. VI.

§. VI. *De la distribution, ou de la division méthodique des matières salines minérales.*

Les sels qui appartiennent au règne minéral sont en très-grand nombre. Plusieurs sont des produits de la nature qui les forme par l'action du feu, de l'eau, de l'air, & par la destruction des matières organiques. La plus grande partie de ceux dont on se sert en chimie doivent leur formation à l'art, ou au moins n'ont point encore été trouvés parmi les produits de la nature. Pour traiter méthodiquement l'histoire de ces substances, nous croyons devoir les diviser en ordres, en genres & en sortes, comme nous l'avons fait pour les terres & les pierres. Nous comprenons toutes les matières salines minérales dans deux ordres.

Le premier contient les substances salines, nommées *simples*, & que nous connoîtrons sous le nom de sels primitifs, parce qu'ils servent à la formation des suivans.

Le second ordre renferme les sels secondaires, composés ou neutres : ils sont formés par la combinaison des premiers, les uns avec les autres, & ils sont en conséquence beaucoup moins simples qu'eux.

Chacun de ces ordres sera divisé en plusieurs genres, & ceux-ci en sortes.

Nous connoissons aujourd'hui, dans le règne minéral, neuf genres, & au moins quatre-vingt-dix sortes de sels simples ou composés, différens les uns des autres, & que nous allons examiner successivement (1).

CHAPITRE II.

Des trois substances salino-terreuses.

ORDRE I. *Sels simples ou primitifs.*

Nous donnons le nom de sels simples ou primitifs à ceux que l'on appeloit autrefois, & que quelques chimistes appellent encore sels simples. Comme il est démontré, par des expériences exactes, que la plûpart d'entr'eux sont manifestement composés, nous observerons que le titre de sels simples ne leur convient qu'en les comparant

(1) Il y a 3 substances salino-terreuses, 3 alkalis, 10 acides minéraux; ceux-ci unis à l'alumine, aux trois bases salino-terreuses & aux trois alkalis, constituent 70 sels neutres, ou composés en général; mais trois des acides pouvant être dans deux états différens, & formant alors des sels neutres également différens, il en résulte à-peu-près 20 autres sels composés.

à ceux du second ordre. Le nom de sels primitifs paroît les désigner avec plus d'exactitude, parce qu'ils constituent, par leurs combinaisons, les sels neutres composés, que nous appelons secondaires. Nous divisons cet ordre en trois genres, qui sont les substances salino-terreuses, les alkalis & les acides; l'examen des premières nous occupera dans ce chapitre, & nous placerons, dans les deux suivans, l'histoire des alkalis & des acides.

Genre I. SUBSTANCES SALINO-TERREUSES.

Nous désignons sous ce nom trois substances, qui ont été regardées jusqu'ici comme des matières terreuses, mais dont les caractères les rapprochent manifestement des sels (1). L'ensemble des propriétés salines, assez marquées, qu'elles présentent conjointement avec les caractères propres aux matières terreuses, moins saillans en général que les premières, nous a engagés à placer ces substances avant les sels; à les faire servir, pour ainsi dire, de chaînon entre ces derniers & les terres, dont elles diffèrent d'ailleurs par une

(1) Nous en avons déjà parlé dans la lithologie; mais nous ne les avons alors considérées que comme faisant partie des connoissances d'histoire naturelle.

tendance à la combinaison beaucoup plus forte, comme on le verra par l'examen de leurs propriétés.

Il est important d'observer que dans l'examen de ces matières salino-terreuses, ainsi que dans celui des sels primitifs, nous les supposons pures & isolées, quoiqu'elles ne le soient jamais dans la nature, & sans parler encore des moyens de les obtenir telles, afin de ne point compliquer l'ordre élémentaire que nous nous proposons de suivre. L'histoire des sels neutres offrira, dans l'article de leur décomposition, les moyens que la chimie fournit de séparer ces substances, ainsi que les sels simples ou primitifs, & de les avoir purs.

Ce premier genre contient trois sortes de corps salino-terreux.

Sorte I. BARYTE.

La baryte a été d'abord nommée *terre pesante* par MM. Gahn & Schéele, chimistes suédois, qui en ont reconnu l'existence dans le spath pesant. Bergman & M. Kirwan ont déjà employé le mot latin de *barytes*. Sa pesanteur spécifique va au-delà de 4,000, suivant M. Kirwan. Cette terre n'existe jamais pure, mais toujours combinée. Elle a été découverte & regardée comme une substance particulière par les chimistes déjà cités. MM. Margraf & Monnet l'avoient cru de la nature de la terre absorbante ou calcaire. Cependant ce dernier chimiste y avoit reconnu quelques caractères différens, & il étoit porté à la regarder comme une terre différente de la chaux. Ses propriétés n'ont encore été que peu examinées, au moins comme matière isolée & pure : on a plus étudié ses combinaisons, & c'est sur-tout par les sels qu'elle forme avec les acides & par ses affinités très-singulières, qu'elle diffère des autres substances analogues.

La baryte pure, obtenue par les moyens qui seront détaillés plus bas, est sous forme pulvérulente, d'une extrême finesse & d'une assez grande blancheur; je n'y ai point trouvé de saveur décidée sur la langue.

On ne sait point encore si elle est altérable par la lumière.

Le feu ordinaire de nos fourneaux ne la fait point entrer en fusion; elle donne au creuset d'argile dans lequel on la chauffe, une couleur bleue ou verdâtre, & elle prend elle-même une légère teinte de cette couleur. Cette propriété ne paroît pas dépendre de sa réaction sur l'argile. M. d'Arcet dit qu'elle se fond dans un creuset d'argile ou de fer à un feu très-violent.

Exposée à l'air, elle y augmente de poids &

se combine, quoique très-lentement, avec l'acide carbonique contenu dans l'atmosphère; on ne connoît pas ce qu'elle peut éprouver de la part de l'air vital. On ne connoît point l'action de l'oxigène & de l'azote sur cette terre saline; peut-être contient-elle de l'azote, comme un de ses principes constituans.

Elle se dissout dans l'eau, mais avec assez de difficulté, puisqu'il faut 900 parties de ce fluide pour une partie de baryte. L'eau qui en est chargée donne une couleur verte, foible à la teinture des fleurs de violette (1), & sur-tout à celle de mauves ou de raves. Cette dissolution, exposée à l'air, se couvre d'une pellicule légère, qui se reproduit à mesure qu'on l'enlève. Cet effet est dû à l'acide carbonique de l'atmosphère; il est le même que pour l'eau de chaux, quoiqu'il soit beaucoup moins marqué. La même dissolution, évaporée dans des vaisseaux fermés, laisse pour résidu la baryte, & l'on juge par le poids de ce

(1) Nous désignons par teinture de violettes, une dissolution de partie colorante de ces fleurs dans l'eau. On doit préférer cette teinture récente au sirop de violettes, qui n'a pas, à beaucoup près, la même sensibilité. Au reste, ce sirop peut être employé dans tous les cas où les matières salines que l'on veut examiner ont une certaine énergie; aussi en parlerons-nous souvent au lieu de la teinture.

résidu, de la dissolubilité de cette substance. On conçoit, d'après cela, qu'il faut se servir d'eau distillée dans cette expérience, comme dans toutes celles de cette nature.

La baryte n'a qu'une action foible, soit par la voie sèche, soit par la voie humide, sur la silice & sur l'alumine (1); elle peut cependant faciliter la fusion des terres, & elle prend une couleur verte ou bleuâtre, quand on l'a chauffée avec la seconde.

La baryte est la substance salino-terreuse que l'on a trouvée jusqu'aujourd'hui le moins abondamment dans la nature. Il est vraisemblable qu'elle est plus abondante qu'on ne l'a cru. On

---

(1) Il est essentiel d'observer ici que, pour faire connoître avec ordre l'action réciproque des corps les uns sur les autres, je ne parle de la combinaison de deux corps, que lorsque je les ai fait connoître tous les deux: ainsi je n'ai dû faire mention, dans l'histoire de la baryte, que de la manière dont elle est altérée par la lumière, le calorique, l'oxigène, l'azote, l'eau, la silice & l'alumine; parce que je n'ai encore examiné que ces corps avant elle. A mesure que nous avancerons dans l'examen des matières naturelles, nous connoîtrons successivement toutes les combinaisons. Cet ordre a le double avantage d'être très-méthodique, & d'indiquer autant ce qu'il y a de connu en chimie, que ce qui reste à faire pour en étendre les progrès.

ne la connoissoit autrefois que dans la sulfate barytique ou le spath pesant ; on l'a trouvée, il y a quelque temps en Angleterre, combinée avec l'acide carbonique, & crystallisée comme un spath transparent. Nous décrirons ce sel plus bas. Quelques chimistes modernes croient que c'est une *chaux* ou un oxide métallique ; sa pesanteur, celle des composés dans lesquels elle entre, le précipité qu'elle donne, quand on mêle sa dissolution par les acides avec les prussiates alkalins, l'on fait soupçonner telle depuis long-temps par Bergman. On assure que M. Gahn, disciple de ce célèbre chimiste, est parvenu à obtenir la baryte sous la forme de métal ; mais ce fait mérite d'être confirmé. On ne connoît donc point encore sa nature intime, parce qu'on n'est pas parvenu à en séparer les principes, ni à imiter sa composition. J'y soupçonne, comme je l'ai déjà indiqué plus haut, la présence de l'azote ou base du gaz azote.

La baryte pure n'est d'aucun usage ; ses dissolutions dans l'eau & dans les acides sont employées comme réactifs, ainsi que nous l'exposerons en détail quand nous les examinerons.

Sorte II. MAGNÉSIE.

La magnésie que l'on retire du sel d'Epsom, ou sulfate de magnésie, & que l'on trouve dans les eaux-mères des salines des salpêtriers, dans un grand nombre de pierres, &c. n'existe jamais pure dans la nature, mais toujours combinée avec les acides. Black est le premier chimiste qui l'a bien distinguée de la chaux.

Cette substance, obtenue par les moyens que nous connoîtrons plus bas, est sous la forme d'une poudre blanche, très-fine, & assez semblable à la farine pour l'aspect & le tact; sa pesanteur est d'environ 2,33, suivant Kirwan. Elle n'a pas de saveur sensible sur la langue, mais elle en a une sur l'estomac, puisqu'elle est légèrement purgative. Elle verdit foiblement la teinture de violettes, de mauves, & fait tourner au bleu la couleur de tournesol. On ne connoît pas l'action de la lumière sur la magnésie; elle paroît n'être que très-foible.

Exposée à un feu violent, cette substance ne se fond point, suivant les expériences de M. d'Arcet. Macquer a observé qu'elle reste aussi sans altération au foyer de la lentille du jardin de l'Infante. M. de Morveau a eu le même résultat, en chauffant la magnésie pendant deux heures au feu le plus violent du fourneau de Macquer. M. Butini, citoyen de Genève, qui a publié de très-bonnes recherches sur la magnésie, a observé que cette substance, chauffée fortement, prend une sorte de retraite, & que ses particules se condensent assez pour pouvoir ensuite attaquer & corroder la surface du fer. On assure qu'un petit cube d'une pâte faite avec de la magnésie & de l'eau, exposé par M. Paker au foyer de sa lentille, s'est retiré brusquement sur lui-même, & a diminué dans toutes ses dimensions. Cette propriété sembleroit rapprocher la magnésie de l'alumine, avec laquelle on la trouve souvent combinée par la nature, comme je l'ai indiqué dans l'histoire des stéatites, des asbestes, des serpentines, &c.

La magnésie, chauffée dans une cornue, ne perd que l'eau qu'elle contient; mais elle acquiert dans ces expériences une propriété phosphorique assez marquée, comme l'a observé M. Tingry, apothicaire de Genève. Exposée à l'air, elle ne s'altère qu'au bout d'un temps très-long. M. Butini a tenu dans une chambre sèche dix grains de magnésie calcinée, sur une tasse de porcelaine, recouverte d'un papier; près de deux ans après, son poids n'étoit augmenté que d'un huitième de grain. Il paroît qu'elle se combine peu-à-peu avec l'acide carbonique répandu dans l'atmosphère.

Elle n'eſt que très-peu diſſoluble dans l'eau, & d'une manière preſque inappréciable, puiſque quatre onces deux gros d'eau pure, laiſſés pendant trois mois dans une bouteille, avec un gros de magnéſie calcinée, & bouillis avec cette ſubſtance, n'ont donné à M. Butini, par l'évaporation, qu'un enduit eſtimé à un quart de grain.

M. Kirwan dit qu'il faut environ 7,692 fois ſon poids d'eau pour la diſſoudre dans la température ordinaire de l'atmoſphère; c'eſt-à-dire, lorſque l'air eſt à 10 degrés du thermomètre de Réaumur. Malgré ce peu de diſſolubilité, la magnéſie forme une eſpèce de pâte avec l'eau; cette pâte, à la vérité, n'eſt point ductile, elle ſe briſe facilement, & l'eau s'en ſépare promptement, ſoit par l'action du feu, ſoit par le contact de l'air ſec. La diſſolution de magnéſie n'a point de ſaveur ſenſible; elle n'altère que très-peu la couleur du ſirop de violettes.

On ne connoît pas encore très-bien l'action de la magnéſie ſur les terres pures; on ſait cependant que cette ſubſtance ne ſe vitrifie pas avec la terre ſilicée, ni avec l'alumine ſéparément, mais qu'en la chauffant avec l'une & l'autre, elle eſt ſuſceptible de ſe fondre.

On n'a point examiné ſon action ſur la baryte.

La nature intime de la magnéſie n'eſt pas plus connue que celle de cette dernière. Aucune expérience ne démontre qu'elle est une modification d'une autre substance terreuse ou saline, comme l'ont pensé quelques chimistes, puisqu'on n'a jamais pu séparer la magnésie en différens principes, ni former cette substance par la synthèse; elle doit donc être regardée comme une matière simple dans l'état actuel de la chimie.

La magnésie pure, appelée caustique par Black, est employée en médecine comme absorbante & purgative. Elle doit être préférée à la magnésie ordinaire dans les cas d'aigreurs, parce que l'acide carbonique que cette dernière contient se dégage par l'action de l'acide des premières voies, & produit des vents & tous les accidens qu'ils entraînent à leur suite; elle conserve long-temps la viande, & elle rétablit même la bile putréfiée. Bergman lui attribue encore la propriété de rendre solubles dans l'eau le camphre, l'opium, les résines & les gommes-résines, & de former des teintures très-recommandables, quoique la magnésie caustique ne se dissolve que très-peu dans l'eau. On ne connoît pas ces préparations en France.

Sorte III. CHAUX.

La chaux nommée vive dans les arts est une substance blanche, qui a plus de cohérence que les deux précédentes ; elle est ordinairement sous la forme de pierre d'un blanc gris. Sa saveur est chaude, âcre & urineuse ; elle est assez forte pour enflammer le tissu de la peau. Sa pesanteur spécifique est d'environ 2,3, sa forme pulvérulente & friable : on la trouve aux environs des volcans, comme M. Monnet l'a vue dans les montagnes de l'Auvergne.

La chaux verdit le sirop de violettes, & la couleur qu'elle lui donne est bien plus intense que celle qu'il reçoit de la baryte & de la magnésie ; cette couleur est même en grande partie détruite, & passe promptement au jaune sale.

La chaux exposée à un grand feu, comme celui d'une verrerie, reste sans altération, & elle n'est pas fusible par elle-même. Le verre ardent de M. Parker a paru cependant y exciter un commencement de fusion, quoiqu'elle fût placée sur un charbon ; lorsqu'on la chauffe dans un creuset d'argile, elle se fond quelquefois sur ses bords, mais c'est en raison de la terre du creuset sur laquelle elle agit.

Exposée à l'air, la chaux se gonfle, se fendille, & se réduit en poudre; elle acquiert beaucoup de volume, on l'appelle alors chaux éteinte à l'air. Ces phénomènes sont d'autant plus prompts & plus marqués, que l'air est plus humide. Il s'excite de la chaleur pendant cette extinction sèche; la chaux se divise & se dilate avec assez d'effort pour écarter les parois des vases de bois, & sur-tout des tonneaux dans lesquels on la renferme. Si on observe cette substance après son extinction à l'air, on la trouve sous la forme d'une poussière très-blanche & très-fine; on y reconnoît une augmentation de poids très-remarquable, & une saveur beaucoup moins forte. C'est principalement à l'eau contenue dans l'atmosphère, & à la force avec laquelle la chaux tend à s'y unir, que sont dus ces phénomènes: aussi en chauffant de la chaux éteinte à l'air dans une cornue, jusqu'à la faire bien rougir, on en retire de l'eau, & la chaux est dans le même état qu'avant son extinction.

L'eau a une action très-forte sur la chaux vive. Lorsqu'on verse ce fluide en petite quantité sur cette substance, elle l'absorbe promptement; elle paroît aussi sèche qu'auparavant, bientôt elle s'éclate, se brise en fragmens; la chaleur qui s'excite alors est assez forte pour produire un sifflement remarquable; l'eau est réduite en vapeurs, & exhale une odeur particulière; cette vapeur verdit le papier teint avec la mauve. La chaux se divise beaucoup & tombe entièrement en poussière. Alors la chaleur, le mouvement & la fumée diminuent peu-à-peu & cessent tout-à-fait. Si l'on fait cette extinction pendant la nuit & dans l'obscurité, on observe que la surface de la chaux est lumineuse dans beaucoup de points. Tous ces phénomènes dépendent de l'activité avec laquelle cette substance salino-terreuse s'unit à l'eau; mais pour qu'ils aient lieu, il faut n'employer que très-peu de ce fluide, & n'en mettre qu'autant que la chaux peut en absorber en se séchant promptement; il paroît que la chaleur, qui se dégage de ces deux corps pendant cette union rapide, change leur état, & que la chaux éteinte & pulvérulente qui en résulte contient l'eau sèche, solide ou glacée; cet état sec de l'eau qui a lieu dans beaucoup de combinaisons qui se font avec chaleur, & qui produisent des composés solides, dont la chaleur spécifique est moins considérable qu'auparavant, n'a pas assez fixé l'attention des chimistes, ou, pour mieux dire, ils ne l'ont remarqué que depuis quelque temps. Lorsque la chaux a absorbé dans cette expérience toute l'eau à laquelle elle peut s'unir pour rester sèche, on l'apelle chaux éteinte à sec; elle ne s'échauffe plus avec l'eau, &

ne fait que s'y diſſoudre ſans mouvement bien ſenſible. Si l'on mêle avec cette ſubſtance la quantité d'eau néceſſaire pour la délayer, on forme le lait de chaux, & on donne à cette liqueur une transparence parfaite en y ajoutant une aſſez grande quantité d'eau pour diſſoudre complètement la matière ſalino-terreuſe. M. Kirwan dit qu'il faut environ 680 fois ſon poids d'eau pour la tenir en diſſolution, à la température de 60 degrés.

Cette diſſolution, qu'on connoît ſous le nom d'eau de chaux, eſt claire & limpide; ſon poids eſt peu ſenſiblement au-deſſus de l'eau commune; elle a une ſaveur âcre & urineuſe; elle verdit fortement le ſirop de violettes, & elle en altère même la couleur. Lorſqu'on l'évapore dans des vaiſſeaux fermés, on en retire de l'eau très-pure, & il reſte au fond des vaiſſeaux de la chaux vive; mais il faut la faire bien rougir pour en ſéparer les dernières portions d'eau qui y adhèrent avec beaucoup de force; alors elle s'échauffe avec ce fluide, comme avant d'avoir été diſſoute.

L'eau de chaux, expoſée à l'air, ſe couvre d'une pellicule ſèche, qui prend peu-à-peu de l'épaiſſeur & de la ſolidité; ſi l'on enlève cette pellicule, il s'en reforme une ſeconde, & cette

diſſolution

dissolution en fournit jusqu'à ce que toute l'eau soit évaporée. Ces pellicules ont reçu le nom impropre de *crême de chaux*; on croyoit autrefois que cette matière étoit un sel particulier formé par l'union de la terre calcaire la plus atténuée & de l'eau, & on a beaucoup écrit sur le prétendu sel de la chaux; mais il est bien reconnu aujourd'hui, d'après les expériences du célèbre Black, que la crême de chaux a des propriétés salines moins actives que celles de la chaux, & que c'est une espèce particulière de sel neutre, composé de chaux & d'un acide particulier contenu dans l'atmosphère; aussi la crême de chaux ne peut-elle pas se former sans le contact de l'air. Nous examinerons par la suite ce sel sous le nom de carbonate de chaux ou craie. On ne connoît pas l'action de l'oxigène & de l'azote sur la chaux; il paroît que cette base absorbe & fixe une partie du gaz azote, au moins il est vraisemblable qu'elle en contient la base.

La chaux se combine par la voie humide & par la voie sèche avec la terre silicée. Lorsqu'on mêle du sable avec de la chaux nouvellement éteinte, ou bien avec de la chaux vive, arrosée d'un peu d'eau, dans le moment du mélange ces deux corps prennent de la consistance & forment ce qu'on apelle du mortier ; l'état & la quantité de la chaux plus ou moins vive, son extinction préliminaire avec plus ou moins d'eau, ou bien son extinction faite dans le moment du mélange, la nature du sable plus ou moins gros, arrondi, inégal, sec ou humide, font naître de grandes différences dans les divers mortiers qu'on en prépare (1). On en compose également avec l'argile cuite en briques, & avec la pouzzolane, qui n'est que de l'argile cuite par le feu des volcans, & altérée par le contact de l'air.

Qoique la chaux soit parfaitement infusible toute seule, ainsi que la terre silicée, si on les chauffe ensemble, pourvu que la proportion de la première soit très-grande, elles se fondent, comme l'ont remarqué MM. d'Arcet & Gerhard. Elle peut aussi faire entrer en fusion un tiers de son poids d'alumine, & elle paroît avoir plus d'affinité avec celle-ci qu'avec la silice, ainsi que l'indique M. Kirwan. Le mélange de ces trois substances fond plus facilement & plus complètement que la chaux seule, avec l'un ou l'autre de ces terres : c'est ainsi qu'une partie de chaux & une d'alumine peu-

(1) Voyez *les Recherches de M. de la Faye sur la préparation que les romains donnoient à la chaux*, Paris 1777 & 1778, *première & seconde partie*.

vent faire entrer en fusion deux & même deux parties & demie de terre silicée. On conçoit, d'après ce fait, pourquoi beaucoup de pierres dures, scintillantes & quartzeuses en apparence, se fondent, lorsqu'on les expose à un grand feu. La combinaison, ou même le simple mélange de terre calcaire & d'argile avec la terre silicée est la cause de leur vitrescence.

On ne connoît point encore bien l'action de la chaux sur la baryte.

Une partie de terre calcaire fait entrer en fusion une demi-partie de magnésie; le verre que forme ce mélange au feu dissout ensuite & fond complètement autant de terre silicée qu'il contient de chaux. C'est pour cela que parties égales de silice, de magnésie & de chaux traités au feu, forment un verre parfait.

La nature intime de la chaux n'est point connue. Les premiers chimistes qui ont voulu expliquer par des raisonnemens physiques les phénomènes que présente la chaux dans ses combinaisons, & sur-tout dans son extinction, en ont trouvé la cause dans des parties de feu fixées dans la pierre calcaire pendant sa calcination. Telle étoit la théorie de Lemery. Meyer a pensé que le feu seul & pur ne pouvoit pas se combiner ainsi, & qu'il y avoit un acide particulier qui se combinoit avec lui dans la chaux ; cette eſpèce de ſoufre très-délié étoit l'*acidum pingue* ou le *cauſticum* de ce chimiſte ; mais cette doctrine reproduite depuis ſous différens noms, à été renverſée par une ſuite d'expériences qui en ont démontré la fauſſeté ; pluſieurs phyſiciens modernes croient que la matière de la chaleur eſt combinée dans la chaux, & que c'eſt à ſon dégagement, pendant l'extinction, de cette ſubſtance, que ſont dues la lumière, apperçue par Meyer & par M. Pelletier, l'ébullition, la vaporiſation de l'eau & l'odeur graſſe particulière qui s'exhale. Il réſulte de cet expoſé, qu'on ne connoît point encore les principes & la compoſition de la chaux, & qu'on ne peut point aſſurer ſi elle eſt le produit d'une atténuation & d'une préparation particulières des terres ſilicée ou alumineuſe par l'action des organes des animaux, quoique cela paroiſſe vraiſemblable à de très-grands naturaliſtes. Il ſemble à la vérité être hors de doute qu'elle eſt formée par les animaux marins ; que c'eſt dans l'eau que les principes qui la conſtituent ſont réunis & combinés par la vie des êtres organiques ; que l'azote eſt une de ſes parties conſtituantes : mais il faut convenir que cet apperçu ne ſuffit point encore pour convaincre les phyſiciens modernes, qui ne ſe laiſſent perſuader que par des expériences exactes & réitérées.

On emploie la chaux dans un grand nombre d'arts, & sur-tout pour la construction. En médecine, l'eau de chaux étendue d'eau est administrée avec succès dans les ulcères des différentes parties, &c. On l'a regardée comme un lithontriptique puissant; mais une expérience multipliée a appris qu'elle n'opère pas constamment les succès qu'on en avoit espérés, & que son usage trop long-temps continué, porte dans les fluides animaux une altération voisine du scorbut, ou de la septicité.

CHAPITRE III.

Genre II. *Sels alkalis.*

Les alkalis doivent être traités avant les acides, parce qu'ils paroissent plus simples, moins décomposables qu'eux, & parce qu'ils se rapprochent par quelques caractères des substances salino-terreuses. Ils ont une saveur urineuse, brûlante & caustique; ils verdissent le sirop de violettes; ils s'unissent à l'eau avec chaleur; ils absorbent celle qui est contenue dans l'atmosphère, ainsi que l'acide carbonique; ils dissolvent les terres; ils ont une grande force de combinaison. On en connoît trois sortes : la potasse ou l'*alkali fixe végétal*, la soude ou l'*alkali fixe minéral*, l'ammoniac ou l'*alkali volatil*.

Sorte I. POTASSE.

L'espèce d'alkali que nous désignons par le nom de *potasse* a été nommée alkali fixe végétal, parce qu'elle se trouve en très-grande quantité dans les végétaux, quoiqu'on la rencontre aussi très-souvent dans les minéraux. On l'a encore appelée alkali du tartre, parce qu'on la tire en grande quantité de cette substance saline, que nous connoîtrons par la suite. La potasse n'étoit pas connue dans son état de pureté avant M. Black. Autrefois, pour distinguer ce sel de l'alkali fixe ordinaire, on l'appeloit alkali fixe caustique.

Ce sel bien pur est blanc, sous forme sèche & solide; sa saveur est si forte, qu'il dissout le tissu de la peau & ouvre des cautères; il donne sur le champ au sirop de violettes une couleur verte foncée & bien plus sensible que celle que lui fait prendre la chaux. Il altère & détruit presqu'entièrement cette couleur, qui devient d'un jaune brun.

On ne connoît pas l'action de la lumière sur ce sel.

Exposée au feu dans des vaisseaux fermés, la potasse se ramollit très-promptement, & se liquéfie dès qu'elle commence à rougir; coulée alors sur une plaque, elle se prend par le froid en une masse blanche cassante & opaque; elle n'est pas décomposable par la chaleur; elle ne se volatilise qu'à un feu extrême, tel que celui des fours de verrerie; dans toutes ces opérations, elle dissout une portion des vaisseaux d'argile qui la contiennent.

Exposée à l'air, elle en attire puissamment l'humidité; elle se résout en liqueur, & passe peu-à-peu à l'état d'un sel neutre, en absorbant l'acide répandu dans l'atmosphère. C'est pour cela qu'elle augmente de poids & qu'elle fait ensuite effervescence avec les acides, ce qui n'arrive pas lorsqu'elle est pure & telle que nous la supposons ici. Si donc on veut la conserver dans son état de pureté, il faut la tenir dans des vaisseaux exactement bouchés & qu'elle remplisse entièrement.

La potasse se dissout dans l'eau avec beaucoup de promptitude; elle produit alors un grand degré de chaleur, & elle exhale une odeur fétide de lessive. Sa dissolution est sans couleur; elle ne laisse rien précipiter lorsqu'elle est bien pure. Si on veut la séparer de son dissolvant, il faut l'évaporer jusqu'à siccité dans des vaiſſeaux fermés, parce qu'en faiſant cette opération dans des vaiſſeaux ouverts, elle attire l'acide contenu dans l'air, & devient efferveſcente. Cette abſorption eſt ſi prompte & ſi facile, que pour peu qu'on laiſſe la diſſolution de ce ſel à l'air, elle s'altère & ſe neutraliſe en partie; elle éprouve la même altération, ſi on la met dans un flacon qu'elle ne rempliſſe qu'en partie, & que l'on débouche ſouvent. On ne connoît pas l'action de l'oxigène & de l'azote ſur cet alkali.

La potaſſe ſe combine à la terre ſilicée par la voie sèche, & l'entraîne dans ſa fuſion; elle forme alors un corps tranſparent, connu ſous le nom de verre. Ce corps diffère ſuivant la quantité reſpective de ſable & d'alkali fixe qui le conſtituent. Si on a employé deux ou trois parties de ſel ſur une de terre, il en réſulte un verre mou, caſſant, qui attire l'humidité de l'air, devient opaque & fluide. Ce verre ſe diſſout dans l'eau à l'aide de l'alkali ſurabondant qu'il contient. Cette diſſolution porte le nom de *liqueur des cailloux*. Elle dépoſe à la longue une partie de la terre qu'elle contient, en flocons blancs à demi-tranſparens, mucilagineux en apparence, & ſi légers qu'ils ne ſe précipitent que lentement. Les acides en ſéparent l'alkali & font précipiter cette terre qu'on appelle terre des cailloux. Pour que cette précipitation réussisse, il faut que la liqueur des cailloux ne soit pas trop étendue d'eau; dans ce dernier cas, les molécules terreuses trop divisées restent en suspension dans la liqueur, & il faut l'évaporer pour rendre le précipité sensible. Plusieurs chimistes pensent que la terre des cailloux n'est pas semblable à la terre silicée, & qu'elle a été altérée dans son union avec l'alkali. Ils croient qu'elle se rapproche de l'alumine, qu'elle peut ensuite s'unir aux acides comme cette dernière, & former avec eux les mêmes sels qu'elle. Telle étoit l'opinion de Pott & de M. Baumé; mais Schéele a fait voir que cette portion de terre soluble dans les acides, précipitée de la liqueur des cailloux, étoit due à l'alumine du vaisseau dissoute par le mélange d'alkali & de terre silicée.

L'art de faire le verre est entièrement fondé sur des propriétés chimiques, puisque ce corps n'est qu'une combinaison de l'alkali fixe avec la terre silicée. La pureté des deux substances, leur proportion, leur fusion complète à l'aide d'un feu assez fort & assez long-temps continué, sont les trois conditions nécessaires pour avoir un verre transparent, dur, sans bulles, & surtout inaltérable à l'air. Nous connoîtrons par la suite différentes substances que l'on mêle aux deux premières, pour augmenter leur fusibilité, & pour donner au verre de la pesanteur, de la transparence, & plusieurs autres propriétés relatives à l'usage auquel on le destine.

La potasse a moins d'action sur l'alumine que sur la terre silicée; au reste, on n'a point encore reconnu cette action assez exactement.

Ce sel paroît susceptible de se combiner avec la baryte, la magnésie & la chaux; mais on n'a point encore examiné ces combinaisons avec assez de soin, pour que nous puissions en faire une mention plus détaillée.

Quoiqu'on n'ait point encore pu parvenir à décomposer la potasse, beaucoup de faits, que l'on connoîtra par la suite, tendent à prouver que ce n'est point une substance simple. Stahl qui, d'après plusieurs apperçus, regardoit les sels simples comme formés par l'union de l'eau & de la terre, pensoit que l'alkali fixe ne différoit des acides qu'en ce qu'il contenoit plus de terre; c'est ainsi qu'il expliquoit sa sécheresse, &c. Il est vraisemblable que la potasse est un composé d'une des trois terres précédentes avec l'azote. Quelques analogies me portent à croire qu'elle contient de la chaux; mais il n'y a point encore un assez grand nombre de faits, pour admettre cette composition comme une vérité démontrée.

On emploie la potaſſe, en chirurgie, pour ronger la peau, y produire une inflammation & une ſuppuration qui donnent naiſſance au cautère

Sorte II. *Soude*.

On a donné le nom d'*alkali fixe minéral* à une ſubſtance ſaline qui préſente les mêmes caractères généraux que la précédente, & qu'on trouve en grande quantité unie avec un ſel acide particulier dans les eaux de la mer & dans celles de pluſieurs fontaines ; on le rencontre cependant quelquefois dans les végétaux, mais beaucoup moins fréquemment que le précédent. Ce ſel a été appelé *alkali marin*, parce qu'il fait partie du ſel marin, & *alkali* ou *ſel de ſoude*, parce qu'on le retire le plus ſouvent de cette ſubſtance. Nous le déſignons par le nom ſimple de ſoude.

La ſoude a une ſaveur auſſi forte & auſſi cauſtique que la potaſſe ; elle verdit le ſirop de violettes, & en altère également la couleur ; elle eſt ſous forme sèche & ſolide.

Elle ſe fond au feu lorſqu'elle commence à rougir ; elle ſe volatiliſe à une chaleur violente ; elle agit ſur preſque tous les vaiſſeaux dans leſquels on l'expoſe au feu.

Miſe en contact avec l'air atmoſphérique,

elle attire l'eau en vapeurs qui y eſt contenue, & l'acide particulier qui y exiſte ; de manière qu'elle ſe neutraliſe peu-à-peu. On ne connoît point l'action du principe oxigène & de l'air vital ſur ce ſel.

Elle ſe diſſout dans l'eau avec chaleur & dégagement d'odeur lixivielle fétide. On ne peut l'obtenir pure de cette diſſolution, qu'en l'évaporant dans des vaiſſeaux fermés ; cette leſſive expoſée à l'air, abſorbe de l'acide & ſe neutraliſe aſſez promptement ; auſſi pour la conſerver pure, eſt-il néceſſaire de la tenir dans des vaiſſeaux bien fermés.

La ſoude ſe combine très-bien par la voie sèche avec la terre ſilicée, & forme du verre. Les verriers y ont même reconnu une plus grande fuſibilité, & une plus grande adhérence avec ces terres, que dans la potaſſe ; ce qui fait qu'ils l'emploient préférablement à cette dernière dans la fabrication du verre. Auſſi ce que nous avons dit ſur cet art, dans le dernier article, peut-il être appliqué à la ſoude. Enfin cet alkali ſe combine, de même que la potaſſe, aux acides, & à un grand nombre d'autres corps que nous connoîtrons par la ſuite.

D'après l'expoſé de ces propriétés, on doit remarquer qu'il n'exiſte point de différence très-ſenſible entre les deux alkalis fixes, conſidérés dans leur état de pureté; on ne peut véritablement reconnoître leurs différences que dans leurs combinaisons. Chacun d'eux uni au même acide, donne des sels neutres très-différens par toutes leurs propriétés; ce qui est d'autant plus singulier, qu'il est absolument impossible de leur assigner quelque caractère distinctif, lorsqu'ils sont purs & caustiques, comme nous les avons examinés ici. Bergman a ajouté encore une propriété distinctive de ces deux sels, qu'il est bien important de connoître, c'est que leur affinité avec les acides n'est pas la même: la potasse a plus de rapport avec ces substances salines, que n'en a la soude; de sorte qu'elle est capable de décomposer les sels neutres formés par cette dernière. Nous reviendrons sur cet objet dans l'examen des sels secondaires ou neutres.

La nature intime, ou la composition de la soude, n'est pas plus connu que celle de la potasse. Les mêmes analogies me portent à croire que c'est, comme cette dernière, une combinaison d'une terre avec l'azote, que c'est la différence de la base terreuse qui la caractérise. Peut-être est-ce la magnésie, comme je l'ai indiqué il y a quelques années dans mes cours, & comme M. Lorgna a essayé de le prouver depuis; mais les faits ne sont encore ni assez nombreux, ni même assez exacts, pour mettre cette opinion au rang des vérités démontrées.

Quant à ses usages, elle est employée dans la fabrication du verre, dans la préparation du savon, &c.

Sorte III. *AMMONIAC.*

Nous donnons le nom d'ammoniac au sel connu sous celui d'*alkali volatil.* Celui-ci se distingue des deux précédens, par une odeur vive & suffocante, & par une volatilité singulière. Il en est de ce sel comme des alkalis fixes; on ne le connoissoit pas dans son état de pureté, avant les expériences ingénieuses de MM. Black & Priestley. On regardoit comme tel une espèce de sel neutre imparfait, solide & crystallisé, qui a quelques-unes des propriétés de l'alkali volatil, mais qui en diffère en ce qu'il est véritablement composé de deux substances salines : le caractère de faire effervescence avec les acides, qu'on attribuoit à l'alkali volatil, n'appartient qu'à cette espèce de sel neutre dont nous parlerons plus bas.

Ce qu'on connoît dans les laboratoires de chimie, sous le nom d'*alkali volatil caustique*, ou *fluor*, & dans les pharmacies, sous celui d'*esprit volatil de sel ammoniac*, n'est point encore l'ammoniac pur ; il n'y est que dissous & étendu d'eau. M. Priestley a démontré qu'on peut en extraire un gaz permanent, à l'aide d'une douce chaleur, & que l'eau privée de ce gaz perd peu-à-peu ses propriétés alkalines : ce fluide aériforme est l'ammoniac, & nous le connoîtrons sous le nom de gaz ammoniac. C'est ce corps dont il faut examiner les propriétés, pour connoître celles du véritable *alkali volatil*, ainsi que l'a très-bien fait observer Macquer.

Pour obtenir ce fluide élastique, on met dans une petite cornue, ou dans un matras de verre, une certaine quantité d'ammoniac liquide; on adapte à l'un ou à l'autre de ces vaisseaux un tube ou syphon recourbé, dont l'extrémité plonge dans une cuve pneumato-chimique remplie de mercure, & doit être reçue sous des cloches de verre pleines du même fluide métallique, & renversées sur la planche percée, placée à l'une des extrémités de la cuve. On échauffe le fond de la cornue ou du matras avec quelques charbons allumés, ou avec la flamme de l'esprit-de-vin; on laisse sortir par l'extrémité du tube les premières portions de fluide élastique qui ne sont que l'air du vaisseau & du tube, & on ne recueille le gaz dans les cloches que quand l'ébullition du liquide est bien établie. Il ne faut pas pousser la distillation jusqu'à faire passer l'eau en vapeur, ou bien il faut prendre un tube qui soit dilaté en boule au milieu de sa longueur ; on a soin de refroidir la portion dilatée de ce tube, afin d'y condenser l'eau en vapeur, & par ce moyen on se procure du gaz ammoniac très-sec & très-pur.

Ce gaz ressemble à l'air, lorsqu'il est contenu dans une cloche ; il a sa transparence & son élasticité. Il est un peu plus léger que lui ; son odeur est pénétrante ; il a une saveur âcre & caustique. Il verdit promptement & fortement la couleur bleue des violettes, de la mauve, des raves, mais sans l'altérer comme les alkalis fixes purs. Il tue les animaux & corrode la peau, lorsqu'elle est exposée quelque temps à son contact.

Quoiqu'il ne puisse pas servir à la combustion, & qu'il éteigne les corps enflammés, il augmente cependant la flamme d'une bougie, avant de l'éteindre ; il lui donne un volume un peu plus considérable, & elle prend une couleur jaune pâle à son disque, ce qui prouve que le gaz ammoniac est en partie inflammable.

Il est absorbé par les corps poreux, comme le charbon, l'éponge, &c.

M. Priestley a découvert que l'étincelle électrique tirée dans le gaz ammoniac rend son

volume

volume trois fois plus considérable, & en dégage du gaz hydrogène; on ne connoît pas encore bien la cause de ce changement. Il paroît seulement que l'ammoniac est décomposé dans cette expérience, & que les deux matières qui le composent, comme nous le dirons tout-à-l'heure, sont séparées & mises dans l'état de fluides élastiques.

Le gaz ammoniac est un des fluides élastiques que la chaleur dilate le plus.

L'air atmosphérique ne se combine point avec ce gaz, il ne fait que l'étendre & le diviser. On n'a point examiné l'action de l'air vital sur ce fluide élastique.

L'eau absorbe promptement le gaz ammoniac; si elle est dans l'état de glace, elle se fond sur-le-champ & produit du froid, tandis qu'au contraire ce gaz s'échauffe avec l'eau fluide. L'eau saturée de ce gaz, ou l'ammoniac liquide, est ce qu'on connoît sous le nom d'*alkali volatil fluor & caustique*. Nous verrons par la suite que c'est en recevant ce gaz dans de l'eau distillée, & en en saturant ce liquide, que l'on prépare l'alkali volatil le plus pur & le plus concentré.

Le gaz ammoniac n'a point d'action sensible sur les terres, ni sur les substances salino-terreuses. Il en a une très-vive sur les acides

& sur plusieurs sels neutres, comme nous le verrons plus bas.

L'ammoniac liquide a les mêmes propriétés que le gaz qu'elle tient en dissolution, mais dans un degré moins marqué, parce que l'agrégation gazeuse étant beaucoup moins forte que l'agrégation liquide, suivant une de nos loix de l'affinité, la tendance à la combinaison doit être beaucoup plus énergique dans le gaz que dans l'ammoniac.

Ce sel a été regardé comme une combinaison d'alkali fixe & d'une substance combustible; ce qui autorisoit cette conjecture, c'est qu'on connoissoit plusieurs circonstances dans lesquelles ce dernier sel, chauffé avec des matières inflammables, produit de l'ammoniac; mais on ne savoit point si l'alkali fixe entroit en entier dans la composition de l'*alkali volatil*, ou bien s'il ne lui fournissoit qu'un principe particulier, qui, en se combinant avec une portion de la matière combustible, donnoit naissance à ce sel. Aujourd'hui l'on a quelques lumières de plus sur la nature de ce sel. La belle expérience de M. Priestley, dans laquelle il a changé le gaz alkalin en gaz inflammable par l'étincelle électrique, a fait soupçonner à plusieurs chimistes que ce dernier corps étoit un des principes de l'ammoniac. M. Berthollet, ayant entrepris des recherches particulières ſur ce point, eſt parvenu à faire voir que ce ſel eſt un composé d'hydrogène & d'azote, retenant une certaine quantité de calorique. Il a été conduit à cette concluſion, par l'action de l'acide muriatique oxigéné ſur l'ammoniac liquide, par la décompoſition du nitrate ammoniacal dans des vaiſſeaux fermés, par la réduction des oxides métalliques, opérée au moyen de l'ammoniac. Chacun de ces faits ſera examiné plus en détail dans l'hiſtoire des ſubſtances compoſées qui le préſentent; nous nous contenterons de faire obſerver ici qu'en chauffant des combinaiſons d'oxide de cuivre & d'or avec l'ammoniac, on obtient de l'eau & du gaz azote, & les métaux ſe trouvent réduits; dans ces opérations l'ammoniac eſt décompoſé, ſon hydrogène ſe porte ſur l'oxigène des oxides métalliques avec lequel il forme de l'eau; les métaux reſtent purs, & l'azote, autre principe de l'ammoniac, devient libre, ſe combine avec le calorique, & ſe dégage en gaz azote. De ces expériences, dont nous rendrons un compte plus détaillé par la ſuite, M. Berthollet conclut que l'ammoniac eſt formé de ſix parties d'azote & d'une partie d'hydrogène, avec une certaine quantité de calorique.

On emploie l'ammoniac étendu d'eau dans un grand nombre de maladies. C'eſt un apéritif

& un incisif puissant; il porte fortement à la peau. On l'a conseillé dans la morsure de la vipère, dans les maladies de la peau, dans les affections vénériennes, &c.

Comme il est âcre & caustique, on ne doit en faire usage qu'avec beaucoup de ménagement. Appliqué à l'extérieur, c'est un discussif & un résolutif violent; il est capable de fondre beaucoup de tumeurs, sur-tout celles qui sont formées par le lait grumelé, par la lymphe épaissie, &c. Je l'ai employé avec succès dans ces maladies; il guérit promptement les brûlures : on l'emploie souvent & avec succès dans les engelures, &c. On s'en est encore servi de tous temps, & sous différens noms, comme d'un stimulant très-actif dans les syncopes, les asphyxies, &c. Son usage, dans ces derniers cas, doit être très-modéré; il n'est pas prudent de le faire avaler aux malades, sans l'étendre dans beaucoup d'eau. On a vu des excoriations dangereuses produites sur le canal de l'œsophage & sur les membranes de l'estomac, après l'avoir donné intérieurement sans précaution.

CHAPITRE IV.

Genres III. *Acides.*

Les acides ſe reconnoiſſent à leur ſaveur aigre, lorſqu'ils ſont étendus d'eau ; ils rougiſſent les couleurs bleues végétales ; pluſieurs ſont ſous forme gazeuſe ; ils s'uniſſent avec rapidité aux alkalis ; ils agiſſent beaucoup plus que ces derniers ſur les ſubſtances combuſtibles, & les réduiſent le plus ſouvent à l'état de corps brûlés. Comme les matières inflammables, & ſur-tout les métaux, contiennent une grande quantité d'oxigène, après avoir éprouvé l'action des acides, tandis que ceux-ci paſſent en même temps à l'état de corps combuſtibles, on peut en conclure que ces ſels ſont beaucoup moins ſimples qu'on ne l'avoit cru, & qu'ils ſont en général formés d'une matière inflammable, combinée avec l'oxigène,

Nous connoiſſons dans le règne minéral dix ſortes d'acides bien diſtincts les uns des autres. On trouve auſſi dans ce règne l'acide phoſphorique uni au fer, au plomb & à la chaux.

L'acide carbonique.

L'acide muriatique.

L'acide fluorique.

L'acide nitrique.

L'acide sulfurique.

L'acide boracique.

L'acide arsénique.

L'acide molybdique.

L'acide tunstique.

L'acide succinique.

Nous traiterons ici des six premiers, qui sont en général les mieux connus & les plus abondans; les quatre autres seront examinés ailleurs.

Sorte I. ACIDE CARBONIQUE.

Nous donnons le nom d'acide carbonique à un acide très-abondant, qui étant souvent dans l'état d'un fluide aériforme, a été appelé d'abord par les Anglois *air fixé* ou *air fixe*, ensuite *acide méphitique* par MM. Bewly & de Morveau, *gaz méphitique* par Macquer, *acide aérien* par Bergman, & *acide craïeux* par Bucquet. On connoîtra tout-à-l'heure la raison & l'utilité de la dénomination que nous avons adoptée.

Cet acide n'a pas toujours été regardé comme tel. Ses principales propriétés avoient été entrevues par Paracelse, Vanhelmont, Hales, &c. C'est à MM. Black, Priestley, Bewly, Bergman,

Chaulnes, que l'on doit la connoissance certaine de son acidité.

L'acide carbonique gazeux a tous les caractères apparens de l'air. Il est invisible, élastique comme lui; on ne peut absolument le distinguer de ce fluide, lorsqu'il est renfermé dans un vase de verre, ou lorsqu'il nage dans l'air. Il existe dans l'atmosphère, dont il fait la plus petite partie (1). On le trouve tout pur & remplissant des cavités souterraines, comme la grotte du chien, &c. Il est combiné dans un grand nombre de corps naturels, tels que les eaux minérales & plusieurs sels neutres; la fermentation vineuse en produit une grande quantité; la respiration & la combustion des charbons en forment également; enfin toutes

(1) M. Lavoisier, d'après ses ingénieuses expériences, regarde l'air atmosphérique comme un composé d'air vital, d'acide carbonique & de gaz azote, le plus ordinairement dans les proportions suivantes.

Composition de l'air atmosphérique en fractions centésimales.

Air vital.	27
Acide carbonique.	01
Gaz azote.	72
Total.	100

les parties des plantes, & sur-tout les feuilles plongées dans l'ombre, en exhalent sans cesse.

Quoique cet acide, dans son état fluide élastique, ait toutes les apparences de l'air, il en diffère cependant par ses propriétés physiques; en effet, il a une pesanteur double de celle de l'air. On peut le transvaser d'un vaisseau dans un autre, comme tous les fluides; c'est pour cela qu'on le tire par le robinet d'une cuve après le vin; sa saveur est piquante & aigrelette; il tue sur-le-champ les animaux, parce qu'il ne peut servir à leur respiration; il éteint les bougies allumées & tous les corps en combustion. Il colore la teinture de tournesol en rouge clair. Cette couleur se perd à l'air, à mesure que l'acide s'évapore; il n'altère pas la couleur des violettes, parce qu'il n'a qu'une action très-légère sur les couleurs foncées & fixes.

La force d'affinité de cet acide est en général peu énergique; c'est le plus foible de tous les corps de ce genre. Il n'est point altéré par le contact de lumière, ou au moins cette altération n'est pas sensible.

La chaleur le dilate sans lui causer aucun changement.

Il se mêle à l'air vital, mais sans altération,

& il forme un mélange que l'on peut respirer pendant quelque temps, pourvu qu'il n'en fasse que le tiers; c'est ainsi qu'on doit l'administrer dans les maladies des poumons.

Il se combine à l'eau, mais avec lenteur. En agitant ces deux fluides, & en multipliant d'une manière quelconque leur contact, ils s'unissent, & forment une liqueur acidule. Bergman appelle cette dissolution *eau aérée*; mais ce nom convient à l'eau qui contient de véritable air, & la distingue de l'eau bouillie, dont ce fluide a été dégagé par la chaleur. L'eau dissout d'autant plus d'acide carbonique, qu'elle est plus froide; cette saturation a son terme fixe; l'eau la plus froide ne paroît pas pouvoir en absorber plus qu'un volume égal au sien.

L'eau chargée d'acide carbonique, est un peu plus pesante que l'eau distillée; elle pétille par l'agitation, elle a une saveur piquante & acidule, elle rougit la teinture de tournesol. On peut la décomposer par la chaleur qui la met promptement en ébullition, & qui en dégage l'acide en fluide élastique. Le contact de l'air produit d'autant plus vîte le même effet, que sa température est plus élevée; aussi, pour conserver cette liqueur acidule, faut-il l'enfermer dans des vaisseaux bien bouchés, exposés au froid, ou la tenir fortement comprimée.

Cette dissolution acide se trouve abondamment dans la nature ; elle constitue les eaux acidules & gazeuses, telles que celles de Pyrmont, de Seltz, &c.

Comme cette eau acidulée est un remède dans toutes les maladies putrides, soit en boisson, soit en lavement, les physiciens ont imaginé des appareils propres à imprégner facilement & le plus promptement possible l'eau de toute la quantité d'acide carbonique qu'elle peut dissoudre. M. Priestley a le premier donné, en 1772, un procédé pour aciduler l'eau ; le docteur Nooth a inventé une machine destinée à cet effet ; elle a été depuis perfectionnée par M. Parker, & M. Magellan a ajouté encore à son utilité. On la trouve aujourd'hui dans tous les cabinets de physique ; elle est très-bien décrite, & gravée dans le troisième volume des *Expériences sur différentes espèces d'air*, par M. Priestley, pag. 112 à 118 ; & dans la lettre de M. Magellan, *même Ouvrage*, *T. V.*, *pag. 83*.

L'acide carbonique n'a point d'action sur la terre silicée ; il est bien reconnu que cette terre ne crystallise point par l'eau acidulée seule, comme on l'avoit annoncé il y a quelques années.

L'acide carbonique s'unit à l'alumine, à la baryte & à la magnésie ; il forme avec ces substances, différens ſels neutres que nous examinerons plus bas.

La combinaiſon de cet acide avec la chaux diſſoute dans l'eau, donne naiſſance à un phénomène conſtant, qui fait toujours reconnoître cet acide. Lorſqu'il touche à ce liquide, il y produit des nuages blancs qui s'épaiſſiſſent bientôt, & forment un précipité abondant. Ces nuages ſont dus à la craie, ou au carbonate de chaux, réſultant de la combinaiſon de la chaux avec l'acide carbonique. Ce nouveau ſel n'étant preſque pas ſoluble dans l'eau pure, s'en ſépare, & tombe au fond de ce fluide. L'eau de chaux eſt donc une pierre de touche pour faire reconnoître la nature & la quantité de l'acide que nous examinons. Si, après qu'il a formé ce précipité dans cette eau, on y ajoute une nouvelle quantité de cet acide, alors le précipité diſparoît, & ſe rediſſout à l'aide de l'excédent de l'acide carbonique; c'eſt un ſecond caractère qui fait reconnoître cet acide. La craie diſſoute dans l'eau par l'acide carbonique ſurabondant, s'en ſépare & s'en dépoſe, lorſqu'on chauffe la liqueur, ou lorſqu'on la laiſſe expoſée à l'air, & enfin par tous les procédés qui enlèvent cet excès d'acide carbonique. C'eſt ainſi que j'ai remarqué que les alkalis fixes cauſtiques, & l'ammoniac pur, verſés dans la dissolution de craie par l'acide carbonique, y forment un précipité, en absorbant cet excès d'acide.

L'eau acidulée, versée dans l'eau de chaux, y produit absolument les mêmes effets.

L'acide carbonique se combine rapidement aux trois alkalis. Si on met dans un bocal plein de cet acide retiré, de la craie, ou pris au-dessus d'une cuve de bierre en fermentation, un peu d'alkali fixe pur & caustique en liqueur, divisé sur les parois du vase; & si l'on bouche promptement l'orifice de ce vaisseau avec de la vessie mouillée, cette membrane s'affaisse peu-à-peu; il se fait dans le vaisseau un vide dû à l'absorption de l'acide carbonique par l'alkali, il s'excite de la chaleur pendant la combinaison de ces deux sels, & l'on apperçoit bientôt sur les parois du bocal des crystaux en dendrites, qui deviennent de plus en plus gros. Nous nommons ce sel *carbonate de potasse* & *carbonate de soude*, suivant la nature de l'alkali fixe employé; ces deux véritables sels neutres portoient autrefois les noms de sel de tartre & de sel de soude. Nous en examinerons les propriétés dans le chapitre suivant.

Le contact du gaz ammoniac & de l'acide carbonique aériforme, dans un vaisseau fermé, produit aussi sur-le-champ du vide, de la chaleur,

& un nuage blanc & épais, qui s'attache en cryſtaux réguliers, ou ſimplement en croûte au parois du verre. C'eſt un véritable ſel neutre imparfait, que nous nommons carbonate ammoniacal, & qu'on appeloit autrefois alkali volatil concret, ſel d'Angleterre, &c.

L'acide carbonique adhère à ces baſes avec des forces différentes; c'eſt avec la baryte qu'il a le plus d'affinité, ſuivant Bergman; viennent enſuite la chaux, la potaſſe, la ſoude, la magnéſie & l'ammoniac. Nous verrons, dans l'examen des ſels neutres, ſur quels phénomènes ſont fondés ces degrés d'affinité, établis par Bergman.

La nature & la compoſition de l'acide carbonique ont beaucoup occupé les chimiſtes depuis quelques années. MM. Prieſtley, Cavendiſch, Bergman, Schéele, ſemblent être dans l'opinion qu'il eſt formé par la combinaiſon de l'air vital avec le phlogiſtique; mais l'exiſtence de ce dernier principe étant avec juſtice révoquée en doute par pluſieurs chimiſtes françois célèbres, nous ne croyons pas que cette théorie puiſſe être admiſe, & ſatisfaire à toutes les difficultés qu'on lui oppoſe. J'avois penſé autrefois que l'acide carbonique pourroit bien être un compoſé de gaz inflammable & d'air pur; mais la découverte de la nature & de la décompoſition de l'eau fait voir l'invraisemblance de cette hypothèse, & M. Lavoisier y a substitué une vérité démontrée.

Ce chimiste, auquel la science doit tant d'expériences ingénieuses & délicates, a fait brûler dans des cloches pleines d'air vital & au-dessus du mercure, une quantité déterminée de charbon, privé de tout gaz hydrogène par une calcination préliminaire dans des vaisseaux fermés, parce qu'il avoit observé que, sans cette précaution, il obtenoit des gouttes d'eau qui altéroient l'exactitude des calculs. Cette combustion a été faite par le moyen d'un quart de grain d'amadou, placé sur le charbon & recouvert d'un atome de phosphore; un fer rouge recourbé, passé à travers le mercure, a servi pour allumer le phosphore; celui-ci a mis le feu à l'amadou, qui l'a communiqué au charbon; l'inflammation a été très-rapide, & accompagnée de beaucoup de lumière. Tout l'appareil étant froid, M. Lavoisier a introduit sous la cloche de l'alkali fixe caustique en liqueur, qui a absorbé l'acide formé dans cette combustion, & qui a laissé une portion d'air vital aussi pure qu'au commencement de l'expérience. Ce chimiste pense que dans cette opération, le principe oxigène, dont la combinaison avec le calorique forme l'air vital, s'est combiné avec le carbone, & a produit l'acide carbonique, tandis que l'autre principe du même air vital s'est dégagé sous la forme de chaleur & de lumière. Il est resté de la cendre, & la quantité d'acide formé avoit en excès de poids sur l'air vital employé le déficit qu'avoit éprouvé le charbon. De beaucoup d'expériences de cette nature, répétées dans différentes circonstances, M. Lavoisier conclut qu'un quintal d'acide carbonique, dont la dénomination est, comme on voit, fondée sur sa nature, est composé d'environ 28 parties de carbone pur, & de 72 parties d'oxigène.

Il pense que dans la respiration des animaux, il se dégage du sang une véritable matière charbonneuse, qui se combinant avec l'oxigène de l'atmosphère, forme l'acide carbonique, toujours produit dans cette fonction; & que c'est également à la combinaison du carbone du sucre avec l'oxigène de l'eau, qu'est due la formation de l'acide carbonique qui se dégage dans la fermentation vineuse.

Plusieurs physiciens ont reconnu que cet acide en fluide élastique a la propriété de conserver les substances animales, de retarder leur putréfaction, & même d'en faire rétrograder la marche. C'est d'après cela, que Macbride a pensé qu'il s'unit au corps pourri, & qu'il lui rend l'acide qu'il a perdu pendant la putréfaction. Ce dernier phénomène n'étoit dû, suivant lui, qu'à la décomposition naturelle des matières organiques, & à la dissipation de leur acide carbonique, qu'il appeloit *air fixé*; aussi a-t-il prétendu que l'usage de cet acide étoit indispensablement nécessaire pour compenser les pertes qui s'en font dans les animaux, & pour rétablir les fluides altérés par le mouvement & par la chaleur. Il admet l'existence de cet acide dans les végétaux frais, sur-tout dans ceux qui sont susceptibles de fermenter, comme la décoction d'orge germé, le moût de raisin, &c. & il croit qu'ils sont tous aussi bons les uns que les autres, dans les maladies qui dépendent du mouvement septique des humeurs, comme le scorbut.

On a proposé aussi l'eau imprégnée d'acide carbonique dans les fièvres putrides-bilieuses; & plusieurs observations en ont assuré le succès. Les Anglois emploient, dit-on, l'acide carbonique respiré à petite dose, & mêlé à l'air commun, dans les maladies des poumons.

On l'a fort recommandé comme lithontriptique ou dissolvant du calcul de la vessie; mais aucun fait bien avéré n'en a encore démontré en France l'efficacité dans cette terrible maladie. D'ailleurs cet effet est contraire à ce que Schéele

Schéele & Bergman ont découvert sur le calcul, comme nous le dirons ailleurs.

Les papiers publics ont annoncé l'histoire de plusieurs cures de cancer, faites en Angleterre par l'application de l'acide carbonique. Nous pouvons assûrer avoir vu employer ce moyen plusieurs fois, & l'avoir employé nous-mêmes sans succès. Dans les premières applications, l'ulcère cancereux semble prendre un meilleur caractère; la sanie, qui en découle ordinairement, devient blanche, consistante & puriforme; les chairs prennent une couleur vive & animée; mais ces apparences flatteuses de mieux ne se soutiennent pas; l'ulcère revient bientôt à l'état où il étoit auparavant, & parcourt ensuite ses périodes avec la même activité.

C'est à la première découverte de cet acide, par le docteur Black, qu'il faut fixer une des plus brillantes époques de la chimie. Pour déterminer l'influence de cette découverte sur la science, nous offrirons ici les remarques suivantes. 1° Elle a fait connoître un acide particulier; 2°. elle a expliqué la cause de l'effervescence que les alkalis ordinaires, la craie, le spath calcaire, la magnésie font avec les acides plus forts que lui; 3°. elle a fait distinguer deux états dans toutes les matières alkalines, leur pureté & leur causticité,

& leur adouciſſement joint à la propriété de faire effervescence ; 4°. elle a éclairci l'hiſtoire des attractions électives comparées de l'ammoniac & de la chaux pour les acides ; 5°. elle a préſenté un des premiers exemples d'un acide qui préfère la chaux aux alkalis fixes ; 6°. l'hiſtoire des lieux méphytiſés, des cavernes où les animaux ne peuvent vivre, eſt devenue très-claire & très-ſimple, d'après ſa découverte ; 7°. l'analyſe des eaux a été enrichie de la connoiſſance exacte de celles qu'on appeloit gazeuſes, ſpiritueuſes, acidules, & on a bientôt ſu les imiter parfaitement ; 8°. elle a répandu beaucoup de jour ſur la diſſolution du fer dans pluſieurs eaux, & ſur les moyens de ſe procurer des eaux martiales tout-à-fait ſemblables à celles de la nature ; 9°. elle a fait connoître une claſſe de ſels neutres terreux, alkalins & métalliques, dont l'acide carbonique eſt un des principes, & auxquels nous donnerons le nom générique de carbonates dans cet ouvrage ; 10°. enfin, elle a ouvert une carrière nouvelle aux recherches des chimiſtes & des phyſiciens, & elle a excité une nouvelle ardeur à laquelle ſont dues toutes les belles découvertes faites depuis cette première époque. Le nom de Black ſera donc à jamais mémorable dans les faſtes de la chimie, & il durera autant que cette ſcience elle-même.

Quant à la production de cet acide par l'étincelle électrique tirée dans l'air vital, il faut observer que dans les expériences de M. Landriani, le fer qui servoit de conducteur au fluide électrique est la cause de ce phénomène en raison de la *plombagine* ou courbure de fer qu'il contient. La petite quantité d'acide qu'on a obtenue en est la preuve la plus forte.

Il est sans doute plusieurs cas où l'acide carbonique se décompose & se résout en ses principes, comme les autres acides; c'est ainsi, par exemple, que l'eau chargée de cet acide est infiniment plus propre à la production de l'air vital, par les feuilles exposées aux rayons du soleil; le tissu végétal paroît en absorber le charbon, tandis que la lumière, agissant comme chaleur, contribue à la séparation de l'oxigène en air vital. Il est encore très-remarquable que certains oxides de fer distillés à l'appareil pneumato-chimique ne donnent que de l'acide carbonique, en passant à l'état d'*éthiops* ou d'oxide noir de fer; cela dépend du charbon ou de la *plombagine*, que contiennent plusieurs espèces de fer; ce charbon enlève une partie de l'oxigène du fer avec lequel il forme l'acide qui se dégage. Ces faits nouveaux seront exposés avec plus de détails dans d'autres chapitres de cet ouvrage.

Sorte II. ACIDE MURIATIQUE.

On donne dans les laboratoires le nom d'*acide marin* ou d'*esprit de sel*, ou d'acide muriatique liquide, à un fluide qui coule comme de l'eau, qui a une saveur assez forte pour corroder nos organes lorsqu'il est concentré, & qui n'imprime sur la langue qu'un sentiment d'aigreur & de stipticité, s'il est étendu de beaucoup d'eau. Ce fluide bien pur doit être absolument sans couleur. Lorsqu'il est rouge ou citronné, comme celui du commerce, il doit cette couleur à quelques substances combustibles, & souvent à du fer qui l'altère. C'est du sel marin ou muriate de soude qu'on retire cet acide, ainsi que nous le verrons dans l'histoire de ce sel. S'il est fort & concentré, il exhale, quand on l'expose à l'air, une vapeur ou fumée blanche. Il a une odeur vive & pénétrante, qui, très-divisée, ressemble un peu à celle du citron, ou de la pomme de reinette. On le nomme alors acide muriatique fumant. Ces fumées sont d'autant plus abondantes que l'air est plus humide. Si, lorsqu'on débouche un flacon qui contient cet acide, on approche la main de son goulot, on sent une chaleur manifeste, due à la combinaison de l'acide en vapeur avec l'eau atmosphérique.

L'acide muriatique rougit fortement le sirop de violettes, & toutes les couleurs bleues végétales, mais il ne les détruit pas. Cette liqueur, quelque concentrée & quelque fumante qu'elle soit, n'est point l'acide muriatique pur & isolé, mais cet acide uni à beaucoup d'eau. M. Priestley a mis cette vérité hors de doute, en nous apprenant qu'on peut réduire cet acide en gaz, & l'obtenir permanent dans cet état au-dessus du mercure, à la pression & à la température de l'atmosphère. C'est donc de ce gaz que nous devons examiner les propriétés, si nous voulons connoître celles de l'acide muriatique sans mélange, & dans son état de pureté parfaite.

Le gaz acide muriatique s'obtient en chauffant l'acide liquide & fumant dans une cornue dont le bec est reçu sous une cloche pleine de mercure. Ce gaz, beaucoup plus volatil que l'eau, passe dans la cloche; il présente tous les caractères apparens de l'air, mais il est plus pesant que lui; il a une odeur pénétrante; il est si caustique, qu'il enflamme la peau & y cause souvent des démangeaisons vives; il suffoque les animaux; il éteint la flamme des bougies, en l'agrandissant d'abord & en donnant à son disque une couleur verte ou bleuâtre; il est absorbé par les corps spongieux.

La lumière ne paroît pas l'altérer d'une manière sensible. La chaleur le raréfie & augmente prodigieusement son élasticité. L'air atmosphérique, mêlé sous des cloches avec le gaz acide muriatique, lui fait prendre la forme de fumées ou de vapeurs, & s'échauffe légèrement, ce qui prouve qu'il y a combinaison. Plus l'air est humide, plus ces vapeurs sont apparentes : aussi ne sont-elles pas sensibles sur les hautes montagnes où l'air est très-sec, suivant l'observation de M. d'Arcet. C'est donc à l'eau, contenue dans l'atmosphère, que l'on doit attribuer les vapeurs blanches qu'exhale l'acide muriatique en liqueur. Cet acide liquide, non plus que son gaz, n'absorbent pas sensiblement l'air vital dans son état élastique, quoiqu'ils puissent se combiner avec l'oxigène par des moyens appropriés, comme nous le ferons voir plus bas. On assure qu'en agitant fortement de l'acide muriatique liquide avec de l'air vital, il y a une portion de ce dernier absorbée.

Le gaz acide muriatique se combine avec rapidité à l'eau. La glace s'y fond sur-le-champ & l'absorbe avec promptitude. L'eau, en s'unissant à ce gaz, s'échauffe assez fortement. Saturée, elle se refroidit & imite parfaitement l'acide liquide, d'où on a tiré le gaz par la chaleur; elle exhale des vapeurs blanches; elle n'a point de couleur; elle rougit le sirop de violettes, &c. Nous verrons par la suite que c'est en recevant dans de l'eau pure ce fluide élastique, & en la saturant, qu'on obtient l'acide muriatique liquide, le plus concentré & le plus pur.

Le gaz acide muriatique n'a point d'action sur la terre silicée; il se combine à l'alumine & forme avec elle le muriate alumineux.

Il s'unit aux substances salino-terreuses, avec lesquelles il constitue les muriates barytique, magnésien & calcaire.

Sa combinaison avec la potasse produit le *sel fébrifuge de Sylvius*, ou le muriate de potasse; celle avec l'alkali minéral ou la soude, donne naissance au sel marin, sel commun ou muriate de soude.

Le gaz muriatique, mis en contact avec le gaz ammoniac, s'échauffe beaucoup; ces deux fluides élastiques se pénètrent; il se forme sur-le-champ un nuage blanc; le mercure remonte dans les cloches, & bientôt leurs parois se trouvent tapissées de crystaux ramifiés, qui ne sont que du sel ammoniac ou muriate ammoniacal. Si les deux gaz sont bien purs, ils disparoissent complètement à mesure qu'ils prennent la forme concrète, & que la chaleur s'en dégage. Cette expérience est une de celles qui prouvent, 1°. que les corps qui passent de l'état liquide à celui de fluide élastique, absorbent dans ce passage une quantité quelconque de matière de la chaleur ou de calorique, car l'acide muriatique ne devient gaz que par l'accès de la chaleur; 2°. que les fluides élastiques laissent échapper, en repassant à la liquidité ou à la solidité, la chaleur qu'ils avoient absorbée dans leur *aérification*; 3°. que c'est à cette chaleur absorbée & combinée qu'est dû l'état élastique; & que tous les fluides aériformes sont des composés, auxquels la chaleur fixée ou le calorique donne cette forme, comme nous l'avons déjà exposé ailleurs.

L'acide muriatique absorbe l'acide carbonique; l'action réciproque de ces deux acides n'a point encore été examinée convenablement. On sait que le premier est plus fort que le second, & qu'il dégage celui-ci de toutes ses bases pour se combiner avec elles; quant à ses différens degrés d'attraction pour les diverses bases alcalines, Bergman les indique dans l'ordre suivant: la baryte, la potasse, la soude, la chaux, la magnésie, l'ammoniac & l'alumine.

On ne connoît pas la nature intime de l'acide muriatique, & les principes qui entrent dans sa composition. Becher pensoit qu'il étoit formé d'acide sulfurique uni à la terre *mercurielle*, parce qu'il avoit obſervé que cet acide avoit beaucoup d'affinité, & ſe combinoit très-bien avec tous les corps dans leſquels il admettoit ce principe, tels que l'arſenic, le mercure, &c. Stahl n'a point éclairci l'opinion de Beccher ſur cet acide. Parmi toutes les expériences ingénieuſes des modernes, il n'en eſt encore aucune qui puiſſe jeter quelque jour ſur les principes qui conſtituent l'acide muriatique. Comme on ne connoît point ſa baſe acidifiable, on ne ſait point s'il a deux états, relativement à la ſaturation de cette baſe par l'oxigène : le premier, où la baſe ſeroit ſaturée, & où cet acide ſeroit le plus fort ; le ſecond, où il n'y auroit pas la même quantité d'oxigène, & où l'acide ſeroit plus foible, comme nous l'avons obſervé pour les acides ſulfurique & ſulfureux, nitrique & nitreux. On n'a même point encore démontré la préſence de l'oxigène dans l'acide muriatique, & ce n'eſt que la force de l'analogie qui porte à l'admettre dans cet acide.

Schéele eſt le ſeul chimiſte qui ait fait, en 1774, une découverte importante ſur les différens états dans leſquels exiſte cet acide. Ce ſavant, ayant diſtillé de l'acide muriatique ſur de l'oxide de manganèſe, obtint cet acide ſous la forme d'un gaz jaunâtre, d'une odeur très-piquante, d'une grande expansibilité, & dissolvant facilement tous les métaux, sans en excepter le mercure & l'or. Il crut que dans cette opération, la manganèse, qu'il regardoit comme très-avide du phlogistique, s'emparoit de celui de l'acide muriatique ; aussi appela-t-il ce dernier *acide marin déphlogistiqué*, & pensa-t-il qu'il dissolvoit l'or en raison de son avidité pour s'unir au phlogistique ; cependant aucune expérience positive ne démontroit la présence du principe inflammable dans cet acide, & j'avois soupçonné en 1780 que c'étoit la base de l'air vital contenue dans la manganèse, qui s'unissoit à l'acide muriatique, comme on peut le voir dans la première édition de mes Elémens, aux articles Eau régale, Manganèse, &c. M. Berthollet, mon confrère, a changé cette assertion en une vérité démontrée par des expériences aussi exactes qu'ingénieuses.

L'acide muriatique, distillé sur l'oxide de manganèse, lui a donné des vapeurs jaunes sans le secours du feu : en chauffant la cornue & en recevant ces vapeurs dans des flacons pleins d'eau & plongés dans la glace, elles ne s'y dissolvent que très-peu, & l'eau en est bientôt saturée ; alors le gaz, qui est excellent à la saturation de l'eau, prend une forme concrète & tombe en crystaux au fond de la liqueur. Ce sel se fond & s'élève en bulles élaſtiques à la plus légère chaleur.

L'acide muriatique oxigéné en liqueur ou diſſous dans l'eau a, ſuivant M. Berthollet, une ſaveur auſtère ſans être acide ; il blanchit & détruit les couleurs végétales ſans les faire paſſer au rouge; il ne chaſſe point l'acide carbonique de ſes baſes, & il ne fait point effervescence avec les ſubſtances alkalines chargées de cet acide ; enfin, il n'a point les propriétés des acides. Si on le chauffe avec de la chaux vive, il fait effervescence ; il ſe dégage de l'air vital, & le réſidu eſt à l'état de muriate calcaire, ce qui dépend du dégagement en gaz de l'oxigène qui ſaturoit l'acide. L'acide muriatique oxigéné produit une effervescence dans ſa combinaiſon avec l'ammoniac pur ; mais le réſultat de cette combinaiſon eſt, d'un côté, de l'eau; de l'autre, du gaz azote. Dans cette expérience, l'acide muriatique oxigéné & l'ammoniac ſont tous deux décompoſés ; l'hydrogène, qui eſt un des principes de l'ammoniac, s'unit à l'oxigène de l'acide muriatique qui en eſt ſurchargé, & forme de l'eau, tandis que l'azote, ſecond principe de l'ammoniac, s'unit au calorique, ſe ſépare ſous forme élaſtique, & produit le mouvement d'effervescence qu'on obſerve dans cette expérience. Enfin, l'acide muriatique oxigéné change les métaux en oxides, & les dissout sans effervescence; il passe à l'état d'acide muriatique ordinaire, en détruisant les couleurs végétales. Toutes ces expériences prouvent que l'acide muriatique *déphlogistiqué* de Schéele est une combinaison de cet acide pur avec la base de l'air vital ou l'oxigène, & qu'il mérite le nom d'acide muriatique aéré ou oxigéné, comme je l'avois indiqué dans ma première édition. M. Berthollet n'a pas encore déterminé la quantité d'oxigène qu'absorbe l'acide muriatique pour acquérir les propriétés nouvelles qui ont été exposées (1). Il a découvert, depuis son premier travail, que le gaz muriatique oxigéné, reçu dans une lessive de carbonate de potasse, forme un sel neutre crystallisable, qui détonne sur les charbons comme le nitre & même mieux, qui donne de l'air vital ou gaz oxigène très-pur par l'action du feu, & qui laisse après ces deux essais du muriate de potasse. Ces expériences prouvent de plus en plus la théorie que j'ai le premier exposée, il y a neuf ans, sur la nature de l'acide muriatique oxigéné; puisque c'est manifestement à la présence de l'oxigène surabondant qu'est due cette détonation du muriate oxigéné de potasse.

(1) Voyez *Journ. de Phys. tome XXVI, pag.* 321, *Mai* 1785.

La soude ne forme avec l'acide muriatique oxigéné qu'un sel déliquescent.

On emploie l'acide muriatique dans quelques arts, & sur-tout dans la docimasie humide (1). En médecine, on l'administre très-étendu d'eau, comme diurétique, anti-septique & rafraîchissant; il fait la base du remède du Prieur de Chabrières, pour les descentes. On s'en sert à l'extérieur pour faire naître des escarres & détruire les parties altérées, dans le mal de gorge gangreneux, les aphtes de même nature, &c. Mêlé à une certaine quantité d'eau, il constitue les bains de pieds, employés comme un secret par quelques personnes, pour rappeler la goutte dans les parties inférieures.

Quant à l'acide muriatique oxigéné, il est connu depuis trop peu de temps pour qu'on en fasse encore beaucoup d'usage. M. Berthollet pense qu'il pourra être employé avec succès pour découvrir, dans quelques instans ou dans quelques heures, les effets que l'air produit à la longue sur les étoffes colorées, & pour en faire reconnoître la fixité ou l'altérabilité. Il l'a proposé nouvellement pour blanchir les toiles, les fils écrus;

(1) *Vide* Bergman, *vol. II. Opusc. de Docimasiâ humidâ, &c.*

& les premiers essais faits assez en grand à Paris, promettent un succès heureux. On pourra aussi l'employer pour blanchir promptement la cire jaune, & sur-tout la cire verte de nos îles.

Sorte III. ACIDE FLUORIQUE.

L'acide fluorique, découvert par Schéele, a reçu ce nom parce qu'on le retire d'une espèce de sel neutre terreux, que nous connoîtrons par la suite sous le nom de spath fluor.

Cet acide pur est sous forme de gaz, & nous devons en examiner les propriétés dans cet état. Le gaz acide fluorique est plus pesant que l'air. Il éteint les bougies & tue les animaux. Il a une odeur pénétrante, qui approche de celle du gaz acide muriatique, mais qui est un peu plus active. Il est d'une telle causticité qu'il ronge la peau, pour peu qu'elle soit exposée quelque temps à son contact. Il n'est pas altéré sensiblement par la lumière; la chaleur le dilate sans en changer la nature.

L'air atmosphérique trouble sa transparence & le change en une vapeur blanche, en raison de l'eau qu'il contient : ce phénomène est semblable à celui que présente l'acide muriatique ; mais la fumée qui se forme avec le gaz fluorique est plus épaisse.

Le gaz acide fluorique s'unit à l'eau avec chaleur & rapidité; lorſqu'il a été extrait dans des vaiſſeaux de verre, il préſente un phénomène particulier dans cette union; c'eſt la précipitation d'une terre blanche très-fine, & qu'on a reconnue pour de la terre ſilicée. Il ſemble donc que cet acide ne ſoit rien moins que pur dans l'état de fluide élaſtique. Il n'a donc de pureté qu'autant que la terre qu'il enlève dans ſa volatiliſation en a été ſéparée par l'eau. Ce gaz, diſſous dans ce fluide, forme l'eſprit acide fluorique liquide, dont l'odeur & la cauſticité ſont très-fortes, lorſque l'eau en eſt ſaturée. Cet acide liquide rougit fortement le ſirop de violettes. Il a la ſingulière propriété de diſſoudre la terre ſilicée, ſuivant Schéele & Bergman. Quoique dans ſon union avec l'eau, le gaz acide fluorique dépoſe une grande quantité de terre ſilicée, il en retient encore une portion aſſez conſidérable que les alkalis en précipitent.

M. Prieſtley s'eſt apperçu que le gaz acide fluorique corrodoit le verre & le perçoit, & il étoit obligé de prendre pour ſes expériences des bouteilles de verre très-épais. Macquer penſoit que cet acide ne produiſoit cet effet que dans ſon état de gaz, & qu'en liqueur ou diſſous dans l'eau, il n'attaquoit plus le verre. Cette opinion étoit fondée ſur ce que l'eau précipite la terre ſilicée, tenue en dissolution par le gaz fluorique ; mais comme l'eau ne la sépare pas entièrement, on voit que l'acide fluorique liquide peut agir sur la terre du verre & sur les pierres siliceuses.

On peut décomposer l'acide fluorique liquide, comme on fait l'esprit de sel, en le chauffant dans une cornue dont le bec est reçu sous une cloche pleine de mercure. On obtient du gaz acide fluorique, & l'eau reste pure.

Les deux chimistes françois qui, sous le nom de M. Boulanger, ont publié en 1773 une suite d'expériences sur le spath vitreux ou fluor spathique, pensent que l'acide de ce spath n'est que de l'acide muriatique, combiné avec la matière terreuse, que l'eau seule est capable d'en séparer ; mais Schéele a répondu victorieusement à cette opinion, & le regarde comme un acide particulier & très-distingué par les diverses combinaisons auxquelles il donne naissance. Cette dernière opinion est reçue aujourd'hui de presque tous les chimistes de l'Europe.

L'acide fluorique est le seul acide minéral qui puisse dissoudre la terre silicée. Bergman & Schéele avoient pensé, en 1779, que cette terre pourroit bien être un composé d'acide fluorique & d'eau, parce que cet acide en état de gaz, en dépose une quantité notable, quand il est en en contact avec l'eau; mais il est prouvé par l'expérience de M. Meyer, que la terre précipitée dans cette expérience, vient des vaisseaux de verre, dont une partie a été dissoute par l'acide. Ce chimiste a pris trois vases cylindriques d'étain; il a mis dans chacun une once de *spath vitreux*, et trois onces d'acide sulfurique, qui ayant plus d'affinité avec la chaux que n'en a l'acide fluorique, est employé avec succès pour obtenir celui-ci; il a ajouté à l'un de ces mélanges, une once de quartz pulvérisé, au second une once de verre en poudre, & il a laissé le troisième pur et sans addition; il a suspendu dans chacun des cylindres une éponge mouillée, & il a exposé les vases fermés à une température moyenne. Une demi-heure après, il a trouvé une poussière silicée, déposée sur l'éponge du mélange qui contenoit le verre; douze heures après, celui où étoit le quartz présenta également un enduit terreux sur son éponge; & celle du mélange, sans quartz & sans verre, n'offrit aucune apparence de dépôt, même au bout de plusieurs jours. Bergman a envoyé le détail de cette expérience à M. de Morveau, en lui annonçant qu'il renonçoit à son opinion sur la formation de la terre silicée par l'union de la vapeur acide fluorique & de l'eau. Cette précipitation est donc due à la terre du verre, dissoute par le gaz acide fluorique. Cet acide n'eſt donc pur qu'après avoir été précipité par l'eau & les alkalis.

Le gaz & l'acide fluorique liquide s'unit à l'alumine, & forme avec cette terre un ſel neutre douceâtre, *le fluate alumineux* (1), qui prend facilement la conſiſtance d'une gelée épaiſſe.

Il ſe combine avec la baryte ; le ſel qui réſulte de cette combinaiſon, & que nous nommerons *fluate barytique*, eſt pulvérulent.

L'acide fluorique forme avec la magnéſie un ſel cryſtalliſable, *le fluate magnéſien.*

Il précipite l'eau de chaux, & reforme ſur-le-champ le fluate calcaire.

Il ſe combine auſſi avec la potaſſe, & conſtitue *le fluate de potaſſe* ; avec la ſoude, & donne naiſſance au *fluate de ſoude* ; enfin avec l'ammoniac, & il forme dans cette combinaiſon le ſel que nous nommons *fluate ammoniacal.*

L'expoſé ſuccinct de ces combinaiſons ſalines démontre que l'acide fluorique eſt différent de l'acide muriatique ; ſes affinités avec les baſes

---

(1) D'après la nomenclature méthodique que nous avons propoſée, il faudroit ici le mot *fluorate* ; mais nous l'abrégeons, comme nous ferons pour l'acide ſulfurique, dont les combinaiſons neutres porteront le nom de *ſulfates*, au lieu de celui de *ſulfurates*.

diverses ajouteront encore à ces preuves. Bergman observe que l'acide fluorique, uni à la potasse, en est séparé par l'eau de chaux qui précipite la dissolution de ce sel; il en est de même de la dissolution de fluate barytique, qui est troublée par la chaux; ce savant présente les attractions électives de cet acide dans l'ordre suivant: la chaux, la baryte, la magnésie, la potasse, la soude, l'ammoniac; mais il convient qu'il faudra plus d'expériences qu'on n'en a encore faites pour les déterminer avec beaucoup d'exactitude.

L'acide fluorique n'a été jusqu'actuellement employé à aucun usage; mais sa propriété de dissoudre la terre silicée le rendra vraisemblablement très-utile dans les arts & dans les opérations chimiques; déjà M. de Puymaurin l'a employé avec succès pour graver sur le verre, & il a créé un nouvel art, qui sera quelque jour très-utile.

Sorte IV. ACIDE NITRIQUE.

Ce qu'on nomme *esprit de nitre* dans les laboratoires est la combinaison de l'acide avec l'eau. Cet acide liquide bien pur est blanc; mais pour peu qu'il soit altéré, il devient jaune ou rouge, & il exhale une vapeur abondante de la même couleur. Il est d'une telle causticité, qu'il brûle & désorganise sur-le-champ la peau & les muscles. Il rougit le sirop de violettes, & en détruit entièrement la couleur.

Exposé aux rayons du soleil, il prend, suivant Schéele, plus de couleur & de volatilité, ce qui indique une action de la part de la lumière; cette coloration est accompagnée de dégagement d'air vital.

La chaleur volatilise l'acide du nitre, & sépare sous forme de vapeurs rouges la partie colorée de cet acide.

Lorsqu'il est rouge, il s'unit avec violence à l'eau, qui prend une couleur verte & bleue; il s'échauffe beaucoup dans cette combinaison. Lorsqu'il est uni à une grande quantité de ce fluide, il constitue l'*eau-forte*.

Les acides blanc & rouge du nitre étoient regardés autrefois comme un seul acide, ne différant que par la concentration; celui qui avoit le plus de couleur passoit pour être le plus concentré; mais aujourd'hui on a plus de lumières sur la nature de cette substance saline, & l'on sait qu'elle peut être dans deux états différens en général. Dans l'un, l'acide du nitre est sans couleur, plus pesant, moins volatil, & il n'exhale qu'une fumée blanche; dans l'autre, il est coloré depuis le jaune jusqu'au rouge brun ; il eſt plus léger, plus volatil, & laiſſe échapper continuellement des vapeurs rouges, plus ou moins abondantes, ſuivant la température à laquelle il eſt expoſé ; Bergman diſtingue ces deux états de l'acide du nitre, par les noms de *déphlogiſtiqué* pour le premier, & de *phlogiſtiqué* pour le ſecond ; nous nommons le blanc *acide nitrique*, & celui qui eſt coloré *acide nitreux*. Nous verrons plus bas quelle eſt la cauſe de ces différences ; il nous ſuffit de faire obſerver ici que ſi l'on ſoumet à la diſtillation dans une cornue de verre de l'acide nitreux coloré & fumant, la portion rouge paſſe la première en vapeurs, & l'acide qui reſte dans la cornue devient blanc & ſans couleur ; plus l'eſprit de nitre que l'on diſtille eſt foncé en couleur, plus on obtient de vapeurs, & moins il reſte d'acide blanc dans la cornue ; & au contraire, ſi l'on chauffe dans ce vaiſſeau un acide nitreux d'un rouge clair, on n'a que très-peu de vapeur & beaucoup d'acide blanc. Cette expérience prouve que l'acide rouge eſt plus volatil que celui qui eſt blanc ; & que comme tout eſprit de nitre coloré eſt un compoſé de ces deux acides, en différentes proportions, on peut les ſéparer par la diſtillation. Dans cette opération, il ſe dégage toujours une certaine quantité d'air vital, que l'on peut recueillir, en adaptant au ballon un appareil pneumato-chimique. Il faut remarquer que la chaleur rouge des vaisseaux sépare de l'acide nitrique le plus blanc quelques vapeurs rouges, & change la couleur de cet acide, qui devient rutilant; mais ce changement produit par la chaleur disparoît lorsque l'acide se refroidit, & la vapeur qui s'en est élevée se redissout dans la liqueur. Il arrive la même chose, quand on unit un acide nitreux très-coloré à l'eau; la chaleur qui s'élève dégage l'acide rouge dans l'atmosphère; & la partie de cet acide affoibli, qui reste dans le vaisseau, est entièrement de l'acide nitrique. Lorsque la chaleur, aidée de la lumière, produit ce changement sur l'acide nitrique, il se dégage une certaine quantité d'air vital ou gaz oxigène, proportionnée à celle du gaz nitreux qui se forme. C'est en raison de l'attraction qui existe entre la lumière, le calorique & l'oxigène, que cette décomposition de l'acide nitrique, & son changement en acide nitreux, ont lieu. Cet effet de la chaleur rouge de nos vaisseaux imite celui des rayons du soleil.

L'acide nitrique n'a point d'action sur la terre silicée; il s'unit à l'alumine, à la baryte, à la magnésie, à la chaux, & aux trois alkalis avec lesquels il forme les nitrates alumineux, barytique, magnésien, calcaire, de potasse, de soude & d'ammoniac. Tous ces sels seront examinés plus bas. Les sels formés par l'union des mêmes bases avec l'acide nitreux sont un peu différens des précédens, & porteront dans notre Nomenclature méthodique le nom de *nitrites*.

L'acide nitrique s'unit avec l'acide carbonique, qu'il absorbe en grande partie ; on ne connoît pas bien l'action réciproque de ces deux corps.

L'acide nitrique se combine très-rapidement avec l'acide muriatique ; les alchimistes ont donné le nom d'*Eau Régale* à ce composé, que nous appelerons dorénavant acide nitro-muriatique, parce qu'ils l'ont employé pour dissoudre l'or, le roi des métaux. Il a dû de tout temps paroître singulier que deux acides, dont chacun en particulier n'a aucune action sur l'or, deviennent capables de le dissoudre, quand ils sont réunis. Les alchimistes, contens d'avoir trouvé un dissolvant de ce précieux métal, ne se sont pas inquiétés de la cause de ce phénomène. Ce n'est que depuis quelques années que deux chimistes suédois, Schéele & Bergman, ont cherché à connoître les altérations que les acides nitrique & muriatique éprouvent dans leur union. Schéele a vu, comme nous l'avons déjà observé, qu'en distillant de l'acide muriatique sur de la *chaux* ou oxide de manganèse, cet acide répandoit une vapeur jaunâtre de la même odeur que celle de l'*eau régale* ; qu'il détruisoit les couleurs bleues végétales, qu'il avoit une action très-forte sur les métaux, & notamment sur l'or, qu'il dissolvoit comme l'acide nitro-muriatique. Il croit que ces nouvelles propriétés lui viennent de ce qu'il a été privé de son phlogistique par l'oxide de manganèse, & qu'en conséquence il a une très-forte tendance à reprendre ce principe partout où il le trouve, ce qui fait qu'il a une action vive sur les matières combustibles. Il l'a appelé, d'après cela, *acide marin déphlogistiqué*; nous observons d'abord que cette explication est entièrement contraire à la théorie de Stahl, que Schéele semble adopter & étendre, puisque l'acide muriatique, en perdant son phlogistique, acquiert de nouvelles propriétés, que ce savant attribuoit à la présence de ce principe, telles que la volatilité, l'odeur forte, l'action sur les matières inflammables. Nous croyons d'ailleurs que tous ces phénomènes peuvent être expliqués avec plus de vraisemblance par la nouvelle théorie, ainsi que nous allons le démontrer tout-à-l'heure.

Bergman pense que l'acide nitrique s'empare du phlogistique de l'acide muriatique, & se dissipe en partie en vapeur, & que ce dernier est dans le même état que lorsqu'il a été distillé sur de l'oxide de manganèse. Ainsi, l'acide nitro-muriatique ne dissout l'or qu'en raison de *l'acide marin déphlogistiqué* qu'il contient ; c'est pour cela que cet acide mixte n'est souvent que de l'acide marin. Telle est l'opinion du célèbre chimiste d'Upsal. Voici maintenant celle qui me paroît être d'accord avec les faits. Lorsqu'on verse de l'acide nitrique sur de l'acide muriatique, ces deux liqueurs s'échauffent, se colorent ; il se produit une effervescence & il s'exhale une odeur mixte moins pénétrante que celle de l'acide muriatique, mais tout-à-fait particulière & semblable à celle de cet acide distillé sur l'oxide de manganèse. Aussi M. Berthollet a-t-il découvert qu'il se dégage du gaz muriatique oxigéné pendant cette action rapide. L'acide muriatique enlève donc à l'acide nitrique une partie de l'oxigène qu'il contient, & se dissipe en gaz muriatique oxigéné ; il reste une portion de cet acide surchargé d'oxigène & de gaz nitreux, c'est ce mélange qui constitue l'*eau régal*. On conçoit d'après cela pourquoi il ne faut que très-peu d'acide nitrique pour donner à l'acide muriatique le caractère d'eau régale, & pourquoi le *sel régalin* d'or ne fournit que de l'acide muriatique à la distillation, ainsi que cela a lieu pour l'acide nitro-muriatique seul. Mais, il faut observer que, comme on prend souvent beaucoup plus d'acide nitrique qu'il n'en faut pour surcharger l'acide muriatique d'oxigène, l'acide nitro-muriatique qui en résulte contient ces deux acides qui agissent chacun à leur manière, & font des sels particuliers avec tous les corps qu'on expose à leur action. Il seroit donc important de déterminer combien il faut d'acide nitrique pour saturer d'oxigène une quantité donnée d'acide muriatique, & pour faire passer cet acide à l'état d'acide nitro-muriatique, sans qu'il contînt une portion d'eau-forte, qui ne fait que l'altérer, & rendre son action incertaine. D'après cela, il est nécessaire d'indiquer dans les recherches exactes de chimie la quantité respective des acides dont est composée l'*eau régale* que l'on emploie.

Cet acide mixte a moins de pesanteur spécifique que les deux acides qui le constituent. Son odeur est particulière, sa couleur est ordinairement citronée, & tire souvent sur l'orangé; son action sur les différens corps naturels le distingue de tous les autres acides. La lumière en dégage du gaz oxigène ou air vital; la chaleur en sépare l'acide muriatique oxigéné; l'*eau régale* se combine à l'eau dans toutes les proportions, & s'échauffe avec ce fluide. Elle ne dissout que peu-à-peu l'alumine; elle s'unit à la baryte, à la magnésie, à la chaux & aux différens alkalis, & il résulte de ces combinaisons des sels mixtes, qui tantôt crystallisent ensemble lorsqu'ils sont également dissolubles; ou bien crystallisent séparément, suivant l'ordre de leur dissolubilité. On fait un grand usage de l'*eau régale* en chimie, & dans l'art des essais, comme nous l'exposerons fort en détail à l'article des substances métalliques.

La nature intime & la composition de l'acide nitrique ont beaucoup occupé les chimistes depuis les découvertes de M. Priestley. On a commencé par démontrer que l'opinion de ceux qui croyoient la formation de cet acide due à l'acide sulfurique, & qui le regardoient comme une modification de ce dernier, n'étoit fondée que sur des expériences illusoires; on s'est bientôt apperçu qu'il avoit ses principes particuliers, & voici comment on est parvenu à en déterminer la nature.

On avoit observé depuis long-temps que l'acide nitrique agissoit d'une manière très-vive sur les corps combustibles, & spécialement sur les métaux; il exhale alors dans l'atmosphère une grande quantité de vapeurs rouges, & souvent il se dissipe en entier sous cette forme. Le corps combustible, exposé à son action, se trouve bientôt réduit à l'état d'un corps brûlé ou oxidé; souvent même il enflamme subitement les corps combustibles, tels que les huiles, le charbon, le soufre, le phosphore & quelques métaux. Stahl attribuoit cet effet à la rapidité avec laquelle l'acide se combinoit au *phlogistique* des corps combustibles ; mais cette théorie ne suffisoit point pour l'explication de ce phénomène.

M. Priestley, en recevant sous une cloche pleine d'eau la vapeur qui se dégage pendant l'action de l'acide nitrique sur le fer, s'est apperçu qu'au lieu d'un fluide vaporeux rouge, on obtient un gaz transparent & sans couleur comme l'air ; il a désigné ce gaz par le nom de gaz nitreux.

Ce gaz a tous les caractères extérieurs de l'air ; mais il en diffère par un grand nombre de propriétés chimiques. Il a une pesanteur un peu moindre ; il ne peut servir ni à la combustion, ni à la respiration ; il est fortement anti-septique, il n'a point de saveur sensible, il n'altère qu'à la longue la couleur du sirop de violettes. Le gaz nitreux n'est pas manifestement altéré, ou au moins d'une manière connue, par la lumière. La chaleur le dilate ; l'air vital s'y combine avec promptitude, & le met dans l'état d'acide nitreux ; l'air atmosphérique produit le même effet, mais avec moins d'intensité. Cette combinaison présente plusieurs phénomènes importans. Dès que l'air est en contact avec le gaz nitreux, ces deux fluides, qui n'ont aucune couleur, deviennent rouges & semblables à l'acide nitreux; il s'excite une chaleur assez vive; l'eau remonte dans le récipient & absorbe toutes les vapeurs rouges qui lui donnent les caractères de l'eau-forte. Plus l'air est pur, plus ces phénomènes sont rapides & marqués, & moins il en faut pour changer une quantité donnée de gaz nitreux en acide nitreux. M. Lavoisier a trouvé qu'il falloit seize parties d'air atmosphérique, pour saturer sept parties & un tiers de gaz nitreux, tandis que quatre parties d'air vital suffisent pour saturer complètement la même quantité de ce gaz. Ce beau phénomène ressemble parfaitement à une combustion, comme l'a pensé Macquer. En effet, il est accompagné de chaleur, d'absorption d'air, de production d'une matière saline; & l'on peut regarder la couleur rouge foncée qui se produit alors, comme une espèce de flamme.

Comme dans cette recomposition artificielle de l'acide nitreux, l'air produit différens effets suivant sa pureté, M. Priestley a pensé que le gaz nitreux pourroit servir de pierre de touche pour connoître la quantité d'air vital que contient un air quelconque, en prenant pour les deux termes celui de l'air le plus impur ou d'un gaz non respirable, tel que l'acide carbonique, qui ne change en aucune manière le gaz nitreux, & celui de l'air vital qui l'altère le plus. Cette épreuve consiste à employer des quantités connues & proportionnelles de ces deux gaz, & à observer celles qui sont nécessaires pour leur saturation complète & réciproque. Moins il faut d'air pour saturer le gaz nitreux, & plus cet air est pur; plus au contraire on est obligé d'en employer, & moins il a de pureté.

Plusieurs physiciens ont cherché les moyens de porter dans cette expérience la précision la plus rigoureuse. M. l'abbé Fontana est celui de tous qui a le plus avancé ce travail; il a imaginé un *Eudiomètre*, dont on trouve une exacte description dans les recherches sur les végétaux de M. Ingen-Housz. On peut, avec cet instrument, apprécier presqu'à l'infini les degrés de pureté ou d'impureté de l'air qu'on examine; mais son usage demande un exercice & une attention qui le rendent nécessairement difficile & susceptible d'erreurs, comme l'auteur lui-même l'a fait observer.

Il est encore important de remarquer que ces expériences, ingénieuses & utiles en elles-mêmes, n'ont pas, à beaucoup près, l'avantage qu'on s'en étoit promis pour la santé des hommes, & pour la partie de la médecine, qui s'occupe de leur conservation. Elles n'indiquent jamais que la quantité d'air respirable contenue dans celui qu'on examine; mais elles n'apprennent rien sur les qualités nuisibles de ce fluide, relatives aux autres fonctions de la respiration; telles que son action de l'estomac, sur la peau, & en particulier sur les nerfs, effets qui ne peuvent être connus que par l'observation des médecins, & qui cependant se rencontrent dans presque toutes les altérations de l'air.

Les chimistes ont été plusieurs années partagés sur la cause de la production de l'acide nitreux, par le mélange du gaz nitreux & de l'air vital. M. Priestley, auquel est due cette découverte, pense que le gaz nitreux n'est que de l'acide nitreux, surchargé de *phlogistique*, & que l'air pur ayant plus d'affinité avec ce dernier corps que n'en a l'acide, s'en empare & laisse l'acide nitreux libre; mais cette théorie est bien loin d'expliquer entièrement ce phénomène, puisque le résidu de la combinaison du gaz nitreux avec l'air vital, n'est absolument rien lorsque l'expérience est faite avec des fluides élastiques bien purs, & puisque l'acide nitreux formé dans cette opération pèse beaucoup plus que le gaz nitreux employé.

M. Lavoisier a pensé que cette propriété du

gaz nitreux de reformer l'acide nitreux, avec de l'air pur, étoit capable de lui faire connoître la composition de cet acide. Ayant combiné deux onces d'un esprit de nitre, dont la force lui étoit connue, avec une quantité donnée de mercure, il a retiré de cette combinaison cent quatre-vingt-seize pouces de gaz nitreux, & deux cents quarante-six pouces d'air vital. Pendant le dégagement du premier gaz, le mercure changea de forme ; il reprit ensuite son état métallique, sans avoir éprouvé aucun déchet, lorsque l'air vital en eût été dégagé. Il conclut de cette expérience, faite avec beaucoup d'exactitude, 1°. que le mercure n'a éprouvé aucune perte dans l'opération, & que ce n'est point à ce métal qu'il faut attribuer les fluides élastiques qu'on a obtenus ; 2°. qu'il n'y a que l'acide nitreux qui a pu les fournir en se décomposant ; 3°. que l'acide nitreux qu'il a employé, & dont le poids étoit à celui de l'eau distillée, comme 131,607 est à 100,000, paroît être formé de trois principes, le gaz nitreux, l'air vital & l'eau, dans les proportions suivantes par livre ; gaz nitreux, 1 once 51 grains $\frac{1}{4}$; air vital, 1 once 7 gros 2 grains $\frac{1}{2}$; eau, 13 onces 18 grains ; 4°. que le gaz nitreux est de l'acide nitreux moins l'air vital ou l'oxigène ; 5°, que dans toutes les opé-

rations.

rations où l'on obtient du gaz nitreux, l'acide nitrique est décomposé, & une partie de son oxigène absorbée par le corps combustible avec lequel il a plus d'affinité qu'avec le gaz nitreux.

Cependant il y a toujours une difficulté dans cette opinion ; c'est que M. Lavoisier n'a pas pu recomposer tout l'acide employé, & qu'il en a perdu au moins la moitié ; il avoit obtenu beaucoup plus d'air pur qu'il n'en auroit fallu pour saturer le gaz nitreux obtenu. Il avoue qu'il ignore à quoi tient cette circonstance. Macquer croit que cela dépend de la perte du phlogistique ou de la lumière qu'il regarde comme un des principes de l'acide nitrique, & qui, se dissipant par les pores des vaisseaux pendant sa décomposition, laisse une partie de son air pur qui ne peut pas se dissiper de la même manière ; on verra tout-à-l'heure que ce n'est point là la vraie cause de ce phénomène.

La portion de gaz résidu après le mélange de l'air vital & du gaz nitreux formoit encore une objection contre la théorie de M. Lavoisier ; & quoique ce résidu n'eût été que très-peu de chose dans son expérience, puisque sept parties & un tiers de gaz nitreux, avec quatre parties d'air vital, n'en avoient donné qu'un trente-quatrième de leur volume total, il étoit embarrassant d'en trouver la raiſon. Il eſt vrai que M. Lavoiſier s'eſt aſſuré depuis que l'on avoit encore beaucoup moins de réſidu, en employant des matériaux très-purs & dans des proportions très-exactes. Enfin, on verra dans un inſtant qu'on peut parvenir à faire une combinaiſon d'air vital & de gaz nitreux aſſez purs, pour qu'il n'y ait point de réſidu.

La même difficulté n'exiſte point pour la connoiſſance du réſidu aériforme que l'on obtient après la combinaiſon de ſeize parties d'air atmoſphérique, & de ſept parties & un tiers de gaz nitreux ; on ſait que ce fluide élaſtique eſt de la *moſète atmoſphérique*, ou du gaz azote. On conçoit auſſi comment le contact de l'eau peut altérer à la longue le gaz nitreux, & le changer en acide, en raiſon de l'air qu'elle contient.

Mais dans la théorie de M. Lavoiſier, il reſtoit à rechercher quelle eſt la nature du gaz nitreux, & ce point a été éclairci par une belle expérience de M. Cavendish. Ce chimiſte ayant introduit dans un tube de verre ſept parties d'air vital obtenu ſans acide nitrique, & trois parties de gaz azote ou *moſète atmoſphérique*, & ayant excité l'étincelle électrique dans ce mélange, s'apperçut qu'il diminuoit beaucoup de volume, & parvint à le changer en acide nitrique ; il penſe donc que cet acide est une combinaison de sept parties d'air vital, & de trois parties de gaz azote, & que lorsqu'on lui enlève quelques portions du premier de ces principes, comme cela a lieu dans la dissolution des métaux, &c. il passe à l'état de gaz nitreux; ce dernier n'est conséquemment, dans cette opinion, qu'une combinaison de gaz azote, avec moins d'air vital qu'il n'en faut pour constituer l'acide nitreux, & il ne s'agit que d'ajouter de l'air vital au gaz nitreux, pour lui donner le caractère d'acide. Ces expériences & leur ingénieuse théorie jettent un grand jour sur la formation de l'acide nitrique par la putréfaction des matières animales; on sait qu'il se dégage de ces matières qui se pourrissent une grande quantité de gaz azote; & la nécessité du contact de l'air pour la production de cet acide se conçoit aisément, lorsque l'expérience prouve qu'il est formé par la combinaison & la fixation de ces deux fluides élastiques.

Il est facile d'apprécier aussi la différence qui existe entre l'acide du nitre blanc & pur, & celui qui est coloré, fumant, & que les chimistes du Nord appellent *phlogistiqué*, ou entre les acides nitrique & nitreux. Ce dernier existe toutes les fois que la proportion de ces deux principes n'est pas celle qui constitue l'acide nitrique pur;

c'est-à-dire, lorsqu'il n'y a plus une combinaison de trois parties d'azote, & de sept d'oxigène; mais comme une foule de circonstances, & tous les procédés *phlogistiquans* en général, peuvent diminuer la proportion de l'oxigène en en absorbant des quantités très-variées, il est aisé de concevoir, 1°. que cet acide est très-altérable, & doit souvent être plus ou moins coloré & fumant; 2°. qu'en raison de la quantité d'oxigène qui lui aura été enlevé, il pourra être dans beaucoup d'état différens depuis le plus pur, & qui contient le plus de ce principe, jusqu'au gaz nitreux qui n'en contient plus assez pour être véritablement acide; 3°. que si l'on prive le gaz nitreux de la portion d'oxigène qu'il contient encore, on le réduira à l'état de gaz azote ou de *mofète*; 4°. que l'adhérence entre l'oxigène & l'azote étant très-peu considérable, & la plûpart des corps combustibles ayant plus d'affinité avec le premier que n'en a l'azote, l'acide nitrique doit être décomposé avec beaucoup de facilité, & par un grand nombre de corps. Ces quatre propriétés remarquables de l'acide du nitre servent à l'explication d'un grand nombre de phénomènes. 1°. On conçoit que dans cet acide le gaz azote & l'air vital sont privés de beaucoup de calorique, qu'ainsi ils y sont dans l'état d'azote & d'oxigène; 2°. que lorsqu'on le décompose par un corps combustible, le gaz nitreux qui se dégage n'a pas besoin d'autant de calorique pour être sous la forme élastique, que l'air vital & le gaz azote; 3°. que ces deux fluides élastiques ne peuvent pas se combiner dans leur état gazeux; 4°. qu'en conséquence, l'air vital qu'on obtient des préparations nitreuses fortement échauffées, comme le *précipité rouge*, le nitrate de plomb, le nitre ordinaire, &c. doit contenir une portion de mofète ou de gaz azote, & que c'est ce gaz qui forme le résidu après l'union de l'air vital & du gaz nitreux; résidu qui n'existe pas, quand on se sert d'air vital dégagé des feuilles des végétaux, & de celui qui est obtenu de la manganèse; 5°. qu'il en est quelquefois de même du gaz nitreux, qu'il peut contenir une portion de gaz azote ou mofète à nud; que cela doit arriver lorsqu'on prépare ce gaz avec des corps qui, étant très-avides d'oxigène, l'enlèvent presque tout entier à l'acide nitrique, comme le fer, les huiles, &c. 6°. que de l'acide nitreux coloré, & contenant un excès de gaz nitreux, ou d'azote, ou de base de la mofète, est dans un état fort différent de celui dont les deux principes sont au point de saturation, & qu'en raison de leurs propriétés différentes, il falloit les distinguer par des noms particuliers. Nous nommons l'acide blanc le plus rare, & cependant le plus pur, *acide nitrique*, pour se conformer aux autres dénominations, & *nitrates*, ses sels neutres. Nous donnons le nom d'*acide nitreux* à celui qui est rouge, & celui de *nitrites* à ses combinaisons salines. Il est vrai qu'on n'a que rarement occasion de parler de ces dernières; car quoique l'acide nitreux, ou celui qui est rouge & fumant, soit plus commun que le blanc, il est très-rare qu'il reste tel dans son union avec les bases alkalines; la portion du gaz nitreux excédent s'échappe pendant qu'il se combine, il ne reste dans la combinaison que l'acide nitrique, ou le plus pur. On verra que ces sels *nitrites*, ou contenant l'acide avec excès de gaz nitreux, ne se forment que par l'action de la chaleur sur les véritables nitrates.

Les affinités de l'acide nitrique, pour les bases alkalines, sont les mêmes que celle de l'acide muriatique, & Bergman les range dans le même ordre; savoir, la baryte, la potasse, la soude, la chaux, la magnésie, l'ammoniac & l'alumine. Suivant ce célèbre chimiste, l'acide nitreux, ou *phlogistiqué*, a les mêmes attractions électives que cet acide pur. Il est plus fort que les acides précédens, & il dégage les acides carboniques, fluorique & muriatique, des bases auxquelles ils sont unis.

L'acide du nitre est d'un usage très-multiplié dans les arts, sous le nom & dans l'état d'eau-forte; il est sur-tout employé pour dissoudre le mercure, le cuivre, l'argent, par les chapeliers, les graveurs, les doreurs, dans les travaux docimastiques & métallurgiques, dans les monnoies, &c. On s'en sert en chirurgie pour détruire peu-à-peu les porreaux, & les petites tumeurs indolentes, sans inflammation. Il est utile en pharmacie pour beaucoup de préparations médicinales, tels que l'*eau mercurielle*, le *précipité rouge*, la *teinture martiale alkaline de Stahl*, l'*onguent citrin*, &c. &c. Nous nous occuperons de ces usages & d'un grand nombre d'autres, dans les divers articles auxquels ils ont rapport.

Sorte V. ACIDE SULFURIQUE.

L'acide sulfurique, qu'on a appelé jusqu'actuellement *acide vitriolique*, est une substance saline très-caustique, qui, lorsqu'elle est concentrée, brûle & cautérise la peau, rougit le sirop de violettes, sans détruire sa couleur, & n'a qu'une saveur aigre, un peu stiptique, lorsqu'elle est fort étendue d'eau. Cet acide pur est sous la forme d'un fluide oléagineux très-transparent, pesant le double de l'eau distillée, sans odeur, qui contient l'acide uni à l'eau d'avec laquelle on ne peut le séparer entièrement par aucun moyen connu; on lui a donné le nom d'acide *vitriolique*; parce qu'on le retiroit autrefois du vitriol martial, par la distillation; aujourd'hui on l'obtient en France & en Angleterre, par la combustion complète du soufre, comme nous l'exposerons plus en détail dans l'histoire de cette substance combustible. Son extraction & sa nature exigent donc que dans une nomenclature méthodique & régulière, on lui donne le nom d'*acide sulfurique*.

Lorsqu'il est bien concentré, on l'a nommé très-improprement *huile de vitriol*, en raison de sa consistance.

Cet acide est susceptible de prendre la forme concrète, soit qu'on l'expose au froid, comme on le verra plus bas, soit qu'on le combine avec plusieurs fluides élastiques, ainsi qu'on le démontrera par la suite.

On ne connoît pas l'action de la lumière sur l'acide sulfurique; quelques chimistes ont avancé que l'huile de vitriol, exposée dans des vaisseaux bien bouchés, aux rayons du soleil, prenoit peu-à-peu de la couleur, & qu'il s'y formoit même du soufre. Cette action n'est pas exactement prouvée, & il est même très-vraisemblable qu'elle n'a pas lieu, parce que nous verrons par la suite que l'acide sulfurique ne peut passer à l'état de soufre, qu'autant qu'il perd son air pur ou son oxigène, & cette séparation ne peut pas s'opérer dans des vaisseaux clos.

Stahl regardoit l'acide sulfurique comme le plus universellement répandu dans la nature, & comme le principe de tous les autres. La première de ces assertions, fondée sur ce que des linges imprégnés de potasse, & exposés à l'air, se convertissoient à la longue en sulfate de potasse, c'est-à-dire, en un sel neutre, qu'on sait être formé par l'union de cet alkali avec l'acide sulfurique, est démontrée fausse aujourd'hui, puisque ces linges ne contiennent pas un atome de ce sel, mais bien du carbonate de potasse, ou la combinaison de cet alkali avec l'acide carbonique. Quant à la seconde, rien n'est moins démontré que la formation de tous les acides par celui du soufre; les recherches des modernes ont prouvé que chaque acide a ses principes particuliers, & différens de ceux des autres, excepté la base de l'air vital ou oxigène, qui entre dans la composition de toutes ces substances.

L'acide sulfurique, chauffé dans une cornue,

perd d'abord une partie de ſon eau, ſe concentre à meſure, & ne ſe volatiliſe qu'à une forte chaleur. S'il eſt coloré, il perd ſa couleur, & devient blanc par l'action du feu. Cette double opération que l'on fait en même temps, s'appelle concentration & rectification de l'acide: pendant qu'elle a lieu, il ſe dégage un gaz très-odorant, très-pénétrant, que nous connoîtrons bientôt, ſous le nom de gaz acide ſulfureux, & qui étoit la cauſe de ſa couleur. Quoique cette opération paroiſſe rendre l'acide ſulfurique plus blanc & plus pur, on doit cependant la pouſſer plus loin, ſi l'on veut avoir cet acide dans un grand degré de pureté; en effet, dans ſa concentration ordinaire, on ne lui enlève que de l'eau & du gaz acide ſulfureux, mais on n'en ſépare point les matières fixes qui peuvent l'altérer; il faut pour cela diſtiller cet acide juſqu'à ſiccité, en changeant de récipient, lorſqu'il a été concentré par la première partie de l'opération; il reſte alors dans la cornue un peu de réſidu blanc, dans lequel on trouve du ſulfate de potaſſe, & quelques autres ſubſtances qui ſe diſſolvent dans cet acide pendant ſa fabrication.

L'acide ſulfurique concentré, expoſé à l'air, en attire l'humidité, & perd une partie de ſa force & de ſa cauſticité; il prend auſſi de la couleur, à cause des matières combuſtibles qui voltigent dans l'atmoſphère, & ſur leſquelles cet acide a beaucoup d'action; il abſorbe ſouvent preſque le double de ſon poids d'eau atmoſphérique.

M. le duc d'Ayen a démontré, par de belles expériences, faites dans le froid violent du mois de janvier 1776, que cet acide bien concentré, exposé pendant quelques heures à un froid de treize à quinze degrés au thermomètre de Réaumur, eſt ſuſceptible de ſe geler; que lorſqu'il eſt étendu dans deux ou quatre parties d'eau, il ne ſe gèle plus; que ſi, lorſqu'il eſt gelé, on le laiſſe toujours exposé à l'air, il devient fluide, quoique le froid ſoit plus conſidérable que celui auquel il ſe gèle. Ce dernier phénomène eſt dû à l'eau qu'il abſorbe de l'atmoſphère, & avec laquelle il s'unit en produiſant une chaleur qui s'oppoſe à ſa congellation.

L'acide ſulfurique s'unit à l'eau avec tous les phénomènes qui annoncent une pénétration ſubite & une combinaiſon intime. Il ſe produit une chaleur vive, une eſpèce de ſifflement; il ſe dégage une odeur graſſe particulière. Le bruit excité pendant cette union, eſt dû au dégagement de l'air contenu dans l'eau, qu'on voit ſortir ſous la forme de petites bulles. L'acide noyé dans l'eau, a perdu beaucoup de ſa ſaveur; ſa fluidité eſt beaucoup plus considérable : on le nommoit autrefois *esprit de vitriol ;* on peut, en le chauffant, volatiliser l'eau qui l'affoiblit, & le faire repasser par la concentration à l'état d'acide sulfurique concentré.

Cet acide n'a point d'action sur la terre silicée & sur les pierres quartzeuses ; il n'en a pas davantage sur la même terre fondue avec de petites portions d'alkalis fixes. Il se combine avec l'alumine, la baryte, la magnésie, la chaux & les alkalis. Il forme dans ces combinaisons le sulfate d'alumine ou l'*alun*, le sulfate barytique, ou le *spath pesant*, le sulfate de magnésie, ou *sel d'Epsom*, le sulfate de chaux, ou la *sélénite*, le sulfate de potasse, ou *tartre vitriolé*, le sulfate de soude, ou *sel de Glauber*, & le sulfate ammoniacal ; ses attractions électives pour ces bases sont les mêmes que celles des acides muriatique & nitrique ; mais il adhère plus fortement à ces substances que tous les autres acides minéraux, & il est susceptible de les en dégager.

On n'a point encore examiné convenablement l'action de l'acide sulfurique sur les autres acides ; on sait seulement, 1°. qu'il absorbe l'acide carbonique, & même en très-grande quantité ; 2°. qu'il s'unit si facilement avec l'acide muriatique, que lorsqu'on fait ce dernier mélange, il se produit de la chaleur, & il se dégage une grande quantité de gaz acide muriatique en vapeurs blanches très-abondantes. Boerhaave a dit dans sa Chimie, que l'acide muriatique rendoit l'*huile de vitriol* concrète; peut-être trouvera-t-on cette propriété dans l'acide muriatique oxigéné; 3°. que l'acide nitrique blanc & pur, versé sur de l'acide sulfurique noirci par quelque corps combustible, lui ôte sa couleur, le rend transparent, & s'exhale en gaz nitreux, lorsqu'on chauffe ce mélange; 4°. que le gaz nitreux uni à cet acide, est susceptible de lui faire prendre la forme concrète, comme nous l'exposerons plus en détail à l'article de la décomposition du nitrate de potasse par le sulfate de fer.

La manière dont l'acide sulfurique agit sur les corps combustibles, répand du jour sur la nature & sur les principes de cet acide. Toutes les fois qu'un corps combustible, comme un métal, ou bien une matière végétale ou animale quelconque, est mis en contact avec l'acide sulfurique concentré, ce corps passe plus ou moins vîte à l'état d'une matière brûlée, & l'acide est décomposé.

Toutes les matières qui contiennent de l'huile se noircissent, lorsqu'on les tient plongées pendant quelques minutes dans l'acide sulfurique, concentré & froid. Cet acide ſe colore d'abord en brun, & paſſe bientôt au noir. Si l'on y plonge une ſubſtance inflammable en combuſtion, comme un charbon ardent, l'acide ſulfurique prend ſur-le-champ l'odeur & la volatilité du ſoufre qui brûle; il répand une fumée blanche d'une odeur vive & ſuffoquante. Si, pour mieux concevoir ce qui ſe paſſe dans ces combinaiſons, on met cet acide en contact avec un corps combuſtible plus ſimple que les ſubſtances organiques, & dont les altérations ſont plus aiſées à ſuivre & à apprécier que celles de ces matières, alors on peut parvenir à connoître & à ſéparer les principes de l'acide ſulfurique. En chauffant à cet effet un mélange de cet acide concentré & de mercure dans une cornue de verre, dont le bec plonge ſous une cloche pleine de ce fluide métallique, dès que l'acide eſt bouillant, il paſſe un gaz permanent d'une odeur forte & piquante, ſemblable à celle du ſoufre qui brûle.

Ce fluide aériforme eſt connu ſous le nom de gaz acide ſulfureux; il eſt un peu plus peſant que l'air, il éteint les bougies, il tue les animaux; il rougit & décolore le ſirop de violettes, il s'unit à l'eau avec moins de rapidité que le gaz acide muriatique, ſuivant M. Prieſtley; il diſſout la craie, le camphre, le fer; il eſt abſorbé par les charbons & par tous les corps très-poreux. Quoiqu'on l'ait regardé comme un des gaz permanens, il paroît qu'il est susceptible de se condenser, de devenir liquide par un grand froid. M. Monge est parvenu à le rendre liquide par ce procédé.

L'acide sulfureux est une modification particulière de l'acide sulfurique, susceptible de former avec les alkalis des sels neutres, différens de ceux que forme ce dernier. Stahl, qui avoit très-bien observé tous ces importans phénomènes, croyoit que dans cette combinaison, le phlogistique du métal s'unissoit avec l'acide, & lui donnoit de l'odeur, de la volatilité, &c. mais ce grand chimiste n'ayant pas suivi plus loin cette expérience, ne prévoyoit pas sans doute que l'on pût tirer de ce fait même une objection très-forte contre sa doctrine. M. Lavoisier, M. Bucquet & moi, nous avons examiné, chacun de notre côté, la suite de l'action réciproque du mercure & de l'acide sulfurique. Lorsque le mélange est blanc & sec, il ne passe plus que très-peu de gaz acide sulfureux. Si on chauffe alors fortement ce sulfate mercuriel, il se dégage un peu d'eau, & un gaz d'une toute autre nature que le premier; c'est de l'air vital très-pur. A mesure que ce dernier passe, le mercure se trouve réduit, coulant

& absolument semblable à celui qu'on avoit employé, à quelques proportions près, qui n'équivalent pas à un huitième de la quantité mise en expérience. Il paroît, d'après cela, que le mercure n'ayant point été altéré, les deux gaz que l'on a obtenus appartiennent à l'acide sulfurique qui a été décomposé : le gaz acide sulfureux paroît donc être à cet acide ce qu'est l'acide nitreux à l'acide nitrique. Cependant il y a quelque différence entre la composition de ces deux acides, puisqu'il n'est pas possible de recomposer sur le champ l'acide sulfurique par l'union des deux gaz qu'il fournit, tandis qu'on fait reparoître à volonté l'acide nitreux, en combinant le gaz nitreux & l'air vital qu'il donne dans son analyse. Il est vraisemblable que la recomposition de l'acide sulfurique ne peut se faire qu'à la longue, puisqu'elle a réellement lieu, en exposant à l'air des composés d'acide sulfureux & de diverses bases, qui peu-à-peu ne contiennent plus que de l'acide sulfurique. C'est ainsi que la combinaison de l'acide sulfureux avec la potasse, qui est connue sous le nom de *sel sulfureux de Stahl*, ou de sulfite de potasse, exposée à l'air, devient du véritable sulfate de potasse, au bout d'un certain temps. Ce qui arrive ici lentement, a lieu très-rapidement dans la combustion du soufre, pendant

dans laquelle ce corps combuſtible abſorbe l'oxigène de l'atmoſphère, & devient d'autant plus acide, qu'il en contient plus, juſqu'à ſon point de ſaturation. (Voyez l'hiſtoire du ſoufre.)

D'après ces expériences, il eſt évident, 1°. que l'acide ſulfurique eſt un composé de ſoufre & d'oxigène; 2°. que lorſqu'on mêle avec cet acide un corps combuſtible, qui a plus d'affinité avec la baſe de l'air vital ou l'oxigène, que n'en a le ſoufre, ce corps s'empare de l'oxigène, & decompoſe l'acide; 3°. que ſi la matière combuſtible n'enlève point tout le principe acidifiant, comme cela a lieu dans la plûpart des diſſolutions métalliques par l'acide ſulfurique, ce n'eſt point du ſoufre pur qui ſe dégage, mais du gaz acide ſulfureux; 4°. que ce gaz tient le milieu entre le ſoufre & l'acide ſulfurique, & doit être regardé comme cet acide, moins une certaine quantité d'oxigène, ou comme du ſoufre rendu foiblement acide par une portion d'oxigène; il ne faut donc que lui enlever cette portion de la baſe de l'air vital, pour le faire paſſer à l'état de véritable ſoufre, comme cela a lieu vers la fin des diſſolutions métalliques par l'acide ſulfurique, & lorſque ces diſſolutions ſont évaporées & fortement chauffées; on conçoit auſſi comment l'acide sulfureux devient peu-à-peu acide sulfurique, en absorbant l'oxigène de l'air vital, contenu dans l'atmosphère.

Le gaz acide sulfureux peut s'unir assez intimement avec l'acide sulfurique, & donner à cet acide la propriété de s'exhaler en vapeurs blanches épaisses. Meyer avoit parlé dans ses Essais de chimie sur la chaux vive, d'*une huile de vitriol fumante*, préparée à Northaausen en Saxe, par la distillation du *vitriol ordinaire*. Il avoit indiqué, d'après Christian Bernhard, chimiste allemand, un sel acide concret & fumant, qu'on retire de cet acide par la distillation. Ayant eu occasion de me procurer à Paris une grande quantité de cet acide sulfurique de Saxe, j'y ai reconnu les propriétés indiquées par Meyer, & j'ai obtenu à une chaleur douce un sel volatil concret crystallisé fumant & déliquescent sous deux formes, comme l'avoit annoncé Christian Bernhard. Diverses expériences, que j'ai décrites dans un Mémoire lu en 1785, à l'Académie royale des Sciences, m'ont convaincu, 1°. que la propriété de fumer & de fournir un sel volatil concret que présente l'acide sulfurique noir de Northaausen, dépend du gaz sulfureux qu'il contient en grande quantité; 2°. qu'à mesure qu'il perd ce gaz par son exposition à l'air, il cesse d'exhaler des vapeurs,

& de pouvoir donner le ſel concret; 3°. que l'eau en dégage ce gaz, & ôte à l'acide ſulfurique de Saxe ſa propriété de fumer, &c. 4°. enfin que le ſel acide concret & très-fumant qu'on en obtient par la diſtillation, eſt la combinaiſon ſaturée d'acide ſulfurique & de gaz ſulfureux, & qu'il paſſe peu-à-peu à l'état d'acide ſulfurique ordinaire, par ſon expoſition à l'air. Voilà donc déjà deux acides ſulfuriques concrets connus : l'un doit ſa concrétion au gaz nitreux, l'autre au gaz acide ſulfureux. Je ne doute point qu'on n'ajoute quelque jour à ces deux acides concrets quelques autres modifications de l'acide ſulfurique, rendu ſolide par d'autres gaz, comme le gaz acide muriatique oxigéné, &c.

L'acide ſulfurique eſt en uſage dans pluſieurs arts, & ſur-tout dans ceux du chapelier & du teinturier, &c. c'eſt un des diſſolvans les plus uſités & les plus néceſſaires dans les laboratoires de chimie. On l'emploie en médecine, comme un violent cauſtique à l'extérieur, & à l'intérieur comme rafraîchiſſant, tempérant & antiſeptique, lorſqu'il eſt étendu d'eau, juſqu'à ce qu'il n'ait plus qu'une très-légère acidité.

L'acide ſulfureux eſt employé dans la teinture; on s'en ſert pour décolorer les étoffes de ſoie, pour enlever les taches de fruits, &c.

Comme ces deux acides ſont des combinaiſons de ſoufre & d'oxigène, en différentes proportions, leurs noms doivent avoir une analogie relative à leur nature; ceux d'*acide ſulfurique* & d'*acide ſulfureux* nous ont paru très-convenables; la terminaiſon de ce dernier mot exprime l'excès de la baſe combuſtible, comme dans les autres acides.

Sorte VI. ACIDE BORACIQUE.

Les travaux d'un grand nombre de chimiſtes ont prouvé que le *borax* eſt un ſel neutre formé par la combinaiſon d'un acide particulier, avec la ſoude en excès; cet acide a été appelé *ſel ſédatif* par Homberg, qui en a fait la découverte. On l'a nommé depuis acide du borax, acide boracin; nous préférons le nom d'acide boracique, pour donner à ce mot la terminaiſon de tous les autres acides.

Pluſieurs chimiſtes avoient penſé que cet acide étoit le produit de l'art, & ſe formoit par la combinaiſon des ſels qu'on emploie pour le retirer, avec quelque principe du borax; mais depuis que M. Hoëfer, apothicaire du grand-duc de Toſcane, a découvert que les eaux de pluſieurs lacs de ce pays, tels que ceux de Caſtelnuovo & de Monterotondo, tiennent en diſſolution une bonne quantité d'acide boracique très-pur, on ne peut douter que ce ſel ne ſoit un acide particulier. MM. les chimiſtes de l'académie de Dijon ont confirmé cette découverte, en examinant l'eau de Monterotondo qui leur a été envoyée ; ils y ont trouvé le ſel annoncé par M. Hoëfer. Il eſt vraiſemblable qu'on le trouvera dans d'autres eaux minérales ; il paroît ſe former dans les ſubſtances graſſes qui ſe pourriſſent, comme nous le dirons plus bas.

L'acide boracique natif, ou retiré du borax par les procédés que nous indiquerons à l'article de ce ſel neutre, eſt une matière concrète, criſtalliſée en petites paillettes blanches très-minces, irrégulièrement taillées & découpées ſur leurs bords, d'une grande légèreté, & qui ont quelquefois un aſpect brillant. Sa ſaveur eſt foible, quoique ſenſiblement acide. Il rougit légèrement la teinture de violettes, mais beaucoup plus ſenſiblement celles de tourneſol, de mauve, de raves, &c.

Expoſé au feu, il ne ſe volatiliſe pas ; mais il ſe fond, quand il eſt bien rouge, en un verre tranſparent qui devient opaque à l'air, & qui ſe couvre d'une légère pouſſière blanche. Ce verre eſt de l'acide boracique ſans altération ; on lui rend ſa forme lamelleuſe, en le diſſolvant dans l'eau, & en le faiſant criſtalliſer.

L'acide boracique n'éprouve aucune altération sensible de la part de l'air sec ou humide, chaud ou froid.

Il se dissout difficilement dans l'eau, puisqu'une livre de ce fluide bouillant n'en a pris que cent quatre-vingt-trois grains, suivant MM. les académiciens de Dijon; il se cristallise par refroidissement & en partie par évaporation. Cette dissolution rougit sur le champ la teinture de tournesol, & altère, quoique lentement, celle du sirop de violettes. Si on chauffe dans une cucurbite, munie de son chapiteau, de l'acide boracique, humecté d'un peu d'eau, une partie de cet acide se sublime avec la vapeur aqueuse qui l'enlève; mais dès qu'il est sec, & que toute l'eau est volatilisée, il ne s'en élève plus; ce qui prouve que ce sel est fixe par lui-même, comme on le démontre, en le fondant dans un creuset. En le sublimant ainsi avec de l'eau, on peut l'obtenir sous une belle forme cristalline & brillante, si l'on conduit l'opération avec ménagement; ce procédé fournit l'acide boracique très-pur, on l'a appelé en pharmacie *sel sédatif sublimé*.

L'acide boracique sert de fondant à la terre silicée, & forme avec elle, par la fusion, des verres blancs ou peu colorés. Il dissout, à l'aide de la chaleur, la terre précipitée de la liqueur des cailloux. Il s'unit à la baryte, à la magnésie, à la chaux, aux alkalis, & forme avec ces diverses substances des sels particuliers, qu'on distingue sous le nom général de borates, & dont il n'y a encore qu'une espèce qui soit bien connue.

Toutes ces propriétés, & sur-tout sa saveur, la couleur rouge qu'il donne aux teintures bleues végétales, & ses combinaisons neutres avec les alkalis, indiquent assez sa nature; mais comme il ne sature souvent ces bases alkalines qu'en partie, on a reconnu que c'étoit le plus foible des acides, puisque tous les autres, sans excepter même l'acide carbonique, peuvent le dégager de ses combinaisons.

On ne connoît pas bien l'action des acides sur l'acide boracique. Il paroît qu'il décompose en partie l'acide sulfurique, puisque ce dernier passe à l'état d'acide sulfureux, lorsqu'on le distille sur ce sel. Quant aux acides nitrique & muriatique, on sait qu'ils sont susceptibles de le dissoudre; mais on n'a pas suivi leur action sur ce sel avec assez de soin pour découvrir s'il n'y a pas quelque décomposition réciproque.

Il y a eu beaucoup d'opinions diverses sur la nature & la formation de l'acide boracique. Plusieurs chimistes ont cru que c'étoit une combinaison intime d'acide sulfurique & d'une terre vitrefcible avec une matière graffe. MM. Bourdelin & Cadet ont penfé qu'il eft formé par l'acide muriatique. Ce dernier a cru qu'il contenoit un peu de terre cuivreufe, parce qu'il a, comme les oxides de ce métal, la propriété de colorer en vert la flamme des corps combuftibles. Cartheufer a affuré, qu'en defféchant, & calcinant à un feu doux de l'acide boracique feul très-pur, il s'en dégageoit des vapeurs d'acide muriatique; qu'en diffolvant ce fel defféché, & en filtrant la diffolution, il reftoit fur le filtre une terre grife; enfin, qu'en répétant un grand nombre de fois les calcinations & les diffolutions, on décompofoit entièrement l'acide boracique, de forte qu'il paroiffoit être une modification de l'acide muriatique fixé par une terre. Macquer & Poulletier de la Salle ont répété cette expérience; ils ont obfervé le dégagement de la vapeur odorante pendant la calcination de ce fel, mais ils ne l'ont point manifeftement reconnue pour l'odeur de l'acide muriatique; ils ont obtenu, à force de deffications & de diffolutions fucceffives, une petite quantité de terre grife qui, combinée avec de l'acide muriatique, n'a point formé d'acide boracique, comme l'avoit annoncé Cartheufer; de forte que l'opinion de ce dernier chimifte n'eft pas plus prouvée que les précédentes. Model regardoit ce fel comme la combinaiſon d'un alkali particulier avec l'acide ſulfurique dont on ſe ſert pour le dégager. Mais l'acide boracique étant toujours le même, quelqu'acide que l'on emploie pour le précipiter, cette opinion ne peut être admiſe. M. Baumé a dit être parvenu à faire de l'acide boracique, en laiſſant macérer pendant dix-huit mois un mélange d'argile & de graiſſe. Il en a retiré par la leſſive un ſel en paillettes qui avoit toutes les propriétés du *ſel ſédatif.* Il penſe, d'après cela, que ce ſel eſt une combinaiſon de l'acide de la graiſſe avec une terre très-fine qu'il eſt impoſſible de lui enlever. Il ajoute que les huiles végétales peuvent donner le même ſel, quoique plus lentement. M. Wiegleb a répété l'expérience de M. Baumé, & il n'a point obtenu d'acide boracique.

Les chimiſtes regardent aujourd'hui l'acide boracique, comme un acide particulier, différent de tous les autres, & jouiſſant de caractères qui lui ſont propres. Ses attractions électives avec les baſes alkalines, ont été rangées par Bergman dans l'ordre ſuivant : chaux, baryte, magnéſie, potaſſe, ſoude, ammoniac; comme elles diffèrent beaucoup de celles des autres acides examinés juſqu'ici, elles prouvent de plus en plus la nature particulière de cet acide, dont les principes ne ſont point encore connus.

L'acide boracique a été employé pendant

quelque temps en médecine, d'après Homberg, qui lui avoit attribué la propriété calmante & même narcotique, & qui l'avoit appelé *sel sédatif*, ou *sel narcotique volatil de vitriol*, parce qu'il l'avoit retiré par la sublimation d'un mélange de *nitre* & de *vitriol*. Mais la pratique a appris que ce sel n'a qu'une vertu très-médiocre, à moins qu'il ne soit donné à une dose beaucoup plus forte que celle qui avoit été indiquée, comme à celle d'un gros & plus ; ce qui fait que l'on y a renoncé avec d'autant plus de raison, que la médecine possède un grand nombre d'autres médicamens de cette classe, dont l'action est beaucoup plus énergique & beaucoup plus certaine.

On s'en sert dans plusieurs opérations de chimie & de docimasie, où il est employé comme fondant. Nous parlerons de cet usage dans un autre chapitre de cet ouvrage.

Fin du Tome premier.

www.ingramcontent.com/pod-product-compliance
Ingram Content Group UK Ltd.
Pitfield, Milton Keynes, MK11 3LW, UK
UKHW022320190726
13856UKWH00001B/118